书由国家青年自然科学基金：基于真实性原则的历史街区居住形态基因特征研究
目批准号 51508421 支持

中国宜居密度研究

Livable Density of City in China

胡晓青　著

中国建筑工业出版社

图书在版编目（CIP）数据

中国宜居密度研究／胡晓青著．—北京：中国建筑工业出版社，2018.9

ISBN 978-7-112-22423-4

Ⅰ.①中… Ⅱ.①胡… Ⅲ.①住宅区规划－研究－中国
Ⅳ.①TU984.12

中国版本图书馆CIP数据核字（2018）第147495号

人类聚居实质上是物质结构（或容器）和人类社会（或内容）的融合与动态平衡。世界范围来看，可以发现工业革命以后，城市人口的急剧增长和城市规模的快速扩张使得城市没有得到有效地控制。城市居住密度及分布的状态不容乐观。

目前学术界对于居住密度这一问题的研究缺乏系统性和全面性。我国城市规划体制中对居住密度的控制存在着计划性、单线条、随意性、强制性等诸多问题；容积率成为开发商与政府谈判的杠杆，居住密度控制的科学性亟待提高。

本书首先梳理了居住密度的概念，并以此为基础系统和全面地分析了居住密度的特点。包括展现中国和西方城市各时期居住密度的演变过程，并从宏观、中观和微观三个层面上，对人口密度和建筑密度分别进行数据分析和特征归纳。在现象研究的基础上，从自然环境、经济技术、住宅政策和规划体制、社会文化、空间形态等方面剖析居住密度的生成机制。最后通过对居住密度与城市环境和生活质量的相互关系的研究，提出将宜居密度的标准建立在身心健康、促进交往、社会公平、生活质量、资源环境和经济高效六个方面，指出了我国住宅建设中存在的非宜居密度的现象并提出了六条宜居策略。

责任编辑：刘　丹
责任校对：刘梦然

中国宜居密度研究
胡晓青　著
*
中国建筑工业出版社出版、发行（北京海淀三里河路9号）
各地新华书店、建筑书店经销
北京锋尚制版有限公司制版
北京中科印刷有限公司印刷
*
开本：787×1092毫米　1/16　印张：17½　字数：332千字
2018年9月第一版　　2018年9月第一次印刷
定价：68.00元
ISBN 978-7-112-22423-4
（32265）

序 言

当前我国城市和建设正向着生态城市的目标蓬勃地发展着，特别是城市及居住区的规划都在迈着绿色的步伐飞速前进！

在新一轮的城市及居住区的规划中，首先就要求我们在设计中把城市和居住区的密度处理好并放在第一位！本书是博士生胡晓青在同济大学攻读博士学位的成果。

三年来在收集大量的有关资料的基础上，作者把城市及建筑的密度问题进行了系统的剖析研究，从而创建了有关上述问题研究的科学分析方法，对上述命题有了新的认识和突破，研究方法正确可靠。此项成果对有关建筑密度的工作具有一定的创新性和科学性，对当前的设计工作具有较好的参考价值和推广意义。综上所述，本人同意在稍作修改后出版问世，以扩大对此项工作的现实参考及应用！

中国建筑设计大师

[signature]

2018年6月

目　录

第1章　绪　论

第2章　居住密度的历史演变

第 5 章 居住密度的宜居策略

第 6 章 居住密度的定量分析——以上海为例

第1章 绪 论

1.1 问题提出

人类聚居是协同现象。人类聚居实质上是物质结构（或容器）和人类社会（或内容）的融合与动态平衡。人类生存的可能性、人类的生活方式以及人类的幸福感都与人和空间的关系相关。居住密度表征了人与他所生存的空间之间的数量关系，从而为城市空间形态的研究（包括居住形态的研究）提供了一个精辟的视角。居住是城市生活的重要内容，居住建筑是城市空间的底色，居住密度是城市形态的重要方面。适宜的居住环境需要一个合适的密度，过密和过疏的密度都不利于社会的稳定和发展。未来城市的发展将逐步从“生产性城市”转向“生活性城市”，宜居的城市将在城市竞争中取得优势。

考察人口的增长和聚居空间的扩展，可以发现工业革命以后，城市人口的急剧增长和城市规模的快速扩张是世界现象。百年来，人类社会经历着高速增长和快速变化，今天我们仍然身处这一过程当中。城市的快速生长使得城市没有得到有效的控制、引导和规划，城市的形态相当混乱。居住密度的状态相差很大，既有非常低的密度，也有非常高的密度。人类对空间的使用与对其他资源的使用一样，缺乏可持续的考虑和科学理性的安排，这使得城市的发展存在潜在的危机。城市规划对城市空间应该“算了用”，这也应该体现在对宜居密度的追求上。

城市是一个复杂系统。从系统论的整体观点来看，城市越发展，其开放性越增加，系统的变异越容易导致破陈出新的非平衡态，乃至出现阶段性的混乱和迷失，并在积累了相应的经验教训，认识到更深层次的发展规律之后进行理性的重构。在走向新秩序和重新趋向平衡的过程中，系统形态的结构和功能将得到提升。复杂系统的动态性、过程性、层次性要求不能片面、静止、孤立地看待居住密度问题，而是需要系统、连贯、综合地考察这一具有自身复杂性与外界高度关联的问题。

论文从居住密度的历史演变、居住密度的特征分析、居住密度的生成机制和宜居策略四个方面作出了系统的分析，最后，以上海市为例，对上海市居住密度的特征和驱动因素进行了量化研究。

1.2 相关研究

在历史上众多学者对理想城市的探索中，不乏对城市的合理规模和合理密度的思考。

1898年，埃比尼泽·霍华德以《明日：一条通向真正改革的和平道路》公开了他的田园城市理念。针对大城市盲目发展带来的拥挤、贫民窟、工业污染、上下班路程远等，霍华德提出了一种更为有机的城市：这种城市从建城一开始就对人口、居住密度、城市面积等有限制。霍华德指出，10个小城市，每个城市3万人口，用高速公共交通线把它们联系起来，政治上是联盟，文化上密切相连，就能享受到在一个30万人口中的城市所可以享受到的一切设施和便利，然而却不会像大城市那样缺乏活力。他估计，一个人口32000的新城市，其中2000人住在农业地带，将能有许多种类的企业，居民可以从事各种各样的职业，社会生活将会丰富多彩。他建议的新城市的毛密度（不包括绿带）为75人/hm^2，净密度为225人/hm^2，这个密度大约相当于1811年的纽约规划的密度。

霍华德强调协调、平衡和独立自足，他认为大城市的扩展对城市本身是不利的。因为大城市人口的每一次增长，它的交通变得更加拥挤，人们就更加难于到市中心区的一些公共机构来。他把动态平衡和有机平衡这种重要的生物标准引用到城市中来，就是城市与乡村在更大范围的生物环境中取得平衡，城市内部各种各样的功能取得平衡，尤其是通过限制城市的面积、人口数目、居住密度等积极控制发展而取得平衡，而一旦这个社区受到过分增长的威胁以致功能失调时就能另行繁殖新社区。

现代主义者如Le Corbusier认为应该发展高密度的巨构结构体城市。他于1924提出了一座300万人口城市的梗概轮廓。中心商业城人口40万；中心周围的居住区人口60万；城市周边的花园城人口200万。居住净密度在核心高达3000人/hm^2，在周围地区约300人/hm^2。在1957年昌迪加尔的规划实践中，将一个单元作为高级中心用地，沿主要大街划定附加的中心用地，其余单元主要作为居住以及直接为该片服务的设施，平行空地系统沿着长向穿过单元。政府中心和一个大的工业区布置在网络外部边缘。规划人口为150000居民，分为75、150、200人/hm²三种密度等级。

1942年，沙里宁在《城市：它的发展、衰败和未来》中指出，有机疏散的城市发展模式能够使人们居住在兼具城乡优势的环境中，它既符合人类聚居的天性，又便于促进共同的社会生活，同时与自然紧密结合。他认为，对日常生活进行功能性的集中和对这些集中点进行有机的分散是解决城市过度密集，获得健康发展的主要方式。而赖特提出的"广亩城市"（broadacre city）的前提是要将城市消失在乡村之中，其密度为一公顷两个半人。

密度问题是MVRDV"数据景观"研究的主要内容。MVRDV认为城市应尽可能将使用功能密度最大化，从而控制自身规模，为保持乡村原有生态腾出空间。1970年代中期对纽约曼哈顿的研究中库哈斯用"拥挤文化"来概括曼哈顿的本质。曼哈顿高层高密度的城市形态是"拥挤文化"最直接的物质表现。拥挤文化不仅是物质的拥挤，更是内容的拥挤。

在对聚落结构规划的探索中，不乏对聚落的规模和密度的探讨和实践。表1-1列举了历史上对聚落结构的用地布局以及规模密度的探索。

聚落结构规划模型 **表1-1**

相关人物等	用地布局	规模与密度
格勒登，《大城市的恶性膨胀和它的医治可能性》，1923年	每个细胞核心为工作场所或者中心设施，周围为居住区。各细胞的主要功能在空间分布上没有明确的原则	每个城市细胞为100000人，居住毛密度为300人/hm²
塞特，城市设计，1944年	条形中心区两侧为居住区，工作区布置在居住单位中间，部分则以较远的距离集中布置在外部	市镇容纳50000~70000人，邻里单位为5000~11000人，密度为200~300人/hm²
哈洛，英国的新城，费立特利克·吉伯特的用地规划，1947年	以学校为中心的邻里单位围绕商业中心和高一级学校组成城市片。新城主要位于空间上被严格分开的中央地段，其他工作场所位于边缘，大规模的空地将建造地区分开	最初规划为80000人，邻里单位为5000和10000人，居住毛密度为33人/hm²，居住净密度为125人/hm²
格德特兹、雷纳、霍夫曼，"划分有序、活泼疏朗的城市"，1957年	围绕城市细胞中心的邻里单位本身又像葡萄串一样，以几个住宅组团围绕其中心所构成。工作场所基本集中布置在城市的边缘。巨大的空间隔离带	建议住宅组为1000人，邻里单位为4000~6000人，建议居住密度为40~60户/hm²，即200人/hm²
希勒布雷希特，《城市建设与城市发展》，1962年	城市地区的中心周围绕以密度较高的居住区；星状放射形居住区以中等密度沿有轨交通布置，部分靠近工业区，在次中心也有一个核心地带为密集的住宅所包围，在星状放射带之间为农业与林业用地	1000000~2000000人口，划分基本单位城市片为30000人，三种净密度的居住区：450、350、250人/hm²

资料来源：作者根据G·阿尔伯斯. 聚落结构模型的历史发展[J]. 沙春元译. 城市与区域规划研究，2010（3）整理.

而对居住密度这一问题，在人口地理学、聚落地理学、城市形态学、居住形态学等领域均有不同层面的不同深度的研究。

从宏观层面来说，居住密度的问题涉及土地利用和土地覆盖变化，土地利用和土地覆盖变化（Land Use /Cover Change，简称LUCC）正在成为地球系统新的研究重点。国内学者对城市土地利用变化及城市空间扩展进行了广泛的研究，主要成果包括王秀兰（2000）对土地利用/土地覆盖变化中的人口因素进行了分析；陈佑启等（2000）对中国土地利用/土地覆盖的多尺度空间分布特征进行了分析；葛全胜等（2000）对20世纪中国土地利用变化进行了研究；刘纪远等分析了21世纪初中国土地利用变化的空间格局与驱动力；王思远等（2001）在遥感技术与GIS技术的支持下，通过数学建模，利用土地利用动态度模型、土地利用程度模型、垦殖指数模型等对中国近5年来土地利用的时间动态特征和空间动态特征进行了定量分析。

城市化是我国土地利用与土地覆盖变化的最主要的作用机制之一，不少学者开展了城市土地利用与土地覆盖变化的机制以及城乡作用机制研究。如顾朝林（1999）利用不同时段的土地利用遥感影像图对北京市土地利用/土地覆盖的机制进行了研究。冯健（2003）根据分形理论研究了杭州1949~1996年间城市形态和土地利用结构的演化特征。李江、郭庆胜基于信息熵的基本原理，利用多样性指数、均衡度、优势度及空间扩展强度对武汉市近10年的城市用地结构的动态演变进行了实例分析。经济学、地理学以及城市规划领域对土地覆盖和城市土地利用均有研究。如贾艳慧、王俊松（2008）研究了经济转型背景下城市化与中国城市土地空间扩张；吴兰波等（2010）研究了中国城市建成区面积20年的时空演变。

从中观层面来说，居住密度的问题涉及城市结构与形态。表1–2列举了国外城市形态学的主要类别。科塞里对城市内部结构研究的各种理论进行了分类，指出在城市内部结构的研究中，主要存在以下6种基本的学科方法：①社会学的分支人文生态学；②经济学的城市土地使用原则；③人口统计学的城市人口密度模式；④城市规划的城市功能形态模式；⑤地理学的聚落系统模式；⑥地理学意义上的城市空间分布模式。从微观层面上来说，居住密度涉及居住形态。城市居住空间方面的研究和居住形态学方面的研究中也包含了大量对居住密度的讨论。

国外城市形态学的主要类别 **表1–2**

学派	研究内容及方法
康泽恩学派	“形态基因”街道系统、分区模式和建筑物类型是分析的关键点
伯克利学派	研究的对象是民居聚落而非城市

续表

学派	研究内容及方法
芝加哥学派	运用折中社会经济学理论强调城市用地分析
哈维	城市景观形成与变化和资本主义发展动力之间的矛盾关系
林奇、拉普卜特	建立人类行为与物质环境关系的理论
建筑学的方法、类型学	文脉研究着重于物质环境的自然和人文特色的分析

资料来源：丁成日. 城市空间规划——理论、方法与实践[M]. 北京：高等教育出版社，2007.

城市人口密度分布的研究是城市结构研究的一个重要内容。经济学领域对城市人口密度模型研究的文献很多。在Clark（1951）提出城市空间传统密度模型后，城市空间人口密度分布研究进入一个繁盛的阶段。McDonald（1989）对1970年代至1980年代后半期城市人口密度分布研究成果进行了整理，归纳了人口密度的函数模型，包括指数函数（Clark，1951）、二项式函数（Mills，1969）、正太分布函数（Newing，1969）、伽马函数（Aynvary，1969）、特殊形式（Mcmillen and McDonald）等。Alain Bertaud和Stephen Malpezzi对25个国家50大城市的人口密度梯度进行了描述。

李倢、中村良平（2006）梳理了城市空间人口密度模型。近年来我国对城市人口分布的实证研究成果丰富，如张善余、高向东（2002）对东京的研究，冯健（2002）对杭州的研究，冯健、周一星（2003）对北京的研究，周素红、闫小培（2006）对广州的研究，高向东等（2006）对上海的研究。吴文钰、高向东（2010）对中国城市人口密度分布模型研究进展进行了分析，指出中国城市人口密度模型的研究存在数据质量差、研究方法滞后、研究城市少、可比性差等问题。

文献对于城市密度的研究，大多采用常住人口密度，但对于完整描述城市空间结构来说，需要综合考虑常住人口密度和就业人口密度。已有研究中对就业、居住、各种产业人口的分布变动及密度模型的研究较少。从就业密度方面所作的研究包括以下几个方面：丁成日从人口密度和就业密度的角度出发研究城市空间结构，发表了大量文章。任荣荣、郑思齐基于竞租函数的基本思想，从理论上探索了办公与居住用地开发的空间演变机理，并以北京市为例进行了实证研究，研究结论认为：随着我国土地市场的发展和成熟，市场力量在土地开发模式中发挥日益显著的作用；土地价格成为影响土地开发量、开发区位以及开发强度的重要信号。从居住密度方面所作的研究包括以下几个方面：朱介鸣（1985）借助生物学中生物体随时间生长的法则，提出了城市居住人口密度发展logistic曲线的假说。杨钢桥（2003）研究了城市住宅密度的空间分异，认为城市内部住宅密度的空间分异是市场竞争的产物，从城市中心到城市边缘呈现出不对称的“V”字形规律。Roger B. Hammer、Susan I. Stewart和Richelle L. Winkler（2004）使用1940~1990年居住密度和居住增长的数据研究了美国北中部地区居住密度的变化情况。

城市地理学对城市人口和土地利用的相关研究为居住密度的深入量化研究提供了有力的支持。陈彦光研究了城市人口分布的规律以及土地利用的刻画，发表了《城市土地利用结构和形态的定量描述》（2001）、《城市土地利用形态的分维刻画方法探讨》（2002）、《描述城市系统结构的几个实用参数》（2004）、《城市密度分布与异速生长定律的空间复杂性探讨》（2004）、《城市人口分布自相关的功率谱分析》（2006）、《城市人口分布的非线性空间自相关及其局域性探讨》（2006）等相关文章。

20世纪60年代以来，地理信息系统（简称GIS）的产生使得人口空间分布研究进入了定量化、定位化阶段，许多学者利用RS、GIS等技术较为精确地研究人口的空间分布。近年来，人口空间化方面的研究更多的是采用网格模拟技术，人口密度网格化使人口分布的描述更加接近实际，而且可以有效融合人口、资源、环境和社会经济等数据进行空间分析和跨学科研究。其具体的方法可以总结为：人口分布规律法、人口分布影响因子综合分析法、平均分配法，以及遥感估算法。遥感估算法通过遥感影像直接提取居住区信息来估算人口密度。Guangjin Tian等（2010）用从TM影像中提取的矢量地图，研究探讨中国农村居民点密度。徐建刚、梅安新和韩雪培（1994）讨论了在航空遥感调查获得土地利用现状图的基础上，运用GIS技术，建立城市土地利用与人口空间分布数据库，进行居住人口密度估算。

对居住密度影响因素的研究包括以下几个方面：学者通过对土地利用/土地覆盖变化中人口与土地利用程度指数及人口与土地利用动态度之间相互关系的分析，建立了人口与土地利用/土地覆盖变化之间的定量模型。张有全等全面分析了北京市1990~2000年间土地利用变化的空间特征及其驱动力。顾朝林（1999）利用不同时段的土地利用遥感影像图对北京市土地利用/土地覆盖的机制进行了研究，认为资本、土地、劳动力和技术四大生产要素，在我国现代城市土地利用/土地覆盖变化过程中发挥了至关重要的作用。W.C.Wheato（1982）构建了一个完美预期下的居住用地动态增长模型，该模型重点分析了收入、交通费用及人口等市场要素对城市土地开发方式的影响。Alain Bertaud和Stephen Malpezzi（2003）对25个国家50大城市的人口密度梯度进行了描述。通过OLS回归分析研究了城市形态的影响因素，包括收入、人口以及规划制度。还包括自然条件（如地形）的约束以及交通模式。Weibin Zhang（2011）提出了区域经济增长与交通时间、住宅和设施分布的模型。

目前，建筑学和规划领域的学者对有关居住密度的研究较多地集中在对容积率的讨论上。对容积率的研究主要有三个方面：其一是对容积率确定方法的研究。宋军（1991）归纳了容积率的四种确定的方法；梁鹤年（1993）提出按我国国情应将人口密度作为主要控制指标，容积率只能作为辅助指标；宋启林（1996）认为应从宏观调控出发解决容积率问题；宋小东、孙澄宇（2004）提出了三维包络体结合仿生学的人工智能方法来确定容积率；陈昌勇（2006）从宏观、中观和微观三个层面分析了城市住宅容积率的确定机制；赵鹏（2006）结合天津的具体情况尝试建立了容积率的估算框架；谭艳辉（2010）以济南为例研究了住区容积率与居住形态演变的相互关系。其二是对容积率现状及问题的研究。包括杜春宇（2004）对南京老城住宅区人口密度与环境状况关系的分析，陈昌勇（2005）对广州居住密度现状及其应对策略的研究，赵鹏（2006）对天津中心城区新建住区容积率的研究，王欣（2008）对广州居住用地的集约利用的研究，闫永涛（2009）对北京市城市土地利用强度空间结构的研究，彭杰战（2009）对长沙市城市住区开发容积率的研究，谭艳慧（2010）对济南市住区容积率的研究。其三是地价与容积率的关系的研究。林坚（1994）认为过度的容积率控制难以发挥土地的经济效益和城市规划的控制可能引发地价曲线的变化；邹德慈（1994）通过对容积率的系统研究，提出容积率谈判中可供参考的公式；廖喜生、王秀兰（2004）从土地利用和价格变化两方面研究了最佳容积率的使用。

学者从不同方面对城市密度与城市环境之间的关系进行了研究。Jamie Tratalos（2006）等人通过对英国5个城市的研究，确定了城市密度与其生态环境指标之间的关系。包括以碳固定、绿地率等作为相关因子的研究，得出其与这些因子均呈一定负相关的结论。加拿大学者OKe在加拿大多次观测城市的热岛效应，并概括出城市热岛效应温度分布剖面图，从图中可以看出，城市温度随城市建筑群密度的提高而增加。王伟武等指出城市空气中的SO_2、NO_2、O_3浓度受人为的生产、生活和交通的不同程度的影响，通过ERDAS、GIS等软件对上述浓度与选取的研究因子进行相关分析，指出地表温度、城镇建设用地比例、人口密度、道路比例是SO_2、NO_2、O_3浓度分布的重要影响因子。周素红和闫小培从土地利用强度（人口和建筑密度）演变和就业人口的角度分析了广州市交通需求的变化。蒋竞（2004）从居住密度的角度研究城市的居住质量，认为在密度基本相当的情况下，处于更深层次的密度指标对居住质量起着决定性的作用。Dennis McCarthy（1978）和Habib Chaudhury（2012）分别对不同居住密度下居民的社会交往等情况进行了研究。

近年来，不少学者对居住密度的规划控制指标进行了讨论。唐子来、付磊（2003）对深圳经济特区的城市密度分区进行了研究。翟国强（2006）提出随着社会的发展，以往的经验数值已经不能满足现实调控的需要，建设宜居城市需要科学的规划容积率指标；郑蔚等（2009）对中国省会城市紧凑程度进行了综合评价；刘小南（2009）对城市形态布局的结构紧凑度进行了分析；黄一如、贺永（2009）提出以套密度为基点的住宅省地策略；简艳（2009）对上海市大型居住区社区规划设计的有关指标进行了探讨；赵艳（2009）研究了高容积率之下的城市住区规划与设计；董春方（2009）提出了对城市高密度环境下的建筑学思考。

1.3 相关概念

本书研究的对象是城市居住密度。研究中涉及的相关概念包括城市区域的定义、城市用地的分类以及表征居住密度的各项指标。

1.3.1 城市区域定义

聚落空间的层次按地理尺度可以划分为一个人、房屋、邻里、街区、城市、区域、国土以至跨越国界。道萨迪亚斯等创建的人聚环境学将聚落划分为15个层次（表1-3）。本书对居住密度的研究主要集中在邻里和城市这两个层次上。

聚落空间的层次划分　　表1-3

单元名称	人体	房间	住所	住宅组团	小型邻里	邻里	小城镇	城市
人口数量	—	—	3 ~ 15	15 ~ 100	100 ~ 750	750 ~ 5000	5000 ~ 30000	30000 ~ 200000
单元名称	中等城市	大城市	小型城市连绵区	城市连绵区	小型城市洲	城市洲	普世城	
人口数量	200000 ~ 1.5M	1.5M ~ 10M	10M ~ 75M	75M ~ 500M	500M ~ 3000M	3000M ~ 20000M	20000M及更多	

资料来源：吴良镛．人居环境科学导论[M]．北京：中国建筑工业出版社，2001．

各国有各自关于城市的定义，表1-4列举了不同国家描述城市空间范围的术语。我国的建制市是行政区划概念，管辖以一个集中连片或者若干个分散的城市化区域为中心，大量非城市化区域围绕的大区域，与严格意义上的城市并不完全一致。城市是作为政治管理的单位，数据容易取得，常作为统计单位，但是须明确以行政单位来取得的数据的含义。市辖区是一种行政单位类别，市辖区是为直辖市和地级市划定的行政分区，市辖区的城区为城市市区的组成部分。如北京市的市辖区有东城区、西城区、海淀区、朝阳区等；上海市的市辖区有黄浦区、徐汇区、长宁区、静安区等。中国城市型政区包括两种类型，一类是传统的狭隘型“切块式”城市政区；一类是广域型城市政区。前者是以城市建成区范围为主建立的城市型政区，为城乡分治模式，没有或只有少量的乡村地域。后者为城乡合治模式，有范围较广的农村。[①]由于城市行政区经常调整，由城市行政区统计的城市人口和城市面积常常变化很大，在对城市密度的研究中需加以注意。

描述城市空间范围的术语 表1-4

国家	描述城市空间范围的术语	
美国	Metropolitan statistical area，MSA	大都市统计区
加拿大	The census metropolitan area，CMA	大都市人口普查区
英国	Standard metropolitan labor market area，SMLA	—
日本	Densely inhabited district，DID	人口密集区
	Regional economic cluster，REC	区域经济组团

资料来源：根据周春山．城市空间结构与形态[M]．北京：科学出版社，2007整理。

在我国，城市土地是从土地利用总体规划的角度来说的，是指城市行政辖区内所有土地的总称，在目前市管县的行政体制下，不仅包括城市用地，还包括乡镇用地及农村用地。城市土地是统称或泛指，范围大；城市用地是专指，范围小。在城市总体规划中，城市用地（即城市建设用地）是指用于城市建设需要的土地，它包括已经建成利用的土地（即建成区），也包括已列入城市规划区范围和已被征用而尚待开发的土地。而在城市层次的土地利用总体规划中，城市用地是指经国务院批准，有城市建制的居民点，其范围相当于城市规划建成区面积，小于城市总体规划中城市用地的面积，两者是相互包含的关系。

城市建成区是指城市行政区内实际已成片开发建设、市政公用设施和公共设施基本具备的区域；具体指一个市政区范围内经过征用的土地和实际建设发展起来的非农业生产建设的地段，包括市区集中连片的部分以及分散在近郊区域与城市有密切联系，具有基本完善的市政公用设施的城市建设用地。建成区不包括市区内面积较大的农田和不适宜建设的地段，是城市建设发展在地域分布上的客观反映，统计部门用建成区来反映一个城市的城市化区域的大小。而城市的面积并不能反映城市化的区域即地理学意义上城市的面积。我国城市市区面积远大于建成区面积。表1-5列举了2009年我国地级市中市辖区面积与建成区面积排名前五的城市。从表可以看出，建成区面积与市辖区面积相差很大。

① 刘君德．上海行政区划的特征与问题分析[J]．上海城市规划，2000（2）．

2009年全国地级市市辖区与建成区面积排行　　表1-5

排行	城市	市辖区面积（建成区面积）(km^2)	排行	城市	建成区面积（市辖区面积）(km^2)
1	伊春	19567（161）	6	乌鲁木齐	339（9527）
2	黑河	14444（19）	7	郑州	337
3	克拉玛依	9548（57）	8	苏州	324（1650）
4	乌鲁木齐	9527（339）	9	昆明	285
5	赤峰	7077	10	合肥	280

资料来源：《中国城市统计年鉴（2010年）》.

行政市与作为社会、经济或环境单元的城市的定义很难吻合，有时会将与城市中心区联系紧密的郊区排除在外，有时又会把一些不发达的地区包括进去，有时会因为城市合并了周边地区而改变了城市的边界，造成城市范围的不稳定。

国外大多数政府和学者采用“蔓延城市”（the extended city）作为描述城市发展的空间范围的术语。城市化地区（the urbanized area）是美国为了确定城市的实体界线以便较好地区分较大城市附近的城镇人口和乡村人口的目的而提出来的一种城市地域概念。按照1990年普查的最新规定，一个城市化地区由中心地方和外围密集居住区两部分组成，二者合起来至少有5万人（图1-1）。城市化地区大体相当于城市建成区的概念。城市化地区包括了都市区大量建成环境及其经济活动，

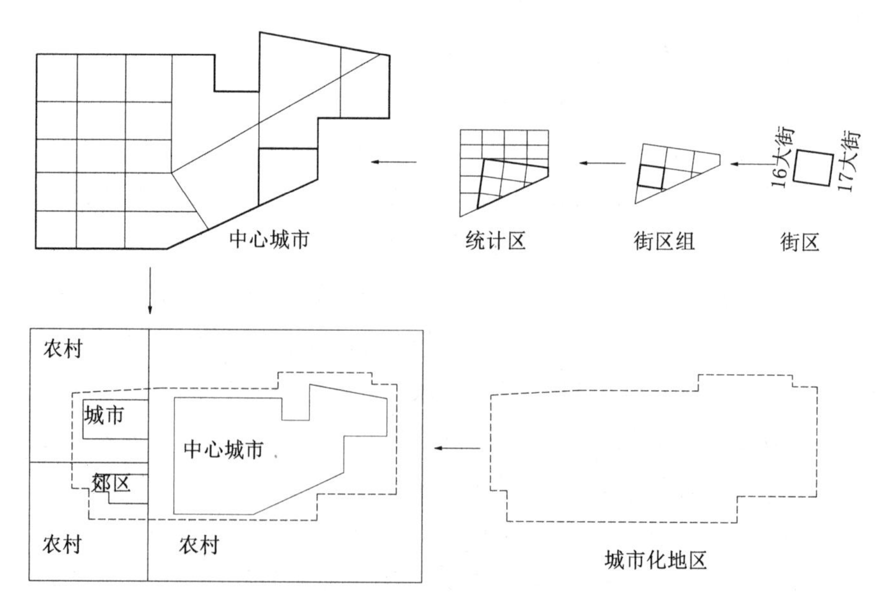

图1-1　城市化地区的定义

（资料来源：周春山．城市空间结构与形态[M]．北京：科学出版社，2007）

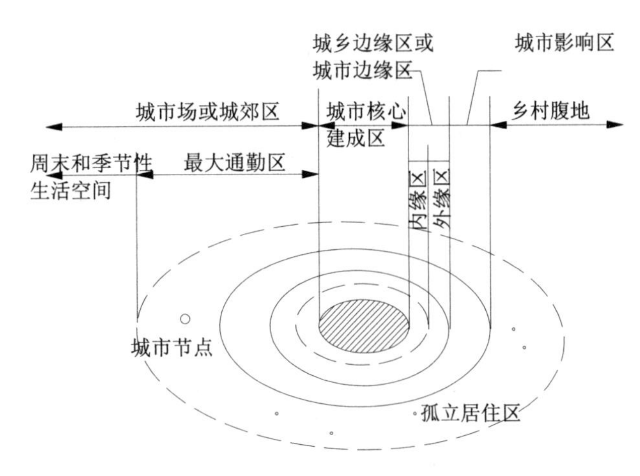

图1–2　城市区域结构

它对土地利用变量的横断面比较十分有利，但其界限是由快速变化的城市建成区边缘确定的，故容易随时间的变化而变化。

将城市进一步划分，一是城市核心区或称城市建成区，二是城市化正在进行中的、与市区联系频繁的吸引区。纵观世界城市和其周围区域，从内到外可以分为三个圈层，即内圈层、中圈层和外圈层（图1–2）。内圈层，也称为中心城区或城市核心区，是大城市的核心建成区，该圈层是完全城市化了的城区，基本上没有农业活动，以第三产业为主。内圈层是地区经济最核心的部分，也是城市向外扩散的源地，核心区也有两种地域类型：一是结节地域，二是均质地域。结节地域是指结节点（具有集聚性能的特殊地段）与结节吸引区（各种不同规模集聚中心的有效服务区域）组合的区域。均质地域是指具有成片性的专门职能的连续地段，即周围毗邻地域存在明显职能差异的连续地段。

中间圈层也称为城市边缘区，它是中心城区向乡村的过渡地带，是城市用地轮廓线向外扩展的前缘。边缘区既具有城市的某些特征，又保留着乡村的某些景观，呈半城市半乡村状态。对一个特大城市来说，这部分面积相当大，所以又常常分为里、外两个部分，内侧的称为城乡结合部、城市内缘区、近郊区等，此圈层的土地利用已处于农村转变为城市的高级阶段；外侧的称外缘区，中、远郊区等，此区域的城乡过渡的特色更加明显，更近似农村。

外圈层也称为城市影响区，土地利用以农业为主，农业活动在经济中占绝对优势，与城市景观有明显差别，许多地方的外圈层是城市的水源保护区、动力供应基地或假日休闲旅游之地。外圈层中也许会产生城市工业区和新居住区的“飞地”，并且一般在远郊区都有城市卫星镇或农村集镇或中小城市。

在对城市密度的研究中，需要明确城市区域的对应范围。表1–6比较了市域、城市规划区、城市建成区、市区（或城区）、城市中心区、市中心的概念。不同城市土地对应的城市密度数值相差很大。如巴黎城区每平方公里有32000居民，但大巴黎只有839人，其周围地区人就更少了。

城市土地的相关概念 表1-6

名词	概念
城市市域	是一个行政范围，市政府直接管辖的下属城区或者部分城市直管的开发区、镇都在这个范围内
城市规划区	城市市区、近郊区以及城市行政区域内因城市建设和发展需要实际规划控制的区域，具体范围由城市人民政府在编制的总体规划中划定
城市建成区	其范围的确定十分困难，它并非是一个封闭区内的整块用地，而是由若干个完整的和非完整的地块组成，它易量化，但不易在图纸上直观表达
市区（或城区）	是与郊区（包括边缘区）比较而言的，比较宽泛的概念，多指发展比较成熟的老城区
城市中心区	指人口相对集中，经济和商业相对发达的市区地带。在大城市往往是中央商务区（CBD），在小城市是中心商业区。单一中心区的城市往往和市中心是统一的，多中心城市的城市中心区与市中心不一样

1.3.2 城市用地分类

我国在土地利用现状调查与研究中，曾制定过若干个土地利用分类方案（表1-7）。《中华人民共和国土地管理法》（简称《土地管理法》）于1986年全国人大常委会通过，1998、2004年先后修订。《土地管理法》将我国土地分为三大类，即农用地、建设用地和未利用地。农用地是指直接用于农业生产的土地，包括耕地、林地、草地、农田水利用地、养殖水面等；建设用地是指建造建筑物、构筑物的土地，包括城乡住宅和公共设施用地、工矿用地、交通水利设施用地、旅游用地、军事设施用地等；未利用地是指农用地和建设用地以外的土地。

土地利用分类的相关法规和标准 表1-7

相关法规或标准	颁布单位	分类等级	分类情况
《中华人民共和国土地管理法》，1986年	全国人大常委会	三大类	即农用地、建设用地和未利用地
《土地利用现状分类及含义》，1984年	中国农业区划委员会	8个一级类型 46个二级类型	8个一级类型是：耕地、园地、林地、牧草地、城镇村庄工矿用地、交通用地、工矿用地、水域、未利用土地
《县级土地利用总体规划编制规程》，1997年	—	—	对原八大类的土地利用现状分类进行过局部调整
《城镇土地分类及含义》，1993年	原国家土地管理局	10个一级类型 24个二级类型	—
《城市用地分类与规划建设用地标准》，1991年	建设部	10个大类 46个中类 73个小类	分类的主要依据是土地使用的主要性质

续表

相关法规或标准	颁布单位	分类等级	分类情况
《土地利用现状分类》，2007年	国家质量监督检验检疫总局和国家标准化管理委员会共同发布	12个一级类 56个二级类	一级类包括耕地、园地、林地、草地、商服用地、工矿仓储用地、住宅用地、公共管理与公共服务用地、特殊用地、交通运输用地、水域及水利设施用地、其他土地

2007年8月，国家质量监督检验检疫总局和国家标准化管理委员会共同发布了由中国土地勘测规划院和国土资源管理部地籍管理司起草的《土地利用现状分类》国家标准。在《土地管理法》的三大类用地的基础上，根据土地的用途、利用方式和覆盖特征等因素，将我国土地分为12个一级类、56个二级类。12个一级类包括耕地、园地、林地、草地、商服用地（主要用于商业、服务业的土地）、工矿仓储用地（主要用于工业生产、物资存放的土地）、住宅用地（主要用于人们生活居住的房基地及其附属设施的土地，包括城镇住宅用地和农村宅基地）、公共管理与公共服务用地、特殊用地、交通运输用地、水域及水利设施用地、其他土地。我国城市用地分类与全国性土地利用分类有所不同。在《城市用地分类与规划建设用地标准》（1991年）中，将城市总体规划用地分为城市建设用地以及水域和其他用地两大类。城市建设用地分为居住用地、公共设施用地、工业用地、仓储用地、对外交通用地、道路广场用地、市政公用设施用地、绿地和特殊用地九大类用地，并将居住用地分为四类（表1-8）。

城市规划用地分类表 **表1-8**

用地名称			用地代号	2011年
城市规划用地	城市建设用地	1. 居住用地	R	居住用地
		其中，一类居住用地	R1	—
		二类居住用地	R2	—
		三类居住用地	R3	—
		四类居住用地	R4	—
		2. 公共设施用地	C	商业服务业设施用地
		3. 工业用地	M	工业用地
		4. 仓储用地	W	物流仓储
		5. 对外交通用地	T	交通设施
		6. 道路广场用地	S	—
		7. 市政公用设施用地	U	公共设施

续表

用地名称			用地代号	2011年
城市规划用地	城市建设用地	8. 绿地	G	绿地
		9. 特殊用地	D	公共管理与公共服务用地
	水域和其他用地		—	—

注：该表格分类主要以《城市用地分类与规划建设用地标准》（1991年）为依据，并列出了2011年新标准相对应的分类。

《城市用地分类与规划建设用地标准》（2011年）的用地分类包括城乡用地分类、城市建设用地分类两部分。城乡用地（town and country land）指市（县）域范围内所有土地，包括建设用地（development land）与非建设用地（non-development land）。非建设用地包括水域、农林用地以及其他非建设用地。城市建设用地（urban development land）指城市和县人民政府所在地镇内居住用地（residential）、公共管理与公共服务用地（administration and public services）、商业服务业设施用地（commercial and business facilities）、工业用地（industrial）、物流仓储用地（logistics and warehouse）、交通设施用地（street and transportation）、公共设施用地（municipal utilities）、绿地（green space）。表1-9为城乡用地分类与《土地管理法》三大类用地的对照表。

城乡用地分类与《土地管理法》的三大类用地对照表　　表1-9

《中华人民共和国土地管理法》的三大类用地	城乡用地分类类别		
	大类	中类	小类
农用地	非建设用地	水域	坑塘沟渠
		农林用地	—
建设用地	建设用地	城乡居民点建设用地	城市建设用地
			镇建设用地
			乡村建设用地
			独立建设用地
		区域交通设施用地	铁路用地
			公路用地
			港口用地
			机场用地
			管道运输用地
		区域公用设施用地	—

续表

《中华人民共和国土地管理法》的三大类用地	城乡用地分类类别		
	大类	中类	小类
建设用地	建设用地	特殊用地	军事用地
			安保用地
		采矿用地	—
	非建设用地	水域	水库
		其他非建设用地	空闲地
未利用地	非建设用地	水域	自然水域
		其他非建设用地	其他未利用地

资料来源:《城市用地分类与规划建设用地标准》(2011年).

广义的居住用地可以说是城市居民点用地，在土地利用规划的用地分类中，近似于城镇、村庄、工矿用地大类中的城市用地。在城市统计中，居住用地是城市建设用地的一部分。《城市用地分类与规划建设用地标准》GBJ 137—1990中对居住用地的定义为居住小区、居住街坊、居住组团和单位生活区等各种类型的成片或零星的用地，包括住宅用地、公共服务设施用地、道路用地、绿地。在《城市用地分类与规划建设用地标准》GB 50137—2011中，对居住用地的定义是住宅和相应服务设施的用地。值得注意的是，由于需要进行设施或公共空间等的配套安排，随用地规模的扩大，密度呈降低趋势。通常以城市行政区划统计的密度值小于以建成区统计的密度值，以建成区统计的密度值小于以居住用地统计的密度值。而对于居住区来说，居住区的密度低于小区，小区低于组团。

1.3.3 居住密度指标

居住密度（Residential Density）是一个笼统的概念。人类聚居由内容（人及社会）和容器（有形的聚落及其周围环境）两部分组成。为了全面地描述居住密度，论文将居住密度分为人口密度和建筑密度这两个大类。人口密度是每单位土地上的人口或住户数量，人口密度反映潜在市场与社会需要；建筑密度特指建筑物的空间密度，包括每单位土地上的房屋面积或住宅面积（或者单位数量），建筑密度反映土地利用及其外观。人口密度和建筑密度这类指标结合在一起，描述了居住密度这一指标的完整形象。表1-10归纳了论文中涉及的主要居住密度指标。

居住密度的指标体系 表1-10

类别	指标	定义
城市建成区	城市建成区面积的增长	城市建成区面积增长
		城市建成区年均增长率
居住用地	居住用地比重	居住用地占建设用地比重
	居住用地增长	居住用地增长率
	居住用地弹性系数	居住用地增长率/建成区增长率
建筑面积	年末实有房屋建筑面积	—
	年末实有住宅建筑面积	—
人口密度	城市人口密度	城市人口/城市面积
	建成区人口密度	城市人口/城市建成区面积
	居住人口密度	城市人口/居住用地面积
建筑密度	城市平均容积率	实有房屋建筑面积/城市建设用地面积
	住宅建筑毛密度	实有住宅建筑面积/居住用地面积
	居住结构	各类居住房屋比例
	居住水平	人均住宅建筑面积
		套均面积
居住密度增长弹性系数	城市用地增长弹性系数	建成区面积增长率/人口增长率
	居住用地增长弹性系数	居住用地增长率/建成区面积增长率
	住宅面积增长弹性系数	年末实有住宅建筑面积增长率/城市居住用地增长率

1. 人口密度指标

人口社会学关于人口密度（population density）的定义是指某一时点，单位土地面积上居住的人口数，通常用每平方公里的常住人口数来表示。人口密度反映的是人地关系，也是评价经济生产与社会发展的一个重要指标。它受到地域范围的大小、人口自然增长、人口机械增长、自然环境因素、经济因素和社会因素等多方面的影响。城市人口密度是指每平方公里城市土地上的城市人口数量，反映城市单位土地供应人口的能力。各国对城市人口的统计各有不同的规定（表1-11）。

在许多城市统计的城市人口密度计算中，土地面积的计算往往以行政边界为界线，由于包括了大量的空地和水体，没有考虑行政区域内的不宜居住地，难以正确反映城市人口密集程度。建成区人口密度是指每平方公里城市建成区土地上的城市人口数量。建成区范围，一般是指建成区外轮廓线所能包括的地区，也就是这个城市实际建设用地所达到的范围。值得注意的是建成区并不是指建成房屋的城市区域，而是指实际已成片开发建设、市政公用设施和公共设施基本完备、具备了城市居住条件的区域。建成区人口密度可以比较真实地反映城市人口的密集程度。

各国城市人口定义 表1–11

国家	城市人口定义			
	人口下限	人口密度	连片建成区	行政区
美国	2500	具体要求		
英国	1000~1500		是	
法国	2000		分割＜200m	
德国	150人/km²居住的社区（市镇）			
意大利	10000			是
西班牙	10000			是
葡萄牙	2000			
瑞典	200		分割＜200m	
荷兰	20000			是
丹麦	200			
挪威	2000			
希腊	10000			是
澳大利亚	1000			
加拿大	1000	400人/km²		
日本	5000	4000人/km²	是，且设施全	市、村、町
韩国	行政单元“Dong”辖区的总人口			
印度	5000	390人/km²	至少3/4的成年人不从事农业	
中国	区别制定	区别制定	是	分级制定

资料来源：张立．城镇化新形势下的城乡（人口）划分标准讨论[J]．城市规划学刊，2011（2）．

在使用人口密度这一概念时，需要注意以下几个方面：①人口密度提供的只是一个平均数，据统计学原理，当方差很大时，用均值来说明样本间的差别有相当大的局限性。涉及人口密度比较须限定所讨论的范围，不同类型、不同大小用地的人口密度数值不具可比性。计算的范围越是缩小，越能反映人口分布的真实面貌。在进行数据比较时，需要注意城市区域的确定（城市规划区、都市区、城市建成区）是否一致。②人口统计数据往往因为统计口径不一致而存在很大的差别，不同国家对城市人口也有不同的定义。我国现有的城市规划中，市镇人口的确定基本是以常住户籍为基础。③人口密度反映一种静态的概念，不能反映人口的动态变化。世界上每时每刻都有婴儿出生和死亡，还有迁出和迁入的流动，需用出生率、死亡率、自然增长率[①]、机械增长率[②]以及年龄、性别金字塔等方法来反映人口的动态变化。④人口密度与土地消费量的计算（如城市人均建设用地）是互为反面的。

人口是居住用地的重要指标，因为人才是生活的主体，不同的年龄、家庭、生活方式有不同的环境和设施需求。居住人口密度又分为居住人口毛密度和居住人口净密度，居住人口毛密度是每公顷居住区用地上容纳的规划人口数量，居住人口净密度是每公顷住宅用地上容纳的规划人口数量。人口净密度由于没有考虑各种土地之间的相互联系，更直接地反映住宅用地的容纳能力。在人口密度数值比较时，尤其要注意用地的净度。以上海市普陀区为例，1986年胶州街道富源里的土地人口密度为每平方公里21577人，居住区人口密度则达每平方公里246202人，人均只占有4m^{2}空间。相比之下，华东师范大学一村人口净密度和毛密度都在每平方公里9000人左右，人均可占有110m^{2}空间。

城市人口密度和居住人口密度是两个互相关联却又完全不同的概念。这两个密度是相互制约的，却并不成正比。在总人口和总面积确定的情况下，居住区的人口密度越高，则居住用地越少，可以安排的绿地越多，市政管线越短，城市建设越好搞。

2. 建筑密度指标

本书中将描述建筑实体密度的指标统称为建筑密度指标。与人口密度指标相对应。

简·雅各布斯[③]对居住密度的分析认为："高密度人口可以住在密度足够高的住宅区里，也可以住在低密度但过于拥挤的住宅区里。在这两种情况下，人口的数量是一样的。但在实际生活中，结果是不一样的。"这说明人口密度这一指标还不足以刻画现实的居住状况，还需要搭配描述建筑量的密度指标。作为表征建筑实体密度的指标，比较通用的是容积率和建筑密度。

自1957年美国芝加哥城的土地区划管理制度首先采用容积率作为一项重要的控制指标以来，容积率已在世界上很多国家和地区得到广泛应用，目前世界上大部分城市都采用这一指标作为开发强度控制的主要指标。在美国称为Floor Area

---

① 自然增长率=出生率－死亡率。

② 机械增长率=人口迁入率－人口迁出率。

③ 简·雅各布斯. The Death and Life of Great American Cities[M]. 南京：译林出版社，1992.

Ratio（FAR），在英国称为Plot Ratio，20世纪80年代传入我国。在居住区规划的控制指标中，容积率是指每公顷居住区用地上拥有的各类建筑的建筑面积（万m^2/hm^2）。在居住区设计中，以全部居住区用地来计算的容积率，称为“毛容积率”；以住宅用地或者组团用地来计算的容积率，称为“净容积率”。一般来说，净密度指标受到地块布局、户型设计等因素影响而变化较大，而毛密度则相对稳定。在区划法或规划条例中密度通常都是净密度，这些指标中的土地面积不包括道路、公共空地、社区设施等用地，适于城市已开发区或部分已开发区。毛密度把内部道路和边界道路的一部分包括在内，适于大型未开发区。在反映居住密度的指标中，还有住宅建筑面积密度这一指标，它是指居住区、居住小区或住宅组团中，居住建筑的总建筑面积与土地总面积的百分比，又分为毛密度和净密度。在《城市居住区规划设计规范》GB 50180中，有住宅建筑净密度最大值控制指标和住宅建筑面积净密度最大值控制指标。

值得注意的是，容积率单纯计算建筑面积，与人口、家庭无直接关系，掩盖了土地实际的容纳量。从经济学角度来讲，家庭是共同享有财富、收入和支出的团体，是社会最基本的经济共同体，而居住行为常常是以家庭为单位的。套密度是指单位居住用地上拥有的住宅套数，相比而言，套密度反映居住用地上的住宅套数，能更准确地描述居住用地的实际容纳能力。黄一如①认为引进套密度作为住宅省地控制指标具有重要意义。目前，在我国的规划控制指标中仍然是一个辅助性标准，在国外许多国家，套密度是居住密度指标的重要内容之一。公式显示了套密度与容积率之间的数学关系。容积率一定时，总的建筑量一定，套密度越大则套均建筑面积越小。套均建筑面积是沟通容积率和密度的中间量。在每一户居住标准一定的情况下，要提高套密度，就只能增加建筑的层数，也就是向空间要面积。

$$套密度=\frac{容积率}{套均建筑面积} \tag{1-1}$$

容积率在一定程度上反映了建筑的舒适度，但是它们之间并不是一个简单的线性比例关系。容积率表现了地块上建筑容量的大小；建筑密度反映了地块上空白面积即能够留给园林规划面积的大小。建筑密度是居住区用地内，各类建筑的基底总面积与居住区用地面积的比率（%），它反映出一定用地范围内的空地率和建筑密集程度。容积率相同，而建筑密度差别较大时，空间环境可能差别很大。容积率一定，也就是总建筑面积一定，建筑密度和建筑层数成反比。当容积率作

① 黄一如，贺永．以套密度为基点的住宅省地策略[J]．建筑学报，2009（11）．

为控制土地利用的指标时，就存在楼层与空地的替换关系，即高楼用地少。

$$容积率=建筑密度\times建筑层数 \quad (1\text{–}2)$$

在研究中还涉及与住宅相关的其他指标，如住宅建筑面积、住宅使用面积、居住面积等，其指标的定义见表1–12。

居住密度相关指标及含义 表1–12

技术指标	指标含义
住宅建筑面积净密度	每公顷住宅用地上拥有的住宅建筑面积（万m^2/hm^2）
住宅建筑面积毛密度	每公顷居住区用地上的住宅建筑面积（万m^2/hm^2）
住宅建筑毛套密度	每公顷居住区用地上拥有的住宅建筑套数（套/hm^2）
住宅建筑净套密度	每公顷住宅用地上拥有的住宅建筑套数（套/hm^2）
住宅建筑净密度	住宅建筑基底总面积与住宅用地面积的比率（%）
住宅建筑面积	供人居住使用的房屋建筑面积，包括企事业、机关、团体等的集体宿舍和家属宿舍
居住面积	住宅建筑各层平面中直接供住户生活使用的居室（起居室、卧室等主要生活空间）净面积之和，大约相当于住宅建筑面积的一半
居住人口	与住宅统计范围一致的居住人口
居住户数	与居住人口数对应的户数，“户”以公安派出所核发的户口簿为准
人均住宅建筑面积	人均住宅建筑面积=住宅建筑面积/居住人口

3. 指标相互关系

人口密度和建筑密度虽然是居住密度的两个不同的方面，但是两者之间具有相关性。首先，人口数量决定了城市各项设施的需求，因而实际上决定了各类建筑的数量，最后决定了城市土地的总量；人口密度分布对城市各项设施产生需求，因而也影响了各类建筑密度的分布。图1–3反映了城市增长（包括人口与就业）与城市土地需求之间的关系。

其次，建筑密度决定了空间容量的分布，从而也决定了人口密度的分布。在有关研究中就有利用建筑密度的分布来研究人口密度分布的方法。建筑密度高的地方或者人口密度高，或者就业密度高，两者必具其一。金君等[①]提出将城市行政区域内不适宜居住的地区和一些非居住区排除在外，而以人口居住区的面积为准

① 金君，印洁，李成名，林宗坚. 人口密度推求的技术方法研究[J]. 测绘通报，2002（5）.

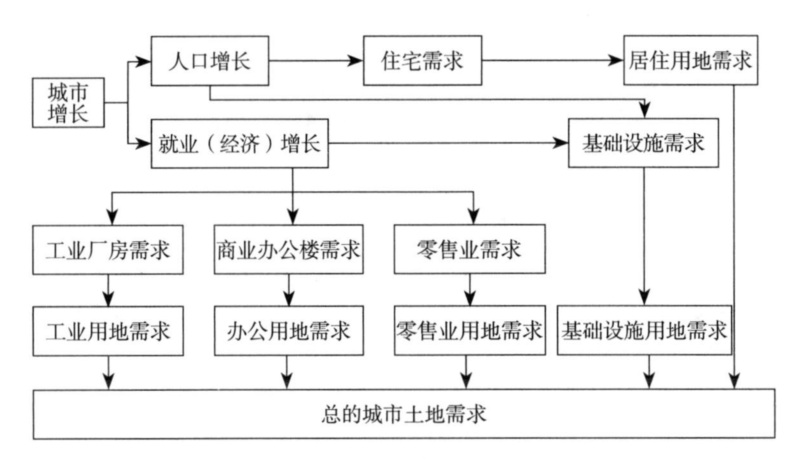

图1–3 人口增长与土地需求的关系

来计算人口密度，同时考虑建筑物的层数和密集程度。采用这种方法需要通过卫星影像准确估算居住区建筑物的层数。如果一个区域内建筑物平均层数越高，建筑物分布越密集，则该区域内的人口总数必定多。由此给出以下公式：假定行政区域单元内的人口总数为N_i，单元内各居住区的面积为A_{ij}，相应的建筑物的平均层数为L_{ij}，则行政区域单元内人口平均密度为：

$$\overline{P_i} = \frac{N_i}{\sum_{j=1}^{m}(L_{ij} \times A_{ij})} \tag{1–3}$$

徐建刚[①]等在航空遥感调查获得的土地利用现状图基础上，运用GIS技术，建立城市土地利用与人口空间的数据库，进行居住人口的估算。研究发现人口与居住面积有很高的相关性。图1–4显示了上海市20个区县的人口和居住建筑的变化情况，可以直观地看出各区县人口变化与居住建筑之间存在着明显的正相关性。人口减少较多的地区居住建筑增加较少，甚至减少；而人口增加较多的区居住建筑增加较多。这是因为住宅的空间分布决定了人口迁居的方向；而人口密度的增加也会促进住宅的建设。[②]通常建筑密度的数据获取较为困难，相比而言，人口密度的数据获取较为容易。

“预测人口密度通常所使用的两种方法是床位和可居住房间。如果所有的住房都住满了，这最终也能转化为人口密度。”[③]这句话道出了人口密度和建筑密度之间的关联性。人口密度反映单位用地上的人口数量，建筑密度反映单位用地上的建

① 徐建刚，梅安新，韩雪培．城市居住人口密度估算模型的研究[J]．环境遥感，1994，9（3）.

② 张翔．上海市人口迁居与住宅布局发展[J]．城市规划汇刊，2000（5）.

③ 尼古拉斯·福克．营造21世纪的家园——可持续的城市邻里社区[M]．北京：中国建筑工业出版社，2004.

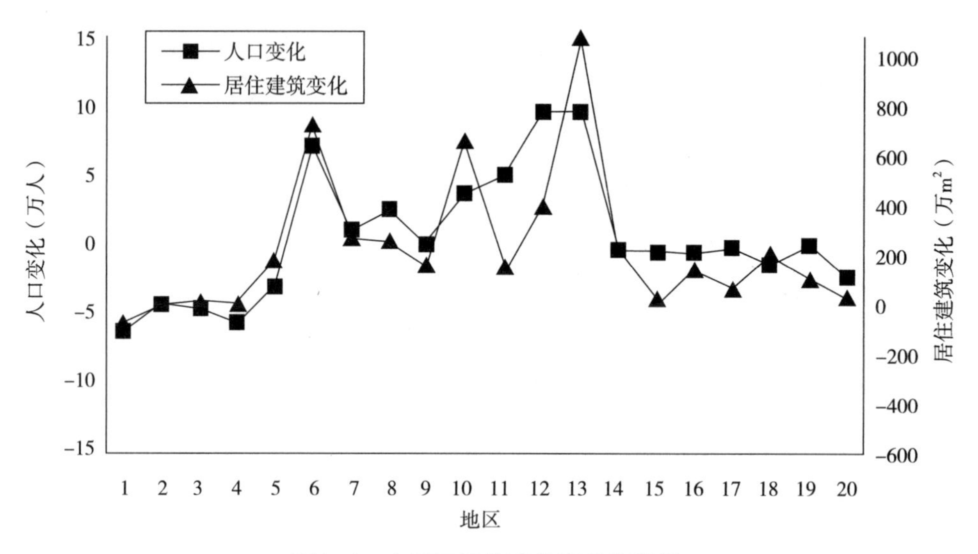

图1-4　人口与居住建筑变化相关性

注：图中横轴所标的数字1~20依次表示上海的20个区县。

（资料来源：张翔．上海市人口迁居与住宅布局发展[J]．城市规划汇刊，2000（5）.）

筑数量，套均建筑面积是沟通两者的中间量。而由容积率和套均面积相除得到的套密度可以更准确地反映空间真实的容纳能力。

Anderson[①]（1985a）提出以人口密度定义为基础，将其划分为人口、总面积、住宅地面积、建筑面积四个要素来讨论人口密度的理论框架。首先，以住宅地面积为媒介，将人口密度定义为：

$$人口密度=\frac{人口}{住宅地面积}\times\frac{住宅地面积}{总面积} \quad (1\text{-}4)$$

又可分解为：

$$\frac{人口}{住宅地面积}=\frac{人口}{建筑面积}\times\frac{建筑面积}{住宅地面积} \quad (1\text{-}5)$$

由此可以得到：

$$容积率=\frac{人均住宅面积}{人均用地\times居住用地占城市建设用地比例} \quad (1\text{-}6)$$

由上式可见，在居住用地占城市建设用地的比例不变的情况下，城市人均用地与人均住宅面积的大小相关。在不增加容积率的情况下，人均住宅面积的增加

① Anderson（a）J. The Changing Structure of a City：Temporal Changes in Cubic Spline Urban Density Patterns[J]. Journal of Regional Science，1985，25.

会引起居住用地比例的增加，从而引起城市用地结构的调整。同时，根据人均用地面积、居住用地占城市建设用地的比例和人均住宅建筑面积就可以得出住宅用地的平均容积率。假设全国城镇平均人均用地100m^2，即人口密度为每平方公里10000人；根据建设部城镇用地结构统计，2003年全国城镇居住用地占城镇建设用地的32.8%，人均住宅建筑面积23.67m^2，可推算出全国住宅用地的平均容积率为0.72。我国健康人均环境标准初步假定为将人均住宅面积提高到35m^2，居住用地占城市总建设用地比例大致提高到35%左右，全国住宅用地平均容积率大致为1。

本书中表征人口密度的指标包括城市人口密度、建成区人口密度和居住人口密度。城市人口密度可以反映出城市单位土地供应人口的能力。建成区人口密度反映了城市建设用地上的人口集聚程度。居住人口密度，搭配人均居住面积，可以组合出居住用地上住宅建筑的总量情况。人口密度是一个动态变化的量，相对而言，建筑密度较为固定。论文中表征建筑密度的指标，主要有住宅建筑毛密度、容积率、建筑密度等。人均住宅面积的大小是居住标准问题，根据国家的资源情况和居住文化传统，通常在国家的相关政策中可以找到引导性的面积标准。人均住宅面积从微观层面反映了居住密度的特征。笼统地讲，人均住宅面积越大，居住密度越小。随着生活水平的提高，人们有追求更大居住面积的愿望。人均住宅面积的提高说明个人占有居住空间的数量增加。

4. 密度分布描述

密度分布是城市形态的一个重要的描述量，它反映了城市的多方面特征。城市人口分布是一个包含多方面的统一体，学者往往可以利用统计数据来建立城市人口分布的数学模型。但是城市中人的活动是一个动态的现象。

人口密度分布的真实状态如同时钟一样，每时每刻都在变化中，却又有相对不变的规律性。居住与就业是城市最基本的活动，并由此产生城市交通。由于人口密度与建筑密度的对应性，可以推导出居住建筑密度对应于居住人口密度，就业建筑密度对应于就业人口密度。功能分区给城市用地带来了结构性的特征，因此各种土地利用类型具有不同的活动特征，从而具有不同的人口密度分布（包括空间和时间）。论文对密度分布的描述从人口密度分布曲线（梯度）、城市功能用地结构（包括居住结构）、就业密度和居住密度的关系这几个方面展开。

1.4 全文框架

全文分七章，各章节的逻辑关系见图1-5。

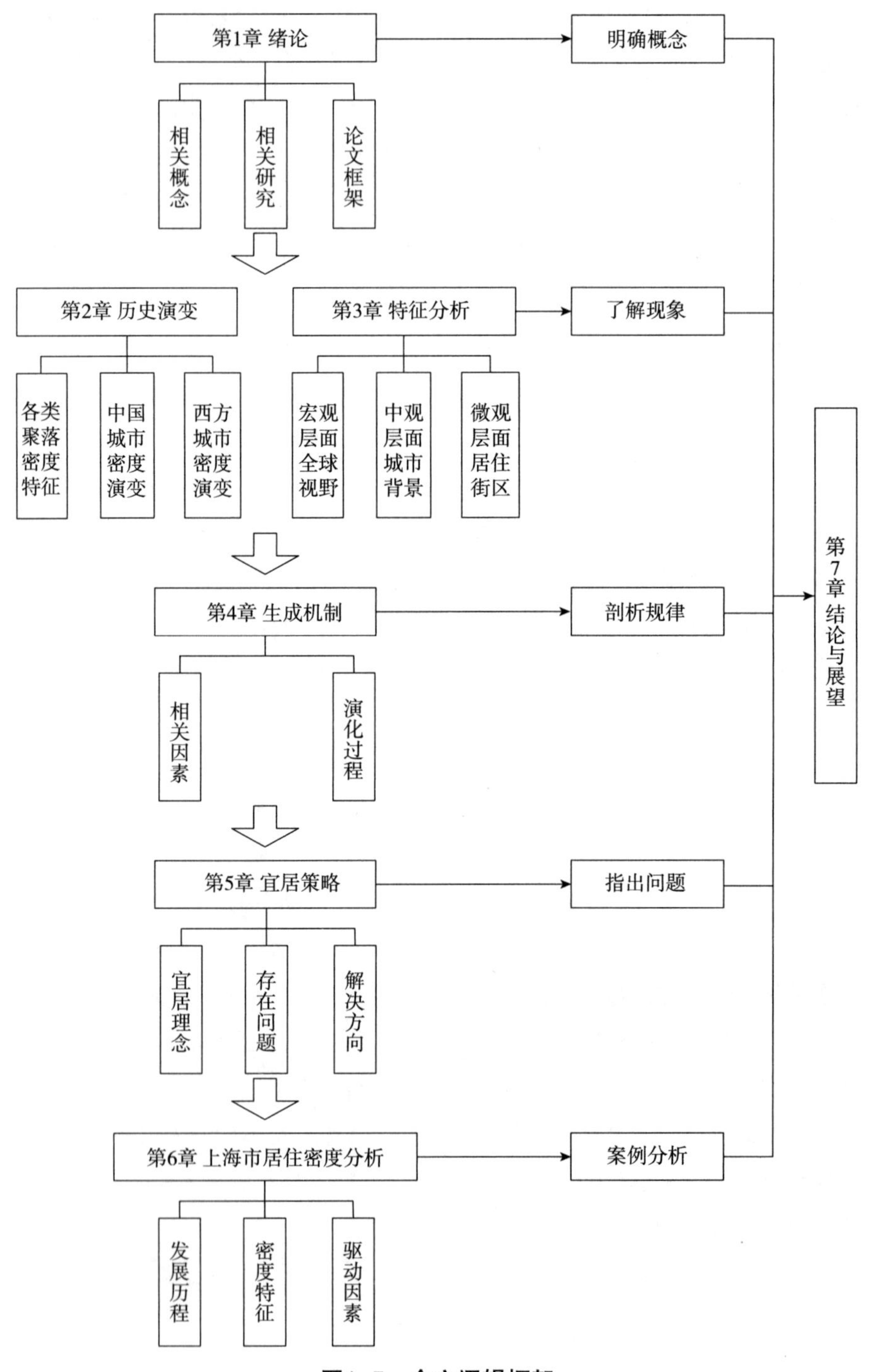

图1-5 全文逻辑框架

第 2 章　居住密度的历史演变

聚落是居住的集合。《汉书·沟恤志》记载："或久无害，稍筑室宅，遂成聚落"。居住是聚落的主要功能，人类的居住活动同聚落的发展演变是一体的。居住密度的演变是聚落空间形态演变的一个方面。

两百万年前原始的无组织聚居出现。大约一万年前，人类掌握了农业耕作技术，永久性聚居——村落出现。随着村落规模扩大，某一区域中一个中心村落的经济、商业、文化、宗教、行政等功能逐渐加强，形成了集镇。集镇出现后，城市产生了。城市是比集镇更大、更复杂的人类聚居。工业革命以后，城市迅速突破原来的边界，向乡村扩展，人类聚居进入了动态发展的时期。

本章沿着时间的脉络，勾画了人类从早期聚落到乡村聚落到城市聚落的聚居过程和各自的密度特征，重点分析了城市聚落的内在特征和聚居特点，并分别研究了中国城市和西方城市密度演变的过程。

2.1　历史溯源——早期聚落

2.1.1　旧石器时代

180万年前左右，直立猿人出现；那时的直立人已经懂得将婴儿和母亲安置于安全的固定场所，在居住地得以休息和积蓄体能。这种相对固定的居所，提高了原始人类生存的可能性。美国地理学家卡尔·欧·索尔曾说："贮藏和定居大约就是原始人类的一种特性"。

约公元前150万年到公元前1万年，人类社会进入旧石器时代。关于早期人类聚居的确切情况，我们已无从得知。但是根据考古学和人类学的不断发现，我们可以得到一些间接的信息。约150万年前至40万年前的原始居住洞穴，在我国山西、北京、辽宁、贵州、广东、湖北、浙江等地已有发现。在我国境内发现的200多处旧石器时代遗址，绝大部分是在洞穴或洞穴附近。可以推断，此时的人类群居在山洞或树上，以采摘、狩猎或捕捞来获取食物。聚居是临时的、游牧的，一般聚居大约有70人，每人大约占有300hm^{2}的土地，因此整个聚居通常占有几百平方公里的土地。

此时，穴居和巢居是主要的居住形态。人们选择朝阳干燥、场地开阔、地势高、近水源的地方居住，便于抵御外来野兽的威胁。利用天然洞穴居住或将居住地建于森林茂密的低山林地区，这使得原始居住地受自然环境影响较大，聚居地易集中于一定的地区。另一方面，依靠天然食物维持生活，男子狩猎、女子采集的生存方式，导致了资源容易枯竭，使得原始社会的人类又不得不分散居住。以狩猎和采集方式为主的原始社会，每平方公里土地的供养力不足4口人①。另外，为确保生计，旧石器时代人类必须扩大自己的活动范围和能力，以较小的人口规模到处游动，不囿于固定的居住地点。为了捕猎及照顾幼婴的需要，人数也不能太少，一般均在十余人至几十人，据推测，北京周口店原始群体规模为50~60 人，塔斯马尼亚人的原始群体规模在50~100人之间。

2.1.2 新石器时代

距今约1.5万年前，人类进入了新石器时代。人类有了最早的农业开垦地，不再单纯地依靠天然食物，而是通过农业获得了较为充足、稳定的食物供应，开始了定居生活。同时，原始农业的脆弱性使得早期群居聚落内部结成了重要的社会组织——氏族公社。以农业人口为主、以血缘关系为纽带聚族而居的农社型原始聚落形成。

农业的发展扩大了人类生存的领地，人类文明在利于农业生产的地域内开始繁荣起来，农社型原始聚落在世界范围逐渐发展。“在世界各环境优良的地区，从埃及到印度，数百个甚至数千个小村庄，都以一种从容不迫但又是决定性的方式将这些技艺应用到古代生活的每一个方面。于是，林地和草地在手工耕耘面前节节后退，在像约旦河平原这样靠近沙漠的地区，因为有丰沛的水源又有可靠的贮水条件，一片片绿洲开始出现了。”大致与龙山文化同期的美索不达米亚文明分布范围接近20万km^2，古埃及文明分布范围接近10万km^2，比龙山文化晚几百年的印度河文明在鼎盛之期分布范围达到130万km^2。龙山文化之

① （美）刘易斯·芒福德．城市发展史——起源、演变和前景[M]．北京：中国建筑工业出版社，1989.

后，华夏民族形成，分布范围继续不断扩大，至公元前后已达到650万km^2以上，其中的耕地达40万km^2。

人类早期社会共同劳动、共同消费的生活方式大致是一样的，故世界各地的农社型原始聚落形态具有许多相似之处。图2-1所示为墨西哥国立大学人类学博物馆展出的人类聚居图。

图2-1　墨西哥国立大学人类学博物馆展出的人类聚居图

（资料来源：吴良镛. 广义建筑学[M]. 北京：清华大学出版社，2011.）

人口分布的特点主要是由生产方式决定的。原始采猎经济时期的人口是按照氏族组织群居的。数十百人一群，人太少了无法抵御灾害和危险，人太多了则不能得到充分的食物供给。只有自然资源特别充足的地方，人们才可能定居下来。

依靠农业为生需要人们在耕地附近建造自己的房屋。巢居、穴居已不能满足需要，定居的农耕民族开始了永久居住建筑的创造。最先开始建造的是半地穴式建筑，后来又发展为地面建筑。中国新石器考古发现最早的半地穴式房屋遗址在裴李岗。裴李岗文化遗址的房基以半地穴建筑为主流，地面建筑为少数。房基以不规则圆形为主，方形是少数。法国的庞斯班遗址于约公元前1万年出现了使用兽皮做的圆锥形帐篷顶的居住建筑。圆形房屋不便于房屋之间的相互组合，后来出现了便于组合的方形房屋。众多的遗址表明此时期的居住建筑是从圆形向矩形、从一室向多室变化的。

氏族公社是原始社会的基本单位，每个氏族公社有自己的领地，在领地内统一划定居住用地、耕种土地、放牧草地以及砍柴林地，形成了以生产资料公有制为基础、以血缘纽带和血统世系相联结的社会组织形式。聚落形态一般为圆形，中心是存放氏族共用的食物和工具的仓库以及举行宗教仪式的空间，周围是半穴居的圆形住宅组合。这种封闭图形构造简单，内聚力很强，满足人类抵御侵害的基本需求。聚落有明显的分区，有区别生者和死者的居住地和公共墓地，并有独立的作为生产活动场所的窑址。

我国自原始氏族社会到宗族社会时期，人们生前聚族而居，死后实行族葬。6000年前的西安半坡氏族公社，每个聚落都是氏族的居住地，内部包括居住区、制陶工厂和公共墓葬区三部分（图2-2）。村落中央有一个大房子，周围共有46个小房间均面对着这个大房间而呈辐射状态，大的房屋有60～150m^2，中等的有30～40m^2，小的有12～20m^2。公元前4600～前4000年的陕西临潼姜寨遗址，遗址

图2-2 半坡遗址复原图

（资料来源：https://baike.baidu.com）

面积5万多m^2，分为居住区、烧陶窑场和墓地三部分。现已发掘的房屋遗址有100多座，其中5座是大型房屋。每个组团以大型房屋为核心，四周围绕着中小型房屋，呈向心状态的布局，形成5个组团。整个聚落布置井然有序。

与松散和游动的旧石器时代的聚居形态相比，新石器时代稳定的聚落形式能为人类的安全防卫、营养生存、繁衍生息提供有利的条件，因而此时的聚落人口规模和聚落分布范围均有所扩大。从前仰韶时期经仰韶时期到龙山时期，考古资料所揭示的聚落规模、人口以及聚落的分布范围不断扩大。前仰韶时期聚落分布稀疏，人口密度极小；聚落全都分布于中等高度的山地以及山地和平原或盆地相接的山麓地带；聚落规模以80～200人较常见；迁徙频繁。距今约6000 年的仰韶时期以1万～6万m^2较小型的聚落最为普遍，人口在80～600人，最大的聚落人口达6万人以上；聚落分布已到达黄河流域的绝大多数地方，分布范围达到50万km^2；定居已相当稳定。大约1000年后的龙山文化聚落规模普遍较仰韶期小，以1万～5万m^2为较多，以80～100人的聚落为多，人口不足100人的小聚落数量增加将近1/3。龙山文化的分布范围达到150万km^2。

西亚最早的聚落遗址是公元前1.3万年左右的位于巴勒斯坦加里利湖畔的恩葛布（Engebu）遗址。然后是公元前8000年左右的农耕聚落遗址——约旦河西岸的杰里科遗址。从西亚的聚落遗存可以看出，聚落规模逐渐大型化、固定化。杰里科为2.5hm^2，超过10hm^2的聚落也有发掘。芒福德在《城市发展史》一书中介绍："弗兰克福特在乌尔城、埃什努纳城（Eshnunna）、卡法耶城（Khafaje）进行考古挖掘时发现，这些约在公元前2000年繁荣起来的古城中，每英亩有住房约20所，据他计算，这样的密度相当于每英亩120～200人（296～494人/hm^2）；这种密度当然不符合卫生要求，但并未超过17世纪阿姆斯特丹城里更为拥挤的工人住宅区的可怕状况。"

2.2　聚族而居——乡村聚落

人类社会的第一次大分工，农业和畜牧业相分离，人类开始定居，出现了乡村聚落。乡村聚落承载着农耕时代的人类生活，其空间演化的过程清晰地对应着农业文明演进的轨迹。农业文明时代，乡村是聚落的主要形式。300万年的人类史，95%以上的时间里是在没有城市的条件下度过的。古代文明虽然都有其代表性的伟大城市，但其主体并非城市，乡村是人类生活的主要场所。工业革命以后，城市得到广泛发展，乡村聚落逐渐失去优势。

游牧逐水草而居，飘忽不定；农业取资于土地，农人固守在土地上，相对稳定地聚族而居。农业和家庭手工业相结合的自然经济条件下，生产方式和生活方式的统一带来工作地与居住地的统一，乡村聚落呈现出男耕女织、日出而作、日落而息的生活图景。每一个村庄就是一个自然经济色彩非常浓厚的居民点，农业耕作的定居要求以及小农经济的自给自足性质，导致乡村聚落具有高度的封闭性。

19世纪中期以前的中国是典型的农业社会，人口的地理分布也基本上反映了农业的地理分布。公元前5000年到公元前3000年的草原游牧经济时期，北方大草原应是我国人口的主要分布区。草原牧草再生产数量限制了载畜量，而载畜量又限制了养活人口的数量。所以，古代草原人口的密度存在一个天然的限度，不可能单凭游牧业在草原上形成人口密集的地区。

奴隶制时代的中、后期起，生产方式由迁移农业逐步转变为定耕农业，人们的居住方式也由漂泊不定转变为永久性定居。我国社会经济结构的主要形态从西周时期以井田制为基础的领主经济转变为战国以后以土地私人占有和自由买卖为基础的地主经济。个体小生产农业成为基本的生产方式。小农经济类型地区的人口数量与耕地面积和单产水平有关，平均的人口密度受到历史生产条件的限制，所以不可能形成高度密集的农业人口区。这种生产方式决定了人口的分布特点：人和土地，或者说，劳动者和劳动对象，被如此紧密地捆绑在一起，致使旧中国漫长时期中生产力布局变化的活力极小，人口分布状态亦近乎凝固。[①]

从战国至鸦片战争历时两千三百年的中国封建社会里农业经济始终占主导地位。农业经济的发达造就了典章制度相对完备、发展进程较为稳固的农耕文明型国家。“小农经济”和“大国效应”是对中国封建经济特点的概括。毛泽东指出中国封建经济制度的主要特点之一就是：“自给自足的自然经济占主要地位。农民不但生产自己需要的农产品，而且生产自己需要的大部分手工业品。地主和贵族对

---

① 中国人口地理[M]. 北京：商务印书馆，2011.

于从农民剥削来的地租，也主要是自己享用，而不是为了交换。”[①]在这种自然经济的格局下，个体农业和家庭手工业相结合的自给性生产占主导，“男耕女织”式的家庭生产方式代表了中国传统社会生产的基本模式。

中国的封建社会制度主要由两方面构成；一是统一的中央集权国家，二是地方的农村公社。中国在政治上较早确立了中央集权专制政体；一个统一和强大的国家对于保护和促进小农经济的发展是必不可少的。但是中央集权机关仅仅能够控制社会的上层，地方社会的实际权力掌握在士绅、地主等地方民间权威和宗族家族手中。这种起特殊作用的社会自治组织，用马克思的话说就是“村社的自治”。中国传统社会以“士、农、工、商”为基本的阶层；士绅一般是指那些具有官职、科举功名而又退守居乡者。在过去，人们在城里做官经商，晚年常常告老还乡，荣归故里，重修老宅、学堂、街道、水井，改善乡村环境。宗族，实际上是封建的政治关系、经济关系以及血缘关系三位一体的社会组织。魏晋有门阀世家，隋唐有宗主大户，宋以后在民间自发形成以男系血统为中心的亲属集团。宗族组织不断完善发展，成为封建政权下基本的社会组织。

在中国的乡村，绵延数千年的宗法制度形成以血缘为基础的家族制度和宗族关系网络，并以此构成基本的聚落组织单位。同族聚居非常明显，村落规模相近且布局类同，村落内部呈现高度均匀的特征。一般的乡村聚落是自发形成的，没有一定的章法可循。也有的聚落是经过规划的，其规划和大型公共建筑的建造往往是在士绅的投资和领导下进行的。皖南黟县西递村，规模宏大，其村落组织按血缘关系以祭祖尊先的祠堂为中心进行布局，将全村按亲缘关系划分为九个支系，每一支祠作为副中心，各据一片领地。由于人多地少和血缘聚居的关系，住宅联建的现象较为突出，村居之间是一种相对紧凑的布局，村居与周围空地的关系较为松散，空地边界不确定的特征比较明显。士绅的住所以居住、教育、管理、居家理财等功能为主，很少设置农业生产所需空间；故宅院多维持较完整的合院布局，其住所多选址于村落或组团的中心。子孙相承、四世同堂等的观点深刻影响着居住建筑的形式和布局，士绅家庭数代共居以及同族聚居形成了较大的居住团块。三进五进院落，一进又一进围绕着主轴线，横向延伸，纵向扩展，形成规模可观的宅第。

图2-3所示为乔家大院的总平面图。乔家大院立家建房于1756年，至今历时260余年，修建完成则经历了160多年，占地面积8725m^2，建筑面积3870m^2，分为6个大院，共有房313间；轴线贯通、主次分明、内外有别、秩序井然，具有明显的

① 毛泽东选集（1卷本）[M]. 北京：人民出版社，1964.

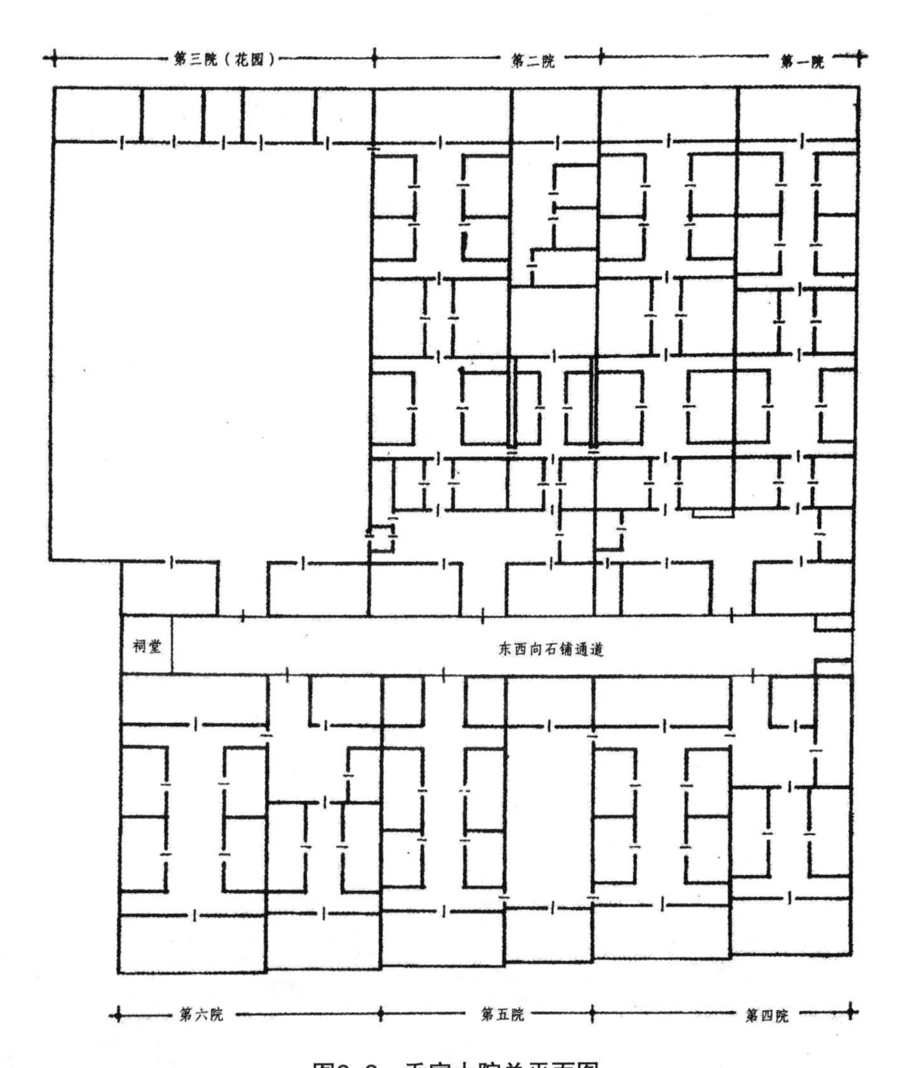

图2–3　乔家大院总平面图

（资料来源：施维琳，丘正瑜．中西民居建筑文化比较[M]．昆明：云南大学出版社，2007.）

空间序位；内设有学堂、祠堂及一般生活所需用房；以正房供祖先牌位，里院长辈居住，外院和偏院供晚辈和下人使用。乔家第三代有6子，第四代有11子，加上女儿们、妻妾们和奴仆们，全家人共同居住于大院内，男人们同在一处吃饭，而女人们则各自以小家庭为单位另外在各自的住处分吃。他们的生活是典型的家族化模式。

中国作为一个传统农业大国，现有村落数十万个，其中古村落有5000个左右。古村落之多、地域分布之广世界罕见。现存古村落除少量为宋元时代建造的外，多为明清时期遗留下来的，分布在交通闭塞、经济落后的山区。这些遗留的古村落展示了乡村聚落的居住形态。

图2-4显示了我国各具特色的乡村聚落。王家大院是清代民居建筑的集大成者，由历史上灵石县四大家族之一的太原王氏后裔于清康熙、雍正、乾隆、嘉庆年间先后建成。建筑规模宏大，总面积达25万m^2以上。共有大小院落231座，房屋2078间，面积8万m^2。西江千户苗寨由十余个依山而建的自然村寨相连成片，是目前中国最大的苗族聚落村寨。苗寨以青石板路串联，约有1000多户人家。吊脚楼多为3层，基座以青石、卵石垒砌，一层圈养牲畜，二层住人，三层为粮仓。被奉为“土楼之王”的承启楼，里外4圈。外圈直径72米，4层，每层72个房间。4圈楼屋外高内低，俯看为4个同心圆，一圈套一圈。全楼400个房间，鼎盛时居住过80多户、600多人，全是同族。承启楼是客家人聚族而居的范例。

从世界范围来看，乡村聚落规模大小不一，一般数百人到千人，星罗棋布地散落在适合农业耕作的地区。有以孤立农舍为基础的点状分布的散村，如在美国中西部和大平原地区，往往单户即构成一个聚落。农业生产的机械化水平较高和土地的私有制导致了这种分散型的聚落形态的出现。纯从耕种的需要上来看，每个农家最好是住在他所经营的土地上。所以，经济上充分自给的农家聚居在一个地点构成村落，主要是亲属的联系和安全的考虑。集合成线状、块状的村落大多

承启楼

徽州民居

西江千户苗寨

图2-4　中国传统乡村聚落

（资料来源：作者根据网上图片整理）

出现在人口密集的旱作农业地区，人口往往达到数千。由于开发历史悠久，村落的居民多代定居于该处，人口逐渐增多，住宅随之增多。但总的来说乡村聚落的人口规模较小，分布稀疏，通常是一个最简单、最基本的社区。农业型聚居中人均土地面积0.5hm^{2}左右，在畜牧区稍大一些。整个村落的土地规模通常在21km^{2}左右。村落建成区的密度从每公顷几人到数百人不等，一般平均密度为200人/hm^2。

美国城市理论学家刘易斯·芒福德在《城市发展史》一书中这样描述乡村聚落："村庄，连同周围的田畴园圃，构成了新型聚落：这是一种永久性联合，由许多家庭和邻居组成，又有家禽家畜，有宅房、仓廪和地窖，这一切都植根于列祖列宗的土壤之中；在这里，每一代都成为下一代继续生存的沃壤。日常生活都围绕着两大问题，食和性。村庄的居住方式本身便有助于农业的自我补给循环。""出身和住处的基本联系，血统和土地的基本联系，这些就是村庄生活方式的主要基础。""无论在什么地方，这些远古村庄都是由一些家庭结成的小群体，包含6～60户之间，每户都有自家的炉灶，自己的家神，自家的神龛，以及自家的坟墓，坟墓就在户内或在某处公共墓地内。"

2.3　密集居住——城市聚落

第二次社会大分工，手工业和农业相分离，出现了直接以交换为目的的商品生产，城市产生；商品生产和商品交换的发展，交换地域的进一步扩大，使得商业和商人阶级从农业和手工业中分离出来，城市有了较完备的职能和结构，具有相当的规模，并在地域上获得较广泛的分布。城市往往是一定地域范围内的政治、经济、文化中心。作为容器，城市有更大的吸引力与容纳力。

关于城市的起源，并没有形成统一的看法。芒福德说："城市的起源至今还不甚了然，它的发展史，相当大一部分还埋在地下，或已消磨得难以考证了，而它的发展前景又是那样难以估量"。有人认为最早出现的城市主要是出于防御需要，有人则认为城市的出现主要是因为随着社会分工的不断发展出现了简单的物物交换的场所——集市，集市交换的经常化便形成了以交换为主的城镇。城市兴起的地方往往是货物流通便利之处，如商路交叉点、河川渡口或港湾等。但从城市的早期发展看，古代社会世界各地的城市其本质和发展道路大致是相同的。古代城市主要作为统治阶级的政治、军事统治中枢、宗教活动中心和简单商品交易中心。城市普遍成为商业和人口的中心开始于中世纪的早期，即大约公元5世纪。中国和西方的城市采取了不同的发展道路，并发展成为类型截然不同的城市。18世纪后，工业化进程促进了生产力水平的提高，加快了城市的发展，出现前所未有的工业城市和现代化大城市。城市不再只是消费中心，而成为生产中心。在经济上获得独立的同时，城市孕育了全新的社会系统，形成一系列完全不同于农业的社会结构、制度、价值观念以及生活方式。城市最终代替乡村成为社会生活的中心；城市化的进程加快，城市逐渐成为人类主要的聚居形式。后工业社会的城市功能从大规模的生产中心转为服务业中心，世界城市和大都市连绵区出现。快速的城市成长也带来了诸多的城市问题。

人口数量大和密度高是城市的一个重要的特性。标志着村庄向城市过渡的第一件事，就是建成区和人口的扩大。城市聚落与乡村聚落相比，有更密集的人口和更大的面积。沃恩（L.Wirth）说城市是“不同社会成员所组成的一种相对较大，密集的永久性居址”。马克思则指出：“城市本身表明了人口、生产工具、资本、享乐和需求的集中；而在乡村里所看到的却是完全相反的情况：孤立和分散”。《现代西方城市经济理论》①一书归纳了城市的特征：①人口的大量聚集，出现大型社会定居群落；②社会分工明显，出现私有制和产生了社会阶级的分化；③有可供城市人口需求的剩余产品出现；④科学和文化的发展，国家和文明的形成；⑤市场的形成和贸易的发展；⑥存在大型建筑物。

但城市的本质特征不仅止于此。刘易斯·芒福德提醒道：“密集、大众、包围成圈的城墙，这些只是城市的偶然性特征，而不是它的本质性特征，虽然后世战事的发展的确曾使城市的这些特征成为主要的、经久的城市特性。城市不仅是建筑物的群集，它更是各种密切相关并经常相互影响的各种功能的复合体——它不仅是权力的集中，更是文化的归极。要确定一座城市，我们必须找到它的组织核心，确定它的边界，弄清组成它的各种社会行业……并分析其团体和机构的分化和整合过程。”“不论在哪个阶段，我们都不能将城市建筑的密集现象（由于人口密集的单纯原因所致）同复杂的生机勃勃的城市组织混为一谈；在城市的复合动态组织中，旧的结构和功能服务于新的目的。”要透彻地剖析城市居住的密度问题，同样要将视角延伸到城市的组织机构中，将人口集聚的变幻同生机勃勃的城市肌体的运动联系起来。下面论文以中国古代城市为例，剖析与居住密度相关的四个方面：功能特征、规模等级、人口构成和居住结构。

2.3.1 功能特征

中国古代的城市是作为政治统治的枢纽或商业集散的中心逐渐发展起来的。

---

① 郑长德，钟海燕. 现代西方城市经济理论[M]. 北京：经济日报出版社，2007.

“早期城镇中由于劳动分工的产生出现了阶级的划分，阶级的划分带动了国家的产生。这样，由于国家因素的介入，一部分城镇因为政治统治的需要发展成为城市，另一部分则作为乡村地域的商品交换中心而继续发展成为各种小城镇。这两种类型的城镇必然结成某种形式的结构网络分布在国家统治范围之内。而且由于两者在网络中所扮演的角色不同而面临不同的演化过程。”[①]

与西方城市不同，中国封建城市不具备自立的经济，其政治功能远大于社会经济功能。手工业生产的不足使得城市缺乏稳定的经济基础，城市是农业经济的附属物。唐宋以前，地区经济不足以支持任何大型城市的生存和发展。城市的兴衰与其政治功能的兴衰紧密地联系在一起，无论是都城还是一般城市，概莫能外。战国、秦、汉时期，封建城市的成批出现与郡县制的确立有密切关系。郡县治所并非是因工商业人口的自然集中而形成的城市，而是封建国家的政治和军事据点。秦汉之后直至明清，城市数量陆续增加，其中大部分新增的城市，是由于政治、军事原因而形成的。

政治和军事因素的变动造成了城市人口的忽增忽减，因此城市容易兴衰无常。城市的居民由政治权力摆布，历史上统治阶级经常迁移人口充实京城，强本弱枝，以削弱地方势力。赵文林、谢淑君[②]对中国人口史的研究表明，中国古代的大中城市具有强烈的政治性和寄生性，城市集聚了大量的消费人口，一遇政治动乱，城市人口也随之烟消云散，直到另一个稳定的政权建立起来之后，又逐渐集中。公元之初，长安人口就有24万，成都人口近40万，可是1800年过去了，几经消长，到了清代中期，这些地方仍然只有这么一些人口。战国时代的齐都临淄，在公元前300多年，就有七万户，约三四十万人口，到了清代前期临淄县城人口还不及此数的一半。可见古代城市人口的集聚不存在绝对的优势。大体说来在人口上升的治平年代，市镇人口逐渐增多；当社会动乱人口下降时，市镇人口又因损耗和分散而减少。

城市是封建社会商品经济活跃的天然场所。我国封建社会商品经济发达较早，中国封建时代小农经济必须在相当大的程度上依赖市场交换这一经济基础。以私有产权及小生产单元为基础的小农经济，其规模相对狭小，生产关系上的各个环节不可能在一个家庭中完全实现，因而必须在更广的范围和更深的程度上与市场发生依赖关系。自古以来“富商大贾，周流天下，交易货物莫不通，得其所欲”[③]。管子曰：“聚者有市，无市则民乏”。战国时期就有大量的商人活动在城市生

① 李立．乡村聚落：形态、类型与演变[M]．南京：东南大学出版社，2007．

② 赵文林，谢淑君．中国人口史[M]．北京：人民出版社，1988．

③ 史记・货殖列传[M]．

活市场上。杨宽先生指出："战国时代各国已普遍设置郡县，小郡有十多县，大郡有三十多县。县筑有城，城中有市。"唐宋以后，各地区经济获得了不同程度的长足发展。于是，城市的兴衰不再完全听凭政治的影响，而是政治和经济二者共同作用的结果，甚至还产生了经济作用占主导的商业城市，如泉州、上海、广州等。

我国封建社会的城市在政治和经济这两种力量的作用下不断发展。城市发展成为权力的中心，也成为贸易网络中各种经济活动的中心。中国古代城市的主要功能是政治中心，城市的主要的产业部门是城市手工业和城市商业。"居住空间"与"市场空间"构成古代中国城市整体空间结构的两大基本要素。我国古代城市的空间结构，是封建伦理、政治制度与地理空间结构三者的高度统一。

19世纪中期以后新型的近代工商业城市逐步发展形成。城市成为现代大工业聚集的地方，同时商业、金融和科技文化的发展使得城市具有了强烈的社会经济文化功能，城市人口的集聚因此有了新的特征和规律。

2.3.2 规模等级

中国城市发展史上有三个高峰时期：一是春秋战国时期，二是宋代，三是近代。秦统一前，全国有540座，唐末已经达到1000座，宋至元明新建400座。

中国封建城市的规模一开始就向宏大的方向发展，春秋战国时代，10km^{2}以上的城已比比皆是。并且城市的规模愈来愈大，显示了中国城市的规制格局。在数千年封建经济和文化的发展过程中，中国的城市在数量和种类上都超过了世界上任何一个国家。

表2-1列举了历史上世界最大的城市，长安、开封、杭州、南京和北京名列其中。美国学者钱德勒在《城市发展4000年》一书中列举了不同历史时期的35个世界最大的城市，其中中国有5个城市先后8次位居世界第一。特别是到了明清之际，中国大城市的数量居于世界第一位。直到"19世纪以前，大城市在中国比例上比欧洲似乎为数更多，而在18世纪以前，那里都市化程度可能更高"。[①]

较之西方古代的分散型、外扩型殖民城市，中国古代传统以皇城为中心的内聚型城市规模远比欧洲中世纪城市大。"中国城市文化和中世纪欧洲城市之间有着一种非常紧密的相似性，也许仅仅在规模上有些变化。但其间最为重要的区别在于政治结构，以及因此政治结构在整个社会中发挥的政治作用。""几乎10个世纪大中华帝国的城市历史，我们可以称之为宫城和宫室文化阶段。在汉代和后来唐

---

① （意）奇波拉. 欧洲经济史（第一卷）[M]. 北京：商务印书馆，1988.

代的中央化帝国政府行政的发展，导致了非常大的都城，事实上是大都市区的出现，人口集中达到100万。帝国政策的趋势，就是保持权力的集中，而非令皇帝的权力缩小，在这种不宜的氛围下，其他城市和乡镇，就不能发展成为大的城市聚落。”[①]工商业城市则与工业发展和商业的繁荣程度有关。商业的繁荣带来人口的膨胀，汉口镇在清代末人口逾80万。

历史上的世界最大城市　　表2-1

城市	人口（万人）	年代	城市	人口（万人）	年代
孟菲斯	3	公元前3100年	长安	80	750年
乌尔	6.5	公元前2030年	巴格达	100	775年
巴比伦	20	公元前612年	开封	44.2	1102年
亚历山大	30	公元前320年	杭州	43.2	1348年
长安	40	公元前200年	南京	48.7	1358年
罗马	45	100年	君斯坦丁堡	70	1650年
君斯坦丁堡	30	340年	北京	110	1800年

资料来源：宁越敏，张务栋，钱今昔．中国城市发展史[M].合肥：安徽科学技术出版社，1994.

古代城市的等级形成往往是出于统治的需要。《文献通考》记载：“昔日皇帝始经土设井，以塞争端……使八家为井，井开四道，而分八家，凿井于中，一则不泄地气，二则无费，三则同风俗，四则齐巧拙，五则通财货，六则存之更守，七则出入相同，八则嫁娶相谋，九则有无相贷，十则疾病相救……即牧于邑，井一为邻，邻三为朋，朋三为里，里五为邑，邑十为都，都十为师，师十为州。”图2-5显示了我国古代聚落的等级体系。

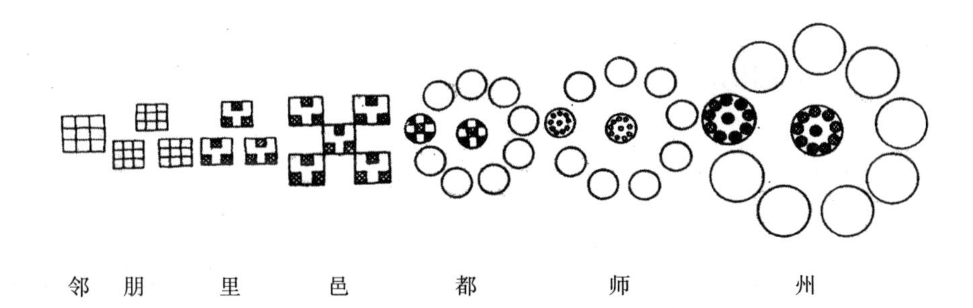

图2-5　中国古代聚落的等级体系

（资料来源：吴良镛．广义建筑学[M]．北京：清华大学出版社，2011.）

---

① （德）阿尔弗雷德·申茨．幻方——中国古代的城市[M]．北京：中国建筑工业出版社，2009.

奴隶社会时期以城的用地规模的大小作为分级的标准。奴隶主的地位越高，都城的规模越大，反之则越小。《书传》云："古者百里之国，九里之城，七十里之国，五里之城，五十里之国，三里之城"。《注》云："天子实十二里之城，诸侯大国九里，次国七里，小国五里。"表2-2为各等级城市的边长和面积值。东周王城面积达8.3km^2，接近九里之城的规模。春秋战国时期，各国都城突破成规，向规模宏大发展。

古代城市分级 表2-2

	十二里	九里	七里	五里	三里
边长（m）	4298	3222	2500	1790	1074
面积（km^2）	18.47	1.15	6.25	3.2	1.15

从汉代起，中国城市的规模和分级已经趋于定型。中国城市以政治功能为主，政治权力的大小使城市有了等级之分。凡是作为首都或陪都的城，范围都比较大，往往大出省、府州城的数倍或二三十倍，且有逐步增大的趋势。都城之下为省、府、州、县的中心，依次减杀。这是因为政治级别较高的城市，城内人口较多，机构复杂，需要修筑较大的城市。城市政治地位的高低与城市规模的大小基本吻合，下一级城市超越上一级城市规模的状况几乎是没有的，除非城市的地位升格，城市的规模才会随之升格。春秋战国到清代，中国古代县城的规模一直是"三里之城"统"百里之地"，其周长在4km左右，面积在100hm^{2}上下①，人口3～5万人。这是因为1km^{2}的县城能建立起完整的统治机构，充分行使统治权力，并形成地方的经济、文化中心。省、府、州城的范围较大，人口也较多。清代末年，西安府城的人口11万多，太原人口有5万多。②

2.3.3 人口构成

我国古代城市的人口主要有以下三种：一是权贵势要之家，二是富商巨贾，三是城市劳动者。

我国古代城市大多是作为政治中心和军事中心而兴起的，作为政权机构的署衙占据了城市的中心位置。各种官僚机构均有规模宏大的衙门和附属机构，占地广阔。汉长安未央宫达5km^2，长乐宫达6km^2，唐长安的宫城达4.2km^2，皇城达到

① 马正林. 中国城市历史地理[M]. 济南：山东教育出版社，1998.

② 董鉴泓. 中国城市建设史[M]. 北京：中国建筑工业出版社，2004.

5.2km²，明清北京城0.7km²。皇族人口众多，王府林立，在城内也占有地盘。寺庙占据的地盘之广也很可观，唐长安有150余座寺庙，寺庙往往是一个庞大的建筑群，气势磅礴，与皇宫无异。另外，驻军众多，唐长安城禁军12万，占据了城市大量的用地。

我国古代城市中，工商业者的政治地位低下，但是他们都是真正的富有者。官僚地主和商人地主的大量存在，是我国封建社会的特点之一，这些地主大多居住于城市之中。在西方，尽管封建城市是在领主的领地上形成的，领主却很少居住于工商业城市中。在封建时代的最后几个世纪中，官、商地主包括他们的家庭大约占城市人口的25%，是城市人口重要的组成部分。

城市中的工商业劳动者无疑是城市人口构成中的主体。据历史文献记载，唐朝长安仅东市的工商业就可分为220行，有摊位3000余个。唐长安城有东西两市，各市有两坊之地。每个市占地1.4km²。《马可・波罗游记》曾记载杭州有12种行业，各业有12000户，每户少则10人，多则三四十人。明代北京城南为运河必经之地，商业发达，人烟稠密。另外，中国古代城市是从农村派生出来的特殊的地理空间，城内还居住了大批农民。

2.3.4　居住结构

不同的城市发展时期的居住空间结构具有不同的特征。表2-3总结了从奴隶社会到后工业时期的城市居住区空间结构特征、结构模式和社会等级结构特征。

城市居住区的空间结构模式演化阶段　表2-3

城市发展时期	空间结构特征	结构模式	社会等级结构特征
奴隶社会	“混居”和极有限的空间分化；密集性居住空间	“城堡型”	舒伯格传统社会居住区空间等级结构（自城市中心区向郊区，社会经济地位依次降低）
古代城市（封建社会）	以家庭、行业分会为基础的居住区布局；密集居住空间；“贫民窟”位于城市边缘地带	“中心城市”内部分化	
工业化早期城市（1760～1920年）	以工厂为中心的居住区空间分布；高度密集性居住空间；郊区开始萌芽；居住空间恶化，贫民窟普及化	“中心城市”内部分化	
成熟期工业城市（1920～1950年）	郊区的发展，大都市区开始形成；都市居住空间以“中心城市”为主；人口与居住区空间开始分散化	沿公交干道辐射，“单中心”、“星状”	伯吉斯现代社会居住区空间等级结构（自城市中心区向郊区，社会经济地位依次升高）

续表

城市发展时期	空间结构特征	结构模式	社会等级结构特征
“郊区化”时期城市（1950～1980年）	都市居住空间以郊区为主；分散、低密度的居住空间；郊区繁荣，工作、居住空间分离；“贫民窟”集中于城市内城地带	“单中心”、“圈层状”弥漫型大都市区	伯吉斯现代社会居住区空间等级结构（自城市中心区向郊区，社会经济地位依次升高）
“逆城市化”时期城市（1980年以来）	都市区，以“郊区”为主；郊区内部分化，形成“边缘城市”、“无边际城市”；贫民窟位于城市内城地带；工作空间从属于生活空间	“多中心”、“星系状”弥漫型大都市区	

资料来源：黄志宏．城市居住区空间结构模式的演变[M]．北京：社会科学文献出版社，2006.

中国大概是最早执行规划来建设城市的国家。里坊制度是封建统治阶级出于对社会安定的考虑而采取的一种强制城市管理制度，是中国古代城市居住区组织的基本单位。中国古代的城市规划和建城工作多在短时间内迅速建成骨架，里坊制使这种快速建设成为可能。

奴隶主结合方块井田制按农业生产的组织制度来组织居住，由此形成的“里”既是基本的农业生产单位，也是基本的生产居住单位。封建生产关系的产生和确立使单个家庭成为社会生产的基本单位，里坊成为比较单纯的居住单位。汉代棋盘式的街道将城市分为大小不同的方格，这是里坊制的最初形态。坊四周设墙，中间设十字街，每坊四面各开一门，晚上关闭坊门。坊市分离，规格不一。市的四面也设墙，井字形街道将其分为九部分，各市临街设店。三国至唐是里坊制的极盛时期。三国时的曹魏邺城开创了一种布局严整、功能分区明确的里坊制城市格局：平面呈长方形，宫殿位于城北居中，全城作棋盘式分割，居民与市场纳入这些棋盘格中组成“里”（“里”在北魏以后称为“坊”）。到唐代后期，扬州等商业城市中传统的里坊制遭到破坏。坊市结合，不再设坊墙，由封闭式向开放式演变。坊的意义和现代城市规划中的小区或者邻里单位有点类似，它们都是主干道分割而成的街区。中国古代的里坊面积一直较为稳定，在$20\mathrm{hm}^2$左右，坊的大小是“合理的步行距离”。

两千多年以来，我国居住建筑以“三间房子”为基本单元，三间住屋组合而成三合院，形成最小的单元。住宅以院落为主，院落不会超过五间的宽度；建筑大多进深为一间，以便所有空间均与院落相联结。这种“生活细胞”自发展成熟以来，再也没有向前进展。如果房间的需要量增大，则建第二进院落，以保持适宜的尺度。我国古代大多数城市住宅是低层院落式，而比较有规模的住宅则是通过这种基本单元的重复和组合形成，包括增加单元或增加院落。这种院落的格局和规模扩展的方式适应了最大多数中国家庭的生活方式，一般是一个三代大家庭。

这种合院式的住宅使得传统城市的建筑密度较高，一般在50%以上，建筑物覆盖面积明显大于外部空间。高密度是我国传统城市肌理的一项重要特征。合院式住宅是在拥挤的城市环境中保持家庭的私密性并达到与自然融合的合理形式。院落空间是内向的、私密性的空间形态，街巷空间是院与院的联系纽带。街巷空间及院落空间是城市肌理的组织结构，对于建筑的集聚起到组织和驾驭的作用。蔡镇钰[①]认为，“中国民居从南到北塑造了以院落为中心和单元的基本平面格局。即屋宇为阳——实，而院落为阴——虚，这种阴阳相成、虚实相间的院落系列空间，在密集状态下较好地协调了人与自然的关系，较好地解决了日照、通风、保温、隔热、反光和防噪等问题。中国民居的院落非常重视其大小与屋宇的比例，院落承接阳光雨露，日月精华，纳气通风，以具有‘藏风聚气，通天接地’的功能。”

传统的中国城市中居住着地主、行政官员、商人和为他们服务的市民。城市中的居民一般按照贫富贵贱以及行业的不同居住在城市的不同地区。住宅形式因地区而异，但基本上都是适应中国封建大家庭居住的传统形式。

中国古代城市的人口密度与建筑物密度与现代城市不同，并不是城市中心区的人口最密聚，建筑物最拥挤。刚好相反，在城市的边缘地带，特别是靠近外城墙的平民居住区的空间最密集与拥挤。这是因为皇权与贵族的特权作用，使得城市的土地不能按土地的实际经济价值来进行空间布置的一种反映。在居住空间结构上，中国古代城市与西方国家城市具有很大的相似性，具有同样的社会阶层的社会空间分化现象，都从属于舒伯格传统城市同心圆空间结构模式：从城市中心区到边缘地带，居住区的社会地位与经济地位逐渐降低。这种情况可以从清北京城的居住空间得到体现：越是城市的中心地带，住宅与街巷的分布越是相对稀疏，家庭住宅面积就越大，其居住社区的人口密度也就相应地减少；反之，越靠近城墙边缘的居住区空间就越密集拥挤，家庭住宅面积就越小，人口密度也就越大。[②]

2.4　密度演变——中国城市

下面分析城市早期、战国及秦汉、唐宋、元明清和近代五个阶段中国城市的居住密度特征。

---

① 蔡镇钰. 中国民居的生态精神[J]. 建筑学报，1999（7）.

② 黄志宏. 城市居住区空间结构模式的演变[D]. 北京：中国社会科学院研究生院博士论文，2005.

2.4.1 早期城市

城市最早开始出现在旧石器和新石器文化的聚落中。“目前已知的最古老的城市遗址，大部分都起始于公元前3000年，前推后移不多的几个世纪。”一般认为，中国古代城镇起源于距今五六千年、以龙山文化为代表的父系氏族公社时期。我国古书中记载了这个时期部落首领建都和筑城的历史，考古工作者也发掘到了属于这个时期为数不少的城址。在黄河中下游平原地区，长江中游两湖地区，长江上游四川盆地和内蒙古高原河套地区等四大区域先后都发现了史前时期的城市遗址①。章丘城子崖的龙山遗址呈矩形，大约20hm^2（400m × 500m）。墙体由夯土建造。有学者推测城子崖龙山聚落的人口当在5000人以上，并且认为城内的居民不单是农业生产者，家庭手工业者、巫医、统治者这些非农业生产者已占有一定的比例。整个奴隶制时期，中国人口的分布范围逐渐扩大，尤其是长江流域的进一步开拓，但人口分布的重心仍然在黄河流域。随着生产力发展和人口密度提高，城市继原始社会末期出现萌芽之后，进一步兴盛起来，奴隶社会的城市具备了政治和宗教统治的职能，城市的规模扩大。商代的郑州商城、安阳城区范围均达25km^2左右，比半坡村大了100 多倍。

2.4.2 战国及秦汉

西周分封71 国，以及春秋战国时期因征战频繁、诸侯国筑城自卫的原因，形成了城市发展的高潮。城市的分布范围从黄河两岸向南、向北扩展，城市规模也显著增大，但直至春秋时代，城市只不过是大小贵族居住的城堡。

史载：“古者四海之内，分为万国。城虽大，无过三百丈者，人虽众，无过三千家者……今千丈之城，万户之邑相望也”。②据此推断，战国以前的中国城市人口的最大规模约为1万～2万人。战国时代的城市人口，若以每户5口计算，即约有5万人。最大的临淄城有7 万户居民，被形容为“车毂击，人肩摩，连袵成帷，举袂成幕，挥汗成雨”。当时的小城市一般占地1～5km^2，大城市则达30km^2。据估计，春秋战国时期全国人口或许有三分之一以上集中在城市之中。但此时大部分城市人口仍是农民，甚至在天子王都和诸侯首邑之内，也往往是黍离麦秀，呈现出一片田园景象。

---

① 任式楠. 中国史前城址考察[J]. 考古，1998（1）.

② 战国策・赵策[M].

秦灭六国后建立封建专制的中央集权国家。在春秋战国时期城市大发展的基础上，实行了郡县制，把全国分为46 个郡，八九百个县，各级行政中心均为规模不等的城市。秦都咸阳，不仅集中了秦国原有的贵族、官僚及大量军队和民工，还“徙天下豪富于咸阳十二万户”，使其人口达到80万以上的巨大规模，成为人类历史上前所未见的特大城市。

汉朝的疆域比秦朝显著扩大，生产力水平也有明显提高，人口数则增长近2倍，这一切都促进了城市的发展和繁荣。据不完全统计，汉朝计有670 个城市，比秦朝增加一倍半以上。河西、云贵等边疆地区第一次出现了城市，但城市总数的3/5 仍集中于黄河中下游地区。据估计，汉代城市人口比重大约在10%。

汉长安城位于西安市西北的汉城乡一带，根据实测，城的周长25.7km，合汉代近63里，总面积约36km²。城的形状为不规则的正方形，南部为宫殿区，北部为居民、手工业和市场区。宫殿建筑是都城的核心，几乎占据了长安城的一半地方，位于城的南半部。一般居民只能住在城的北半部或城门的附近，只有少数权贵才能在未央宫北阙附近居住，故有“北阙甲第”的称谓。城市和郊区的布局，每边有三门，从此延伸出平而直的三条街道，可以同时并行12驾马车，道路以直角相互交叉。一排排房屋是笔直的，屋檐具有同样的高度，“居室栉比，门巷修直”，汉长安城内共有160个闾里。市场于公元前189年建造，中心有5层高的望楼，可以俯瞰市场内的上百条街巷，路两边是成百上千的小店和旅馆。城里挤满了人，涌出郊外，车多得无法转弯。长安在公元前1 世纪人口曾达四五十万。若人口以45万计，面积以36km²计，人口密度达到12500人/km²。

2.4.3　唐宋

唐朝是中国封建社会的鼎盛时期，人口规模和生产力水平都显著超过了以往历代，城市化达到了一个新的高度。全国平均的城市人口比重估计不会低于10%。城市总数增至1000 个以上，其中大城市已成批涌现。

唐长安是中国历史上最典型的封建城市。盛唐时期的长安是当时规模最大、最为繁华的国际都市，北宋以后中国古代城市规模再也没有超过唐长安的。长安城内的人口共8万户，加上贵族、官僚、僧尼、教坊、驻军及大量流动人口，总数可能不下百万。唐长安城是一个东西略长、南北略窄的长方形，非常规则和整齐（图2–6）。外郭城是一大长方形，周长36.7km，面积84km²，完全采取棋盘式对称布局。沿袭魏制，中央王朝在全国推行封闭式的城市管理，使里坊制度达到顶峰时期。城内东西14条大街，南北11条大街，将全城分割成大小不等的108个里坊。

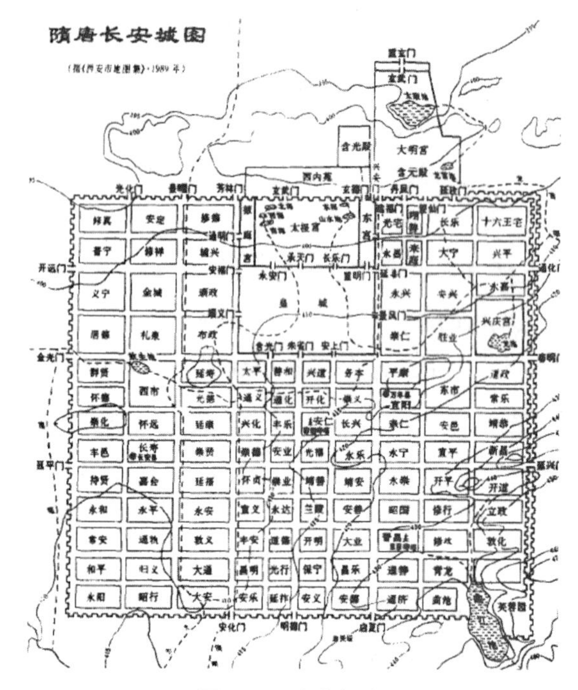

图2-6 隋唐长安

里坊面积大小分为30、50、80hm²三类（表2-4）。

唐长安里坊面积分类 表2-4

类别	位置	南北长度（m）	东西长度（m）	面积（hm²）
最小	皇城以南、朱雀大街两侧的四列坊	500～590	558～700	28～41
较大	皇城以南的其余六列坊	500～590	1020～1125	51～66
最大	宫城、皇城两侧的坊	838	1115	93

资料来源：刘继，周波，陈岚．里坊制度下的中国古代城市形态解析[J]．四川建筑科学研究，2007，33（6）．

唐里坊规模较大，相当于古代的一个县城。图2-7比较了唐里坊与古希腊的米利都城、罗马的提姆加都和中世纪法国的米胡得的规模。有学者认为唐长安实际上是一个“近百个以农业经济为基础的、布局严整的、高度组织的小城镇群”。[①]里坊内部是一字形或十字形的生活性大道，由此划分出4个区域，再设小十字街，

① 梁江，孙晖．唐长安城市布局与坊里形态的新解[J]．城市规划，2003（1）．

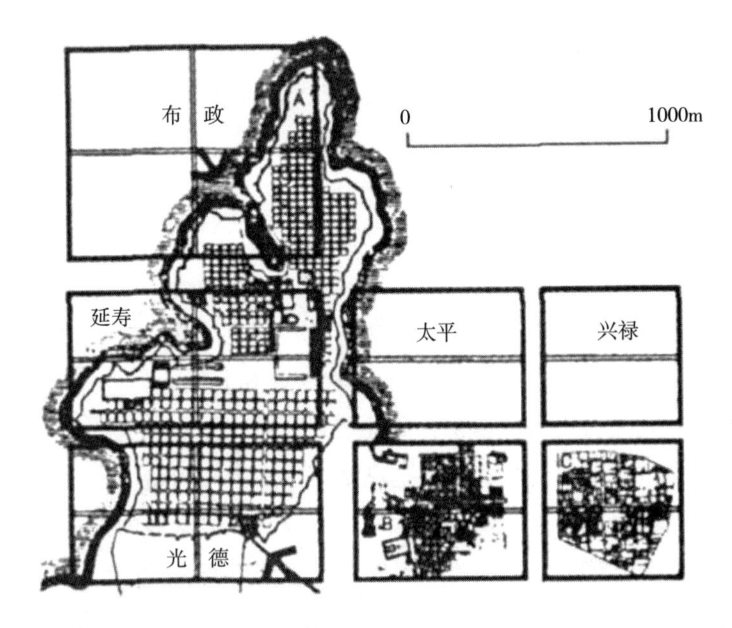

图2–7　唐长安里坊与西方古代网格城市在同一比例尺度下的比较

（资料来源：刘继，周波，陈岚．里坊制度下的中国古代城市形态解析[J].
四川建筑科学研究，2007，33（6）.）

形成16个区块。一个里坊往往就是一个基本的行政管理单位，其中有民居、寺院、官僚府第等。民居的建筑都由自家投资建造，所以一坊之内的建筑各不相同，住宅的所有者通常就是使用者，所有权和使用权往往是合一的，这种情况一直延续到19世纪中叶。

随着人口的增加，城市的住房问题日益突出，租屋而居之人也越来越多。平民百姓勿论，即使官员也是如此。唐代白居易在长安为官20年，始终租屋而居。《旧唐书》记载，当时47618名宦官中，有房屋的只有1696人。里坊里的居民包括达官贵人、诸教僧徒、手工业者、小商贩、农民和一般居民。作为功能相对纯粹的居住区，主要有两项聚居原则：一为阶级原则，二为职业原则。在城市高地东部以及东市以南，为官吏们所兴建的居住区，城市的西部为商人、外国人和普通人的区域，南部区域留空，用作农田和园林、娱乐场地。唐长安人口以100万计，面积以84km^{2}计，人口密度达到11904人/km^2。

宋代人口和生产力水平较盛唐有过之而无不及，城市的发展在此时也达到了一个转折点。作为一个整体的国家来说，到11世纪末，城市人口也许已经达到10%左右，使中国成为当时世界上最为高度城市化的国家。自宋代以来城市的功能发生了重要的转变，渐由政治、军事中心转向商业中心。城市的商业逐渐形成了点面结合的庞大的网络，点是深入街巷，遍布全城的各种商肆，面是铺店林立，位于全城中心地区的商业区。①以汴梁马行街夜市为例，这条街长达数十里，街上遍布铺席商店，还夹有官员宅舍，从而形成坊街市肆有机结合的新格局。在马行街的夜市上，车马拥挤，人不能驻足。具有百余万人口的汴梁，大概会有上万、上十万或者更多的市民到这里来逛夜市。

北宋汴梁位于今天的开封城及其附近郊区所在地，分内外三重，即外城、里城和宫城。由于坊制的崩溃，宋代在城市管理上开始设置厢，即按地段、街道实行管理。其中，里城4厢46坊，外城4厢75坊，城外9厢13坊，合计17厢134坊。坊墙的限制已被突破，厢才是真正的管理单位。从坊的分布可知，里城内人口重心在东半部；外城人口重心在西部，城外坊的分布以东、西郊区最多，南、北郊较少。人口分布所以不匀称，主要是里城西部多为政府机关所在地，居民自然多归东部。外城西部是五丈河、金水河、汴河、蔡河入城的地方，水路交通最为方便，故人口也较多。可见此时居住密度与城市商业的布局和城市不同阶层的居住分区有较大的关系。1021年的人口普查统计记载，内城和外城有96850户，住在120个里坊。但是分配不平均。东北角的人口密度高达70000人/km^2。1078～1082年，开封城重建，此时人口约100万，城墙内区域的密度为每平方公里25000～40000人不等（图2–8）。②

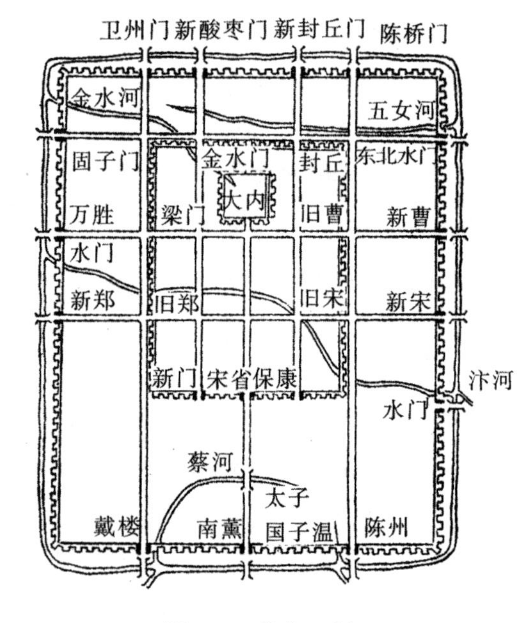

图2–8　北宋开封

① 伊永文．行走在宋代的城市：宋代城市风情图记[M]．北京：中华书局，2005．

② 赵婧．城市居住街区密度与模式研究[D]．南京：东南大学硕士论文，2008．

南宋临安位于今杭州市区，在靖康南渡后的移民大潮中迅速成长为一个特大城市，临安城是利用吴越首都杭州城改建的，形状为不规则的南北向长方形，地处西湖与钱塘江之间。皇宫位于城的南部凤凰山麓。南宋杭州的居民区仍保留了坊的名称，但已经不是封闭式的居住区。其管理单位划分为厢，城内共有9厢，其厢的划分可能以纵贯全城的御街为界，分东、西两部分管理。杭州城的附郭县为钱塘、仁和两县，前者在西，后者在东，上述诸厢分属两县管辖。两县所管诸厢，除上述9厢外，城外还有4厢也属两县管辖范围。[①]南宋杭州繁盛无比，“城内外不下数十万户，百十万口”；“民居屋宇高森，接栋连檐，寸尺无空”；“户口蕃息……城南西北三处，各数十里，人烟生聚，市井坊陌，数日经行不尽，各可比外路—小州郡，足见行都繁盛”[②]。其总户数约在30万以上，共有城市人口约150万。

2.4.4 元明清

元朝是个超越汉唐的大一统帝国，内外贸易均空前繁荣。当时称“大都”的北京，逐渐发展成为一个世界名都。明朝建立后，推行了一系列较为积极的政治、经济措施，如削弱农民和手工业者的人身依附关系，手工业冲破过去官营的局限，私营作坊大批涌现，这些都促进了城市的发展。15世纪初全国已出现33 个大中型工商业城市。江南地区逐渐形成了以南京为中心的处于雏形状态的城市化地区。除拥有一大批城市外，工商业集镇也非常发达，汉口、佛山、朱仙镇、景德镇并称为全国“四大镇”。据估计，明代全国共有大中型城市100个，小城镇2000多个，农村集镇4000～6000个，均比过去有了显著增长。统计资料显示，在明清时期的中国城市中，人口规模超过100万的有3个，分别是北京、南京和苏州，另外还有10个左右的区域性中心城市的人口规模在50万～100万之间。清代城市人口总数虽超过以往历代，但占总人口的比重反而趋于下降。美国学者史坚雅在《中华帝国晚期的城市》一书中把凡超过2000人的居民点均定为城镇。据他统计，1843年不包括东北、新疆、青海、西藏和台湾等地区，中国计有城镇1653个，城镇人口2072万人，占总人口的5.1%，1893年计有城镇1779个，城镇人口2351万人，占总人口的6.0%。

明清北京城集中国都城建设之大成（图2–9）。封建社会后期，全国人口超过3亿，作为都城，人口超过百万。以建成区面积计算，明清北京在中国古代都城中

① 杨宽．中国古代都城制度史研究[M]．上海：上海人民出版社，2003．

② 耐得翁．都城纪胜[M]．

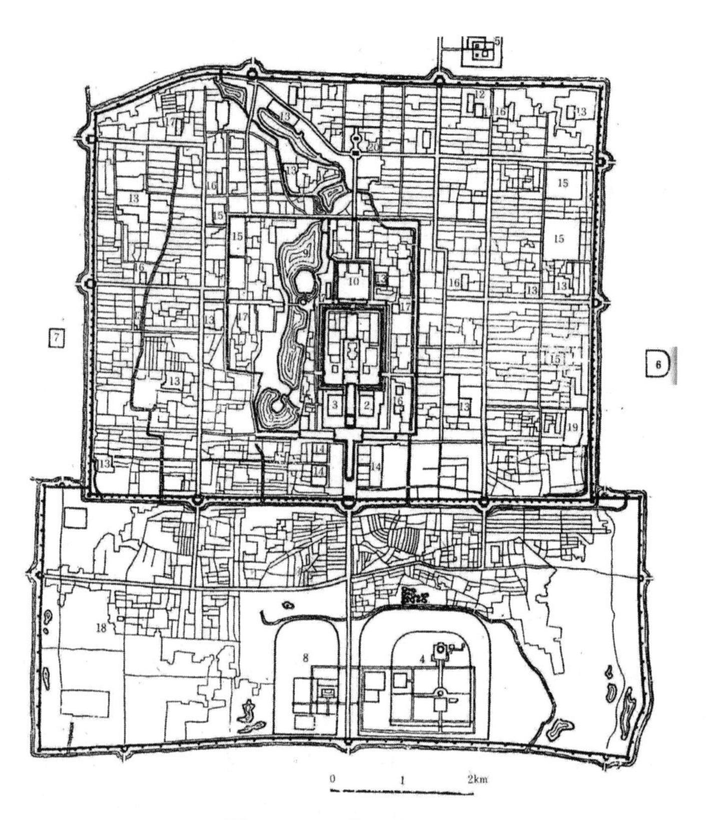

图2–9 明清北京城

是最大的。永乐四年（1406年）开始筹建北京宫殿城池，永乐十九年（1421年）正月告成，历时15年。宫城位于内城中部偏南地区，南北长960m，东西宽760m，面积0.72km^2。在宫城之外，南北长2.75km，东西宽2.5km，面积6.87km^2。内城东西长6.65km，南北宽5.35km，面积35.57km^2，外城24.64km^2，合计60.21km^2。外城先形成市区，后筑城墙，街巷密集。据文献记载，明代北京城胡同就多达千余条，其中内城有900多条，外城300多条。清代发展到1800多条，民国时有1900多条，新中国成立初统计有2550多条。胡同长几百米，相隔约70m一条。比较而言，以正阳门里，皇城两边的中城地区街巷最为密集，达300余条。由于中城地理位置优越，处在全城的中部，又接近皇城和紫禁城，人口自然稠密。居民区以坊相称，坊下称铺，或称牌、铺。若人口以百万计，面积以60.21km^{2}计，则人口密度为16608人/km^2。

元世祖忽必烈“诏旧城居民之过京城老，以赀高及居职者为先，乃定制以地八亩为一分”，分给迁京之官贾营建住宅，北京传统四合院住宅大规模形成即由此开始。北京四合院是合院建筑的一种，一户一宅，一宅有几个院。小者有房屋13间，大者有几进院落，房屋25～40间，都是单层，适合于以家族为中心的团聚生活。自元代以来，无论是王公大臣、富商巨贾，还是文人学士、普通百姓，都住在大大小小的四合院中。至清代时北京四合院发展达到顶峰。清代后期中国逐渐沦为半封建半殖民地社会，北京四合院的发展开始逐步走下坡路。过去四合院都是供大家庭住的，主人住在正房，小辈住在厢房或倒座。后来这种大家庭解体了，于是四合院也变成“组合式”住宅了。

2.4.5　近代城市

从鸦片战争到新中国成立是中国由封建社会向现代社会过渡的重大转折时期。这一时期，殖民地城市人口增长迅速。表2–5所示为20世纪初我国部分城市人口的增长情况。由表可见，上海人口增长迅速，人口数量远远高于其他城市。

1840年鸦片战争以后，西方列强在通商口岸开辟租界，并在租界内移植西方现代城市模式，形成以租借地为主的商埠城市，如上海、天津、武汉等。1895年《马关条约》签订后，西方列强在中国侵占租借地，移植西方现代城市模式建设新城，如大连、青岛等。另外，民族资本在夹缝中逐步发展壮大，由民族资本带动的城市也获得了相当的发展，如无锡、南通。由于始终处于资本主义生产方式萌芽状态，因而没有出现工业城市。这一时期的城市发展受到西方文化的影响，呈现出与传统城市不同的格局。图2–10显示了传统城市旧城区与近代城市租界区不同的城市结构。

20世纪初叶中国部分城市人口估计（万人）　表2–5

	1906年	1900～1910年	1920年	1930年
北京	60	70	118.1	136.9
沈阳	18	20	20	24.5
青岛	12	12	12	31.8
西安	100	40	20	20
上海	84	84	175	281.9
武汉	177	130	150	157.4

资料来源：姜涛. 通商口岸体系的形成与中国近代城市体系的变动[J]. 四川大学学报，2006（5）.

由于中外文化的交汇，城市中出现了许多新型的居住模式。这一时期城市住宅的类型，一方面有脱胎于中国传统住宅形式的旧里弄住宅（以上海的石库门里弄住宅和北方合院式里弄为代表），并出现了更多具有不同地区传统住宅特点的集合住宅。另一方面，各种西方住宅类型由两种渠道引入中国城市：一是首先出

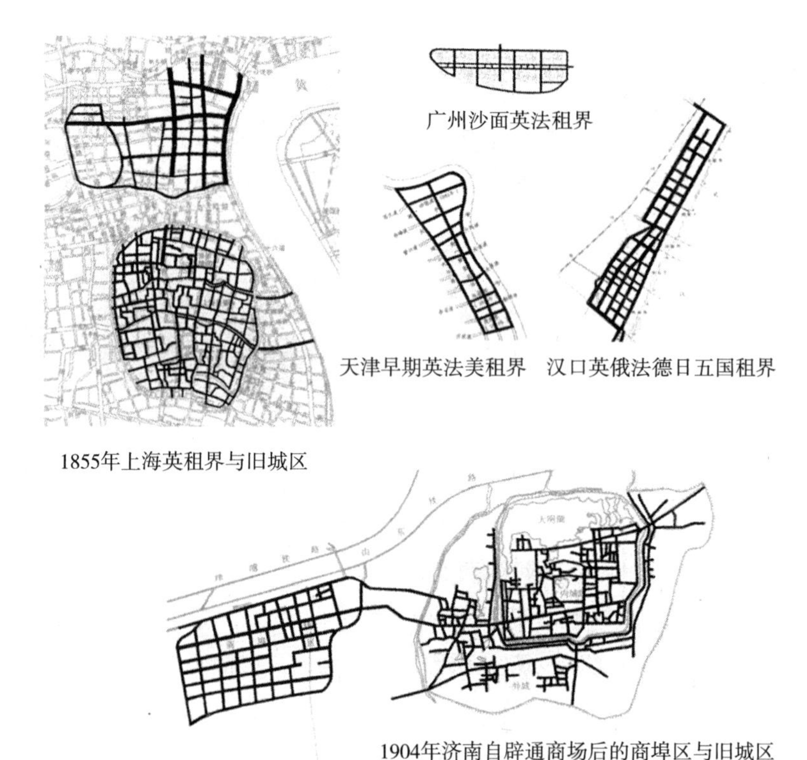

图2-10　传统城市旧城区与近代城市租界区

（资料来源：杨秉德，池从文．中国近代城市的现代化进程研究[J]．华中建筑，2010（9）．）

现在开埠城市租界并传播到其他城市的西方联排住宅、单元住宅、成片建造的花园洋房；二是随着东北地区铁路附属地的建设成片建造起来的俄式和日式联排住宅、单元住宅、外廊住宅。另外，还出现了服务于少数的上层社会人群的成片建造的别墅。顾孟潮、米详友①分析了我国近代城市住宅的类型，将城市住宅归纳为三种基本模式：一是自建式，由于大量的农民流入城市，将农村的建筑文化带入，形成了一排排低矮、密集的住房，这种排房结构简单，我国城市大部分四合院属于这种农舍型；二是宫堡式，这是一种有花园和院落的多功能大型住宅，多达几十间、上百间房间；第三个基本类型是商品化的住宅，由于资本主义的发展，城市住宅出现了新的特点：开放、豪华、带有商品性。

2.5　密度演变——西方城市

下面分析早期城市、古希腊古罗马、中世纪封建社会、文艺复兴时期和工业

① 顾孟潮，米详友．城市住宅类型今昔谈[J]．住宅科技，1989（9）．

革命以后五个阶段西方城市的居住密度特征。

2.5.1　早期城市

据考古发现，世界上最早的城市出现在原始社会末期的西亚地中海、波斯湾沿岸的安纳托利亚高原、美索不达米亚平原的肥沃地区，后来又出现在北非的尼罗河流域、东亚的黄河流域、南亚的印度河流域以及欧洲大陆和中美洲地区。最古老的城市遗址被推定为公元前6000年的位于土耳其的安纳托利亚的恰塔勒胡尤科（Catalhoyuk）遗址，有居民上万。该城建造在石灰质盆地里，各种建筑像蜂窝般错落分布。因为当地的山体多孔洞，人们把这些洞顺势挖成了居所。

刘易斯·芒福德的著作《城市发展史》中描述了早期城市的规模："希腊的最富城镇，有城墙环绕的迈锡尼地区占地最多不过12英亩（4.85hm^2），这些城镇更近似于城堡，而不像一座充分成熟的城市；因为大约同时期位于幼发拉底河畔叙利亚境内的卡凯米什占地240英亩（97.12hm^2）；而更早时期，公元前2600年左右的摩亨佐·达罗城，占地多达600英亩（242.811hm^2）。""古城乌尔，传说中亚伯拉罕的故乡，有运河、港湾和庙宇，占地220英亩（89.03hm^2）。亚述王国的克尔萨巴德约在公元前700年占地740英亩（299.46hm^2）；一个世纪以后的亚述王国都城尼尼微占地约1800英亩（728.43hm^2）；更晚的巴比伦城在遭到波斯人毁坏之前，城墙长达11英里（17.70km）。"

2.5.2　古希腊古罗马

古希腊是西方历史的起源，持续了约650年（公元前800年～前146年），古希腊以城邦制度闻名于世，许多独立小国并存的形态贯穿了希腊文明的始终。城邦人口政策的出发点是保持一定的公民人数，防止过大或过小。亚里士多德认为："那些治理有方的著名城邦无一不对其人口进行控制……过于稠密的人口不可能保持一定的秩序……一个城邦过小就不能自足，过大……就难于建立一个政体"，因此，"一个城邦的最佳人口界限，就是人们在其中能有自给自足的舒适生活并且易于监视的最大人口数量"。柏拉图设计的理想国家有5040个土地所有者，数量保持不变，目的是使居民互相认识，因为"只有熟悉其人的德行才能给以适当的荣誉"。

雅典被认为是希腊人口最多的城邦，拥有最大规模的城市。古典时期（公元前5世纪到公元4世纪晚期）雅典公民人口总数在3万左右，加上家属总人口在10万人左右，每户的平均人口就在6人上下。据维彻利[①]估算，伯里克利（Perikles，公元前495～前429年）时期的雅典约有公民4万，分居在另3个城市中，即锡拉库萨、阿格里真托和阿尔戈斯，而雅典主城的人口曾多到2万。同时代的其他城市很少有达到如此规模的，在古希腊全境，有15个城市的人口约为1万。

早期希腊城市缺乏规划，街道狭窄弯曲。那时的雅典在居住方面已有公民平等的原则，居民居住的街坊呈方格网状，贫富居民混居在同一街区。即使是很有钱的富户，其住宅外观与贫者住屋也无大异，只是用地大小和住宅质量有区别[②]。城内有卫城，卫城是有权阶层的住地。

大约公元1世纪前后，古罗马逐渐强盛，疆域迅速扩大。随着罗马帝国的扩展，城市在阿尔卑斯山脉以北的地区得到迅速发展。对于罗马的人口规模资料不详，只能通过一些远古记载里的只言片语去推测。大约在公元前500年，罗马就达到了15万人口，公元前150年，超出了30万，以后人口增长还要快。到公元2世纪时，罗马城人口可能超过了100万（其中一半是奴隶），成为当时西方第一大都市。据当时人的估计，有11条高架渠每天向城市供应10亿多公升水。[③]

“罗马人在建造他们的城市时，就取得了一种合理的秩序，城市的居住结构稠密而纵横交错，住宅单元之间相互碰撞、相互依附、紧密相连，由纪念性建筑和一系列有着明确限定的公共空间将城市统领起来。”[④]罗马城街道呈方格状，有豪华的王宫以及庙宇、仓库、图书馆、学校等公共建筑和繁荣的市场。在皇宫范围内，国王及其皇室们享受着最铺张的城市奢侈——广阔的空间、住所、花园、庭苑连成一气。罗马贵族居住在大型私人官邸中，里面有宽敞的花园，房间之多往往可以安置仆役、奴隶全部附属人员。公元前2000年以前就有了供水管、浴盆、冲水马桶、专用寝室等设施；冬季有罗马式火炕系统供暖，暖空气可流通至各层楼的房间。这种住宅直到20世纪以前一直是温带地区最舒适的住宅建筑。[⑤]这样的住宅形成整片的别墅区。中产阶级包括官吏、商人、小工场主等，大约就居住在奥斯蒂亚城附近的海港地区出土的住宅中。稍有地位的富人的住宅平面呈长方形，由前庭、前室、中庭、正房、柱廊、走廊组成。中庭位于住宅中部，这是个大的公用房间，整个家庭的重要活动都在这里举行。中庭前面为前室，前室前面为前庭，前庭面临大街。中庭后面是正房，这是住宅主人的起居室。正房两侧各

---

① （意）L·贝纳沃罗. 世界城市史[M]. 北京：科学出版社，2000.

② 沈玉麟编. 外国城市建设史[M]. 北京：中国建筑工业出版社，1989.

③ 何春阳等. 北京地区土地利用/覆盖变化研究[J]. 地理研究，2001（12）.

④ 赵婧. 城市居住街区密度与模式研究[D]. 南京：东南大学硕士论文，2008.

⑤ 史仲文，胡晓林. 世界生活习俗史[M]. 北京：中国国际广播出版社，1996.

有一个小走廊通往柱廊。柱廊是一整组建筑，由露天小院、列柱、小池和小花园，以及其他一些房间，如工作间、寝室、餐食用房、厨房、浴室、下房、库房等所组成。考古工作者在庞贝古城中清理出了一个外科医生的住宅，房屋布局就是这样的。

广大的无产阶级的状况则比较可悲，罗马城的贫民公寓在16世纪以前在西欧最拥挤、最肮脏的建筑中占第一名。“古罗马的民宅群是如此草率地拼凑起来的。罗马平民和奴隶，都居住在低矮的、不透风和没有光线的小平房里。这些小平房大多离开城市中心，而在偏僻的街区。房屋也用石头筑盖，房间通常也是南向。”关于罗马帝国奴隶的住宅，《论农业》一书有过粗略的记载：“为自由行动的奴隶安排的住处，必须是向南的；对于锁着的奴隶，如果他们的人数多的话，就应当安排在有地下室的屋子里。屋子里应当有小窗，可以透过光线，然而窗户不能太大，高度也要注意，不要低到可以用手达到的地方。”

芒福德提醒道：“无论从政治学或是从城市化的角度来看，罗马都是一次值得记取的历史教训：罗马的城市历史曾不时地发出典型的危险信号，警告人们城市生活前进方向的不正确。哪里人口过分密集，哪里房租陡涨居住条件恶劣，哪里对偏远地区实行单方面的剥削以至不顾自身现实环境的平衡和和谐——这些地方，罗马建筑和传统的各种前例便几乎会自行复活。”

2.5.3　中世纪封建社会

公元476年西罗马帝国崩溃，作为占领者的日耳曼人还处在原始社会阶段，它们生产生活的重心在乡村，因此，城市发展陷于停顿。许多城市衰落了。罗马城市先前繁荣的景象不复存在了，人口从上百万降到4万。奴隶制时代形成的不少城市，进入封建社会以后，大多被破坏为废墟了。幸存的城市为数很少，并且只是一些行政中心、教会中心和设防据点，基本上失去了经济意义。

直到11世纪时，真正的封建城市大批勃兴，14世纪时几乎所有的城市都建立或复兴起来了。中世纪是一个创建城镇的高峰期，除了少数地区以外，整个西方几乎都布满了城市。据统计，英国在12～13世纪产生了140个新城市。

这些城市大多数在封建主城堡周围发展起来，一些手艺人聚集于此，经商买卖，渐聚人多，从封建领主那里购得土地所有权。有一些是在罗马营寨的基础上发展起来的，古罗马时期建立起来的城市，如罗马、比萨、佛罗伦萨、马赛、里昂、美因兹、伦敦、约克等相继恢复了中心城市的地位。在一些交通必经的河汊、港湾、道途要津等地一大批新兴城镇如雨后春笋般出现，其范围已远远超过罗马统治时期的地域。

中世纪的城市实际上是由逃亡的农奴重新建立起来的。在那里，逃亡农奴变成城市市民，市民阶级的出现对西方城市的发展具有决定性意义。城市是市民阶级的重要载体，市民阶级是城市的主宰力量。在和传统势力的较量中，城市通过赎买和斗争，不断获得自治权。市民运动的结果，产生了由市民选举的参政员，组成了城市自己的武装力量，城市内部独立征收赋税，进行审判。城市由于与封建主经济对立，形成自治城市，可以说是“自由的城市”。有的发展成为城市国家，如当时的威尼斯、佛罗伦萨；也有的成为城市联盟，兴盛时有100多个城市参加。越来越多的人被吸引到城市来生活，欧洲社会的人员流动加剧，城市经济再度兴起。城市里出现了各种行业、店铺、作坊以及休闲场所，手工业者队伍扩大，行会组织出现。新兴的城镇是中世纪发展至关紧要的发动机……它们提供市场、生产产品，从而使整个经济体系繁荣起来。[①]城市在经济方面发挥的作用远远超过从前，城市的重要性日渐显现。中世纪的欧洲城市获得了前所未有的特殊的权力、地位和发展空间，并为西方城市性格中注入了城市自治和多元文化并存的因子。这种城市的“自治性”和“商业性”，与中国封建城市的功能特征是大不相同的。

与随后城市倾向于集中和巩固的大的政治首都不同，中世纪时期城市的发展形式是：许多小城市分散在广阔大地上，相邻的城镇积极交往。步行者的需要是压倒一切的：谁能用腿走路，谁就能到城里。这种城市形式与当时的经济形式是相符合的，面对面的交流对于城市的生活是十分重要的。西方的封建城市是商品生产发展的产物，手工业者在整个中世纪都是最主要的城市居民，除工商业者外，其他职业和成分的城市居民微乎其微。因而城市的发展和扩大受社会分工水平的限制，城市人口不可能畸形膨胀，中世纪欧洲城市的平均数不过数千而已。一直到14、15世纪，阿尔卑斯山脉以北的整个西欧地区，只有巴黎、科隆和伦敦三座人口超过5万的大城市。著名的工商业中心城市，如布鲁塞尔、纽伦堡、卢贝克、斯特拉斯堡等，都不过只有两三万人。中国封建社会的历代国都和郡县治所，居民以消费人口为主，其发展不受城市生产水平的限制，容易畸形地膨胀和扩大。中国城市与西欧封建城市的人口规模，无论是就最大城市而言，还是就较次一级的区域性中心城市而言，都相差了大约有20倍之巨。

在这个时期，因为防御的需要，城市都修筑了坚固的城墙，市镇周围有堡垒和石头墙包围。贝纳沃罗著的《世界城市史》一书中对西方中世纪城市的描述：

---

① （美）拉尔夫等．世界文明史（下卷）[M]．北京：商务印书馆，1999.

“为了防御外来侵略，每个城市必须有一道城墙，随着城市的扩展，又需要设置新的城墙。城墙的建立，耗费了公共事业支出的绝大部分。”“应该尽量推迟新城墙的建造，直至旧城墙内确实不再存在多余的空间”。城市不到人口极度饱和，很少会建造新的城墙。中国城市的情况也是如此。这就使得居住密度总是趋高。交通依靠人力或是马骡，手段有限，以“步行可及”控制着城市的规模，交通手段的落后是导致城市人口密集的另一个因素。城市的内在需求（政治需要或商业需要）也促使在一个相对小的区域内集中高密度的人口（主要是非农人口）来最有效地实现城市的目的。

由于土地是从封建领主那里买来的，土地价格很高，因而城市里的房屋建筑规模都比较小，无力盖房的人只好几个人挤在一个房间里。街道狭窄，住宅面向街道或公共空间，大部分建筑的表达被局限于街道的正面，只有大教堂才会从几个方面呈现给大家。城市没有明显的功能分区，人们生活劳作在同一地点，基本模式是下店上宅，即朝向街道的底层建筑用作商铺或者作坊，二层用于居住。住宅一开始时只有两三层，常常沿着后花园周围建成连续不断的一排房子；有时在大的街区内组成一组内院，独立式住宅比较稀少。城市里有很多手工业者聚集的区域，同行业者住在一条街，当时有皮匠街、马鞍匠街等。生活在狭窄的街巷上的居民大多是住了多年，甚至是几代的世交，大家彼此熟悉。在紧凑的以步行距离为基础的小尺度环境里，人们在附近的咖啡店、菜市场、小空地和教堂常常见面，形成一种密切的邻里关系，生活富有人情味。建筑的密集和使用功能的混合，造就了生机勃发的城市。

2.5.4　文艺复兴时期

14、15世纪时统一的民族市场具有了雏形，经济集中带来政权集中。欧洲封建社会的专制集权制形成，现代化的国家出现。15世纪与18世纪之间，一种新的文化特性在欧洲形成，表现为新的经济形式即商业资本主义，新的政治结构即中央集权专制政治或寡头统治以及新的观念形态。城市生活的形式和内容彻底改变了。

现代化国家的特点是有永久性的官僚政治和官僚机构。为官僚政治和官僚机构服务的永久性的建筑物，常常被安排在地理中心的地方，以便领导全国性的工作。此时的城市成为各级政府的行政中心，为体现君主权威，建有豪华的王宫、开阔的市场、宏伟的公共建筑、整齐的林荫大道、精致的府邸花园等。在首都以外的城市，市政厅成为城市的中心。16世纪以后，那些宫廷所在地的城市，它们的人口、面积、财富也就增加得最快。大约有十几个城市很快就发展到中世纪从未达到的规模，伦敦居民增加到25万，那不勒斯24万，米兰20多万，巴勒莫和罗马10万，而巴黎在1594年有居民18万。18世纪时，人口在20万以上的城市有莫斯科、维也纳、圣彼得堡和巴勒莫，人口突破10万大关的有华沙、柏林和哥本哈根。到18世纪末，巴黎约有67万，伦敦80多万，而一些商业城市或工业城市大多数规模仍然很小，大多数城市的居民不到5万。1600年的伦敦市区的面积只有750hm^2，1726年即增加至9160hm^2。若伦敦市面积以9160hm^{2}计，人口以80万计，可以计算出伦敦市人口密度约为87人/hm^2。

文艺复兴时期以资本为主要财产的实业家、商人和银行家成为支配城市政治和社会生活的主要力量。教堂及其他宗教性建筑退居次要地位，大型的世俗性建筑成批出现，体现人文精神的建筑和街道构成了城市的主要景象。商业繁荣，城市中商业区扩大，并出现高大的行会大楼、银行以及博物馆、图书馆、大学等。

随着商业和工业无产者在16世纪开始涌向欧洲大的首都城市时，居住的拥挤状况就变得长期了。大家争相攫取土地，迫使地价上涨。地价高昂使得居住条件恶劣，住房间距小，光线暗淡，空气浑浊，缺少内部服务设施。16世纪时，建筑空间的超密集使用和房屋过分拥挤成为普遍现象。大多数居民居住在贫民窟，这是17世纪发展中城市的特点。17世纪的巴黎和爱丁堡、18世纪的曼彻斯特和19世纪的利物浦和纽约，在整个欧洲和较为富裕的北美港口城市几乎全都一样。

文艺复兴以后，城市的空间结构趋向理性。作为建筑实体的城市街区，仍然保持了中世纪以来的密度构成，在方格网道路划分出的街区中，建筑几乎占据了四个边界，同时为了提高居住空间的品质，街区的尺度有所扩大，内部形成空的院落，在高度上限制在6层左右。

2.5.5 工业革命以后

18世纪中期至19世纪下半叶，先从英国开始，继而法国、德国、比利时、荷兰，后来在美国和加拿大，西欧和北美各国相继完成了工业化进程。历经了以蒸汽机的产生和应用为标志的第一次动力革命和以电力的广泛应用为特征的第二次动力革命后，工业在社会经济中的主导地位得以确立。工业社会是人类历史进程中，人口增长最快、发展最迅速、财富积累最多、社会变动最剧烈的时期。资本主义工业化是推动西方城市发展的最有力力量，工业革命之后的100多年是西方城市发展最为迅速的时期。

工业革命给西方的传统城市造成了巨大的冲击。工业化为城市地区提供了新的就业可能，人口从乡村向城市的流动开始，城市出现人口集中。恩格斯曾评价英国大机器工业生产对城市的作用："居民也像资本一样在集中着……大工业企业要求许多工人在一个地点共同劳动，这些工人必须居住在一起。因此，即使在最小的工厂附近，也形成了整个村镇……村镇变成小城市，小城市又转化为大城市。大城市越大，住起来也越方便……由于这个缘故，大工业城市的数目急剧增加起来。"工业生产要求相对集中于社会分工协作条件较好的有限空间，以便于提高分工和专业化程度，进行投资庞大的基础设施建设以获得规模效益。具有一定人口集聚基础的城市遂担负起这一功能。凡宜于工业化的地方，新的集聚地便纷纷崛起。大城市、特大城市不断涌现，形成了城市群或城市带，早期工业化国家19世纪末城镇人口比重已经接近或超过一半。交通工具的革新使城市突破了城墙的限制，农业用地转变为城市用地，城市规模和范围迅速扩大。

表2–6列举了1800 ~ 1900年间三个西方主要城市人口数量的增长。由表可见，一百年间，伦敦和巴黎城市人口分别增长了5.24倍和4.96倍，纽约则增长了43倍。

工业化时期西方大城市人口增长（万人） **表2–6**

城市	人口		
	1800年	1850年	1900年
伦敦	86.5	236.3	453.6
巴黎	54.7	105.3	271.4
纽约	7.9	69.6	343.7

资料来源：同济大学等. 外国近代建筑史[M]. 北京：中国建筑工业出版社，1982.

城市的无序集聚是当时城市形态演进的重要特征，具体表现为功能的混杂冲突和居住的高密度。工业化改变了城市的传统功能，形成了以交通枢纽（火车站、码头等）、工厂区域、工人居住区域等为中心的新城市布局。工业革命以前的居住建筑一般来说是将居住和工作覆盖在同一屋顶下，或者两者直接毗连，无论农村还是城市都是如此。工业化初期，大多数城市还没有形成明显的功能分区，住宅、商店、银行与工厂纷然杂处。19世纪末20世纪初，逐步出现城市功能分区，城市居民和大型工厂开始郊迁，而资本密集型的金融机构、保险公司、不动产公司、企业办事处、大型商业设施和娱乐服务业则向市中心汇集，逐步形成了功能相对单纯的中心商业区和近郊工业区。城市功能分区的出现改变了城市土地的使用方式，城市出现了居住与工作的分离，这对城市的密度分布产生了巨大的影响。

在工业化初期，工人居住地点受经济状况与交通条件的制约，不可能跨越太长的距离。城市内部迅速发展，人口稠密，居住区内的住房鳞次栉比。住宅不仅设施严重缺乏，基本的通风、采光条件得不到满足，而且人口密度极高。19世纪30～40年代蔓延于英国和欧洲大陆的霍乱被认为是由贫民区和工人住宅区所引起的。随着公共马车、火车和电车的发明，出现了公共交通。城市规模的大小不再受步行距离的限制。19世纪以来，城市不但在地面上向水平方向发展，而且由于有了电梯，也向高空垂直发展。一方面向四面八方扩大，一方面向高空发展，这两方面结合起来，使城市既膨胀又拥挤。由于缺乏政府对于土地的统一管理，造成了城市开发的混乱状况。交通阻塞、污染严重、废物废水等成为突出的问题。

1933年，国际现代建筑协会（CIAM）通过的《雅典宪章》指出，现在城市中心区的人口密度太大，甚至有些地区每公顷的居民超过1000人。在过度拥挤的地区中，生活环境是非常不卫生的。这是因为在这种地区中，地皮被过度地使用，缺乏空旷地，而建筑物本身也正处在一种不卫生和败坏的情况中。现行的法规对于因为过度拥挤、空地缺乏、许多房屋的败坏情形及缺乏集体生活所需的设施等所造成的后果并未注意。它们亦忽视了现代的市镇计划和技术之应用，在改造城市的工作上可以创造无限的可能性。因此，《雅典宪章》声明居住区应放在城市中最好的地点，拥有最佳的地势及气候，接近可供居民栖息的公共空间并在邻近的地方有适合工商业发展的用地以提供就业。

下面以伦敦为例作进一步的分析。伦敦自1800年以来的发展可以分为以下几个阶段。第一阶段（1800～1870年）为高度集聚发展阶段。这一时期，城市人口快速增加，城市增长主要由市场力量驱动，没有正式的城市规划法律。由于没有公共交通系统，限制了城市面积的增长。1800年伦敦是一个相当紧凑的城市，人口为100万，主要部分在离中心大约3.2km半径的范围内。若人口以100万人计，面积以32.15km^{2}计，人口密度为3.11万人/km^2。1801～1851年，英国的城市人口由86.5万增加到236万，城市面积则增加得很少。1851年城市半径没有超过5km，扩展速度缓慢。第二阶段（1870～1914年）为交通触须增长阶段。1863年，第一条地铁建成通车。1870年后，城市建立了经济而有效的公共交通系统，人口得到初步疏散。蒸汽火车为中产阶级的通勤者在离市中心25km的范围内提供了方便的联系，每个车站周围，发展起一片新区。1909年英国制定了第一项规划立法——《住房与城市规划诸法》（Housing，Town Planning，etc.，Act），其目标是"为那些身体健康、精神道德、个性特征和整体社会状况都能得到提高和改善的人们提供家庭般的环境"。法案授权市政当局确定城市主要道路走线，设计工业和居住区域，为开放空间和公共建筑留出空间，确定居住区的建筑密度和房屋类型。第三阶段（1914～1940年）为城市快速均匀扩展阶段。私人小汽车的出现，增加了城市增长的能力。此阶段建成的由政府资助的大型居住区以其低密度特征遍布全

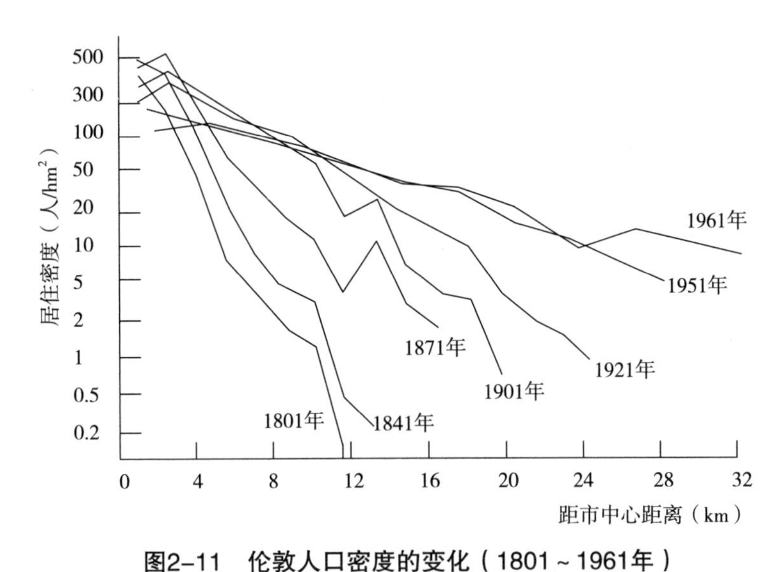

图2-11　伦敦人口密度的变化（1801 ~ 1961年）

（资料来源：D.Burtenshaw.Cities and Towns[M].London：Bell&Hyman，1983.）

国。1939年伦敦形成了由中心起直径约20 ~ 25km的圆形城市。如今，伦敦是欧洲最大的都会区之一。城市的核心地区伦敦市（指大伦敦地区内一个地理上较小的城市，它是伦敦历史上的中心区域），仍保持着自中世纪起就划分的界限。最晚自19世纪起，伦敦这个名称同时也代表围绕着伦敦市开发的周围地区。这些卫星城市构成了伦敦的都会区和大伦敦区。图2-11所示为伦敦居住密度曲线的变化情况。由图可见，1801 ~ 1961年，伦敦居住密度曲线逐渐变缓。

另外，前工业城市没有真正专业化的土地利用现象。这种土地使用状况决定了前工业城市密度分布与现代城市具有完全不同的特征。与前工业城市相比，现代城市除了居住区之外，工业用地、商业用地、道路交通用地在城市用地中所占的比例很大。城市的空间使用被肢解为居住、工作和交通。这种区别造成了前工业城市和现代城市的密度代表了完全不同的两种城市空间和生活状态。

2.6　小结

由于难于获取准确的数据，历史上人类聚落的居住密度只能根据有限的数据做大致的估算。

旧石器时代一般聚落大约有70人，每人大约占有300hm²的土地。新石器时代仰韶时期以1万 ~ 6万m²的较小型聚落最普遍，人口在80 ~ 600人，最大的聚落人口达6万人以上。

我国早期城市城子崖的龙山遗址大约20hm^2，有学者推测城子崖龙山聚落的人口当在5000人以上，密度为250人/hm^2。汉长安若人口以45万计，面积以36km^{2}计，密度为125人/hm^2。唐长安若人口以100万计，面积以84km^{2}计，密度为119人/hm^2。明清北京若人口以百万计，面积以60.16km^{2}计，密度为166人/hm^2。

西方早期城市迈锡尼地区占地最多不过4.85hm^2，这些城镇更近似于城堡，而不像一座充分成熟的城市。古希腊古罗马古典时期（公元前5世纪到前4世纪晚期）雅典公民人口总数在3万左右，加上家属总人口在10万人左右，每户的平均人口就在6人上下。公元2世纪时，罗马城人口可能超过了100万，成为当时西方第一大都市。中世纪欧洲城市的平均数不过数千而已。一直到14、15世纪，阿尔卑斯山脉以北的整个西欧地区，只有巴黎、科隆和伦敦三座人口超过5万的大城市。文艺复兴时期以后，宫廷所在地的城市，它们的人口、面积、财富增加得最快。工业革命以后1800年伦敦市人口以100万人计，面积以32.15km^{2}计，人口密度为311人/hm^2。

第3章　居住密度的特征分析

居住密度的测量是一个复杂的问题。它既包含土地上的人口数量，也包含土地上的住宅建筑数量，同时又涉及密度的分布情况。本章关于居住密度的分析从宏观、中观和微观三个层面展开。宏观层面上，分析了全球和我国的人口增长、土地资源以及人口密度特征。中观层面上，利用统计数据对我国城市的居住密度特征进行分析，分析从人口密度、建筑密度和密度分布三个方面进行。微观层面上，从我国居住用地的结构演变、居住建筑的密度分布和典型街区的密度特征进行分析。

3.1　宏观层面——全球视野

全球以及我国的人口密度特征是进行居住密度特征分析的宏观背景。下面首先对全球及我国的人口增长、土地资源和密度特征三个方面进行分析。

3.1.1　人口增长

本节内容包括：世界以及我国人口的增长趋势和增长模式、城市人口的增长以及大城市和特大城市的超先发展。

世界人口发展已经有了数百万年的历史。世界总人口数从旧石器时代的100万、新石器时代的1000万、青铜时代的1亿、工业革命时期的10亿，人口膨胀期、停滞期和衰退期交替出现，但世界人口发展的总趋势是在不断增长。1798年，英国牧师兼经济学家托马斯・马尔萨斯阐明了著名的人口定律，认为人口增长必定超过食物供给，直至战争、疾病和饥荒降临，世界人口不会继续飞增，但事实却恰恰相反。历史学家发现，世界人口的第一个10亿用了近100万年时间，而从19世

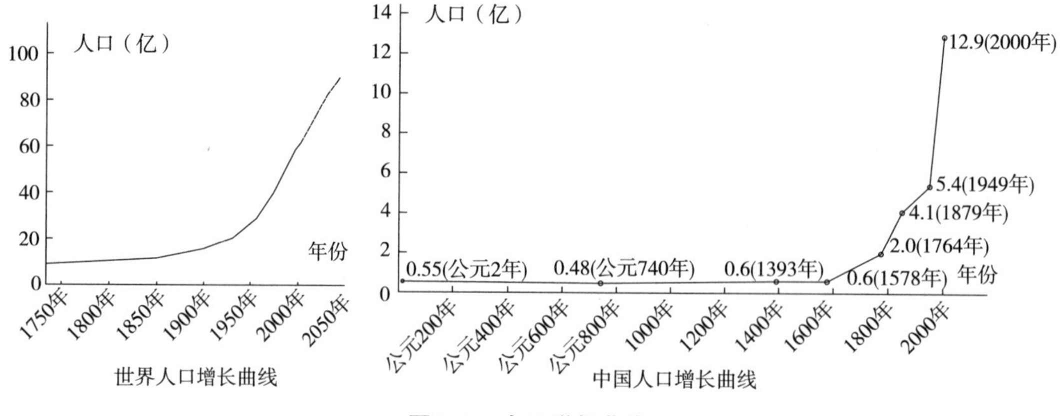

图3–1　人口增长曲线

纪初至1930年，世界人口从10亿增长到20亿只用了一个多世纪，从20亿增长到30亿用了32年，从1987年开始，每12年就增长10亿。图3–1所示为世界和我国人口增长曲线。自从欧洲黑死病以后，世界人口就再也没有减少过。1999年10月12日，世界人口达到60亿。2011年10月31日，世界人口达到70亿。世界人口趋势报告预测，2025年世界人口将达到80亿，2045年将达到90亿，21世纪末则可能突破100亿大关。到21世纪下半叶，总人口达到零增长甚至负增长。

世界人口增长的模式由原始型转向传统型，继而向现代型逐步过渡，各种人口增长模式的出生率、死亡率和自然增长率具有不同的特点。表3–1归纳了不同人口增长模式的特点。从较长时期来看，人口自然增长率①一般在–10‰到30‰之间变动。人口的出生率和死亡率受生产方式的制约和影响，不同的生产方式存在不同的人口规律。工业革命之前的人口增长模式属于原始型。迪维认为，在人类历史的第一阶段（从人类出现到10000年前），人口增长被可获得的生物量所限制。在第二阶段（从新石器时代到工业革命），可用土地以及动植物、风和水提供的有限能量制约人口增长。这种对自然环境和能源的依赖成为人口增长的束缚，加上人们抵御自然灾害和疾病的水平低下，死亡率高，寿命短，人口发展非常缓慢。18世纪下半叶的工业革命以后，机器可以将无生命物质转化成能量，可用能量对于土地的依赖关系被打破；同时，由于生活条件的改善和医疗技术的进步，死亡率下降，人类平均寿命延长。人口增长进入加速发展的阶段，人口增长模式属于传统型。

① 人口自然增长率=（年内出生人数－年内死亡人数）/年平均人口数×1000‰=人口出生率－人口死亡率。

人口增长模式　表3–1

类型	人口增长特点
原始型	高出生率，高死亡率，很低的自然增长率
传统型	高出生率，低死亡率，高自然增长率
过渡型	出生率、死亡率和自然增长率均由高转向低
现代型	低出生率、低死亡率、很低的自然增长率

20世纪50年代以后，发达国家的人口出生率不断降低。到70年代中期，以欧洲和北美为代表的发达地区的人口自然增长率平均不足1%，人口增长模式进入现代型。据《联合国世界人口趋势报告（2009）》，发达国家人口增长的特点是低死亡率和非常低的出生率，不足以保持世代人口更替，如果没有国际迁徙人口补充，发达国家的人口将很快下降。大多数发展中国家的人口死亡率已降至与发达国家相当的水平，但是人口的出生率仍然较高，人口增长强劲。总体看来，世界人口增长模式处于由传统型向现代型的过渡阶段。

我国同世界人口增长趋势基本相同。早期人口增长缓慢，从50万年前的一两万人发展到1万年前的100多万，平均每千年的增长率不到1%。封建时期持续的2300多年里，人口发展大致可分为以下 3 个时期[①]：初期从战国至隋代（公元前5世纪至公元7 世纪），人口总数由2000余万增至6000余万，踏上了人口发展曲线上的第一个高台阶。中期从唐至元（约从公元7世纪至14 世纪），人口达到0.8亿 ~ 1.1亿以上，攀上了人口发展曲线的第二个高台阶。晚期包括明清两代（鸦片战争以前），人口总数先后突破2 亿、3 亿和4 亿大关。表3–2列举了我国各个历史时期总人口的估计数。表3–3为新中国成立后我国历次人口普查数据统计。

我国各个历史时期总人口的估计数（万人）　表3–2

时期	公元年份（部分为约数）	人口	时期	公元年份（部分为约数）	人口
夏初	前2100年	1000	唐代（峰值）	750年	9000
西周（峰值）	前950年	2000	宋初	980年	6000
战国（峰值）	前320年	3200	元代（峰值）	1350年	11000
西汉（峰值）	2年	6500	明代（峰值）	1570年	15000
东汉（峰值）	180年	7000	清代（峰值）	1852年	44000
隋代（峰值）	608年	6000	新中国	1949年	54167

资料来源：张善余．中国人口地理[M]．北京：科学出版社，2007.

① 史记・货殖列传[M].

我国历次人口普查数据统计表　　表3-3

年份	总人口（人）	出生率（‰）	死亡率（‰）	自然增长率（‰）	城镇人口比例（%）	乡村人口比例（%）
1953年	60194万	37	17	20	13.26	86.74
1964年	72307万	—	—	—	18.4	81.60
1982年	103188万	20.91	6.36	14.55	20.60	79.40
1990年	116002万	21.06	6.67	14.39	26.23	73.77
2000年	129533万	14.03	6.45	7.58	36.09	63.91
2010年	133972万	—	—	—	49.68	50.32

注：城乡人口是指居住在我国境内、乡村地域上的人口，城镇、乡村是按2008年国家统计局《统计上划分城乡的规定》划分的。

封建社会以来，我国的人口增长模式属于高出生率、高死亡率和低自然增长率的原始型。当统治者采取有利于生产发展的经济政策时，社会安定繁荣，人口平均自然增长率可达5‰，甚至10‰以上，如汉、唐、宋、明、清几个朝代的前半期。而在社会动荡时期，人口总数陷于停滞，如每个朝代的后半期。当发生大范围的天灾人祸时，人口的自然增长率降至负数[①]。1949年新中国成立后人口增长迅速转变为传统型。20世纪50年代我国人口自然增长率一般保持在20‰～23‰；1962～1970 年间自然增长率则达到26‰左右。20世纪70年代以来，我国人口出生率迅速下降，自然增长率也呈现出连续的锐减。2000年人口的出生率和自然增长率分别为14.03‰和7.58‰。人口增长属于传统型和现代型之间的过渡类型。

工业革命之前，人口集中在农村，城市是乡村的附庸。发端于18世纪中后期的工业革命带来了城市化，人口从农村转向城市。芒福德描述19世纪发生在全球范围内的人口变化：村子扩大为城镇，城镇扩大为大都市；城镇的数目成倍增长，50万以上人口的城市也在增加；建筑物及其覆盖地区的面积日益扩大，规模空前。1800年，世界只有3%的城市人口；19世纪末锐增至13.6%；1950年增加到29%，城市人口数达到2亿；1970年世界城市人口为14亿；1990年世界城市人口达24亿，增至43%；1995年世界城市人口达到26亿，超过45% 的人口居住在城市范围内，其中有超过10亿人生活在人口超过75万人的大城市当中；2007年世界城市人口首次过半。发达国家城市人口已趋于稳定，在北美、欧洲以及大洋洲的经济发达国家，70% 以上的人口居住在城市里；而发展中国家的城市人口在急剧增长。2000～2030年之间，世界城市人口有望增加72%。图3-2所示为世界城乡人口比重变化图。

① 赵文林，谢淑君．中国人口史[M]．北京：人民出版社，1988．

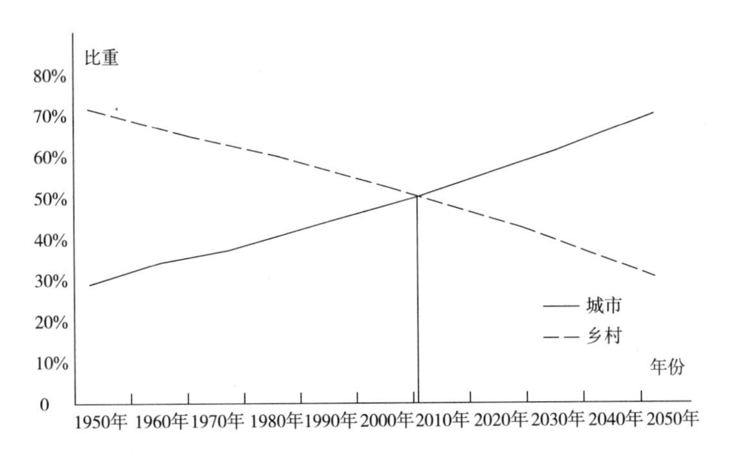

图3–2　世界城乡人口比重变化

（资料来源：http://esa.un.org/unup/p2k0data.asp）

我国城市化水平自新中国成立后持续增长，20世纪80年代以来我国城市化的速度比西方国家快很多。2009 年中国社会科学院发布的《城市蓝皮书》指出：截至2008年年末，中国城镇化率达到45.7%，拥有6.07亿城镇人口。预计我国快速城市化会持续很长一段时期，直至成为城市化国家。《城市蓝皮书：中国城市发展报告NO.3（2010年版）》指出："十二五"期间，我国将进入城镇化与城市发展双重转型的新阶段，预计城镇化率年均提高0.8 ~ 1.0个百分点，到2015年达到52%左右，到2030年将达到65%左右。图3–3所示为我国城市人口占总人口比重的变化情况。

与人口向城市集中相对应的另一个现象是大城市和特大城市的超先发展，这已经成为世界各国城市化进程中一个普遍的规律。具体表现为大城市数量和规模更快的增长以及大城市人口占城市人口和总人口的比重的提高。[①]2007年联合国人口发展报告指出：在过去的30年中，有两个趋势引起了公众和媒体的关注：欠发达区域城市增长的速度以及特大城市（人口1000万及以上的城市）的增长。2000年，全世界人口1000万以上的城市有25座，而50年前只有一座。亚洲发展银行

① 城市规模分类通常以人口数量为依据，各国采用的人口数量分级指标不同。西方学者研究世界城市时常用等比数量指标进行规模分类，如把10万人以上城市分为10万 ~ 20万、20万 ~ 40万、40万 ~ 80万、80万 ~ 100万、160万 ~ 320万、320万 ~ 640万、640万 ~ 1280万等类。1989年制定的《中华人民共和国城市规划法》规定，市区和近郊区非农业人口50万以上的城市为大城市，20万以上、不满50万为中等城市，不满20万为小城市。城市化的高速发展使原有的城市划分标准已经不适应现实的需要，这部规划法于2008年1月1日废止，同时实施的《中华人民共和国城乡规划法》没有设定城市规模的条文。目前，我国尚未从立法的层面对大、中、小城市规模概念进行定义。《中国中小城市发展报告（2010年）》提出的城市划分标准：市辖区总人口（户籍人口加一个月以上暂住人口，县级市人口指城关镇人口）50万以下的为小城市，50万 ~ 100万的为中等城市，100万 ~ 300万的为大城市，300万 ~ 1000万的为特大城市，1000万以上的为巨大城市。

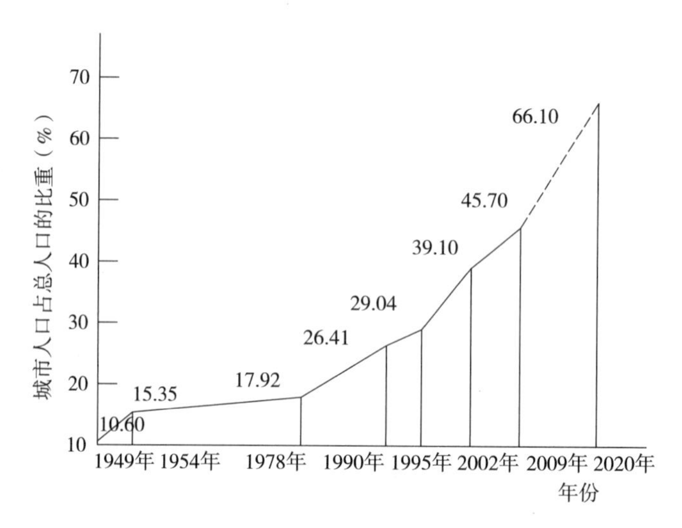

图3-3　中国城市化水平变化

预测，到2015年亚洲会拥有世界上27座巨大都市中的17座。[①]表3-4为2009年按市区人口排列的世界城市排名，人口最多的东京达到了3670万，我国上海市列第14位，人口数为1465万。我国大城市具有的行政优势和经济优势致使人口向大城市集聚。1987～2007年，我国大城市人口占全国城镇人口的比重由26.87%增加到43.89%。

表3-5对2009年我国不同规模城市的分布进行了统计。由表可见，2009年，我国人口在1000万以上的巨大城市有5个，300万～1000万的特大城市有16个。根据城市产业发展变化推动城市化速度推算，2000～2050年，我国城镇将新增高达10亿的人口，这些新增人口将依托现有城镇，因此大城市和特大城市的个数和总人口规模都将比现在大大增加，各级中小城市也会继续发展。城市总个数将超过2000，市平均总人数不少于30万。

按市区人口排列的世界城市列表（2009年）　　表3-4

城市	人口	面积（km^2）	密度（人/km^2）	年增长率（%/年）	数据来源（人口/面积）
1．东京（东京都会区）	36700000	7835	4684	0.11	C/B
2．雅加达	23345000	2720	8580	2.39	F/B
3．纽约	21295000	11264	1890	0.43	H/H
4．孟买	20400000	777	26255	1.87	C/B
5．马尼拉	20075000	1425	14090	2.39	C/B

① Asia Development Bank. The Asia Development Bank on Asia's Megacities[J]. Population and Development Review, 1997, 23 (2).

续表

城市	人口	面积（km²）	密度（人/km²）	年增长率（%/年）	数据来源（人口/面积）
6. 德里	19830000	1425	13920	2	C/B
7. 首尔—仁川	19660000	1943	10120	0.05	C/B
8. 圣保罗	19505000	2590	7530	0.72	C/B
9. 墨西哥城	18585000	2137	8700	0.55	C/B
10. 大阪（大阪都会区京阪神）	17310000	2720	6360	0.03	C/B
11. 开罗	17035000	1269	13420	1.5	E/B
12. 加尔各答	15250000	984	15500	1.85	A/B
13. 洛杉矶	14940000	5812	2570	1.14	H/H
14. 上海	14655000	2072	7070	1.45	C/B
15. 深圳	14230000	1295	10990	1.66	F/B
……					
19. 北京	12780000	2616	4890	1.51	C/B
……					
23. 巴黎	10480000	3043	3440	0.07	E/B
……					
30. 伦敦	8580000	1623	5290	0.03	A/A
……					
43. 香港	7000000	272	25740	0.79	E/B

注：①按市区人口排列的世界城市列表的数据主要是根据2009年考克斯出版的《人口统计》。

②其数据来源按字母标示如下：A. 根据国家权威统计数据；B. 根据地图或卫星照片估计的面积数据；C. 根据联合国NUTS-3、NUTS-4、NUTS-5统计的人口数据；D. 根据联合国城市化估计的城市群人口数据；E. 根据国家权威统计的人口数据估计的城市群人口数据；F.其他方法估计的人口数据；G. 根据最后统计数据和增长速度估计的人口数据；H. 根据国家权威统计几个区域的数据结合。

资料来源：http://zh.wikipedia.org/wiki/.

人口向大城市集聚的结果是大城市的“人口红线”屡屡失守。截至2010年11月1日零时，北京常住人口数为1961万人，意味着北京2020年总人口规模控制在“1800万”的红线被突破。与2000年相比，北京市人口增加了604万，平均每年增加3.8%。

城市规模划分以及分布统计（2009年） 表3-5

	小城市	中等城市	大城市	特大城市	巨大城市
	50万以下	50万～100万	100万～300万	300万～1000万	1000万以上
总计	466		168	16	5
直辖市	—	—	—	1	3

续表

	小城市	中等城市	大城市	特大城市	巨大城市
	50万以下	50万～100万	100万～300万	300万～1000万	1000万以上
副省级城市	—	—	1	12	2
地级市	56	108	101	3	—
县级市	302		66	—	—

注：1. 直辖市包括北京、上海、天津、重庆。

2. 副省级城市包括10个省会城市所在市和5个计划单列市，分别是哈尔滨、长春、沈阳、济南、南京、杭州、广州、武汉、成都、西安、大连、青岛、宁波、厦门、深圳。

资料来源：作者根据《城市统计年鉴（2010年）》等相关资料整理。

3.1.2 土地资源

土地覆盖是地球表层诸因素的综合体。在人类诞生以后，土地覆盖受到人类社会的直接影响。时至今日，全球的土地中纯自然的几乎不存在了，绝大部分都经过了人类开发、改造和使用。随着人口的增加，对土地的开发和改造的深度和广度不断扩大。

地球总面积为$510 \times 10^6 km^2$，其中陆地面积为$150 \times 10^6 km^2$，占29%。据雅典人类聚居研究中心研究，全球可居住面积为$40.9 \times 10^6 km^2$，1960年所有聚居的占地面积总计为$0.358 \times 10^6 km^2$，占全球可居住面积的0.875%，占陆地面积的0.239%。表3–6列举了地表陆地可用面积的数值。

地表陆地可用面积　　表3–6

	$\times 10^6 km^2$	$\times 10^6 mi^2$	%
人类聚居区的建成区域	0.4	0.15	0.55
可耕区域	13	5.0	17.60
牧场	21.3	8.2	28.80
森林	35.3	13.6	47.77
潜在可以培育的区域	3.9	1.5	5.28

资料来源：吴良镛. 人居环境科学导论[M]. 北京：中国建筑工业出版社，2001.

道萨迪亚斯将土地划分为四种基本类型：人类生活区、工业区域、自然区域、农耕区域，每一类又分为若干区域，共12个基本区域（表3–7）。由表可见，其中，原始地区与不能居住的地区占有57%，人类低密度的居住区、中等密度的一般城区和高密度的商业中心区，占2.3%。

从人口分布来看，世界人口集中分布在暖湿地区、低平地区以及海岸或河岸，大部分陆地（如沙漠、高山、热带丛林等）至今无人居住。邦奇（W. Bunge）等曾用人类大陆图揭示世界人口分布情况（图3-4）。即在地图上取消陆地和海洋，仅画出人类密集的地区，发现世界上有四个人类大陆，即东亚和东南亚、南亚、欧洲、北美洲东部。这四个人类大陆面积占世界陆地面积的14%，却集中了2/3以上的世界人口。

人居环境类型12个地带的数值比例　表3-7

12个地带	道氏12个地带比例（%）	中国12个地带比例（%）	子类面积（km^2）
1. 原始地区	40	58.13	54996667.09
2. 不许居留地区	17	8.63	816820.81
3. 允许暂时居留地区	10	8.06	762809.29
4. 允许居住的地区	8	1.51	142991.46
5. 永久居住的地区	7	0.55	52501.47
6. 传统垦殖区	5.5	10.14	959488.09
7. 现代垦殖区	5	8.93	845257.52
8. 人类体育娱乐区	5	1.21	114250.00
9. 低密度居住区	1.3	2.24	212097.50
10. 中密度居住区	0.7	0.33	31103.04
11. 高密度居住区	0.3	0.08	7438.10
12. 工业区	0.2	0.18	16975.90

资料来源：吴良镛. 广义建筑学[M]. 北京：清华大学出版社，2011.

我国陆地总面积约960万km^2，占世界陆地面积的6.4%，居第三位。我国疆域广阔，但不适宜人类居住的地区约占国土面积的75%，适宜城镇建设的国土面积仅占总面积的19%，其中还有一半以上是耕地，真正可用于城镇建设的用地不到9%（86.4万km^2）。有限的土地资源决定了我国城市的发展必须注意土地利用的效率问题。

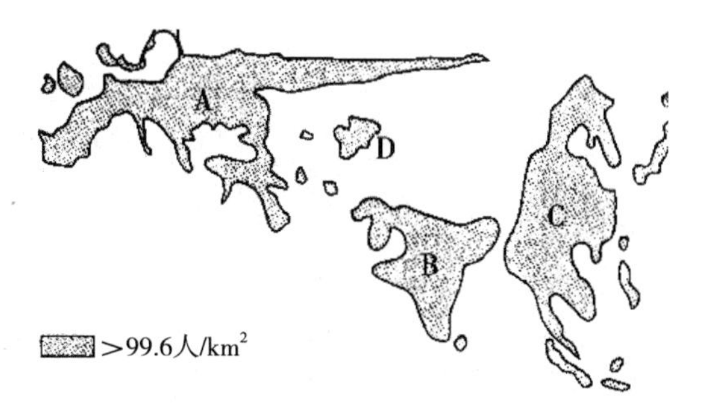

图3-4　邦奇的人类大陆图

图3-5所示为2008年全国土地利用比例图。由图可见，在各类土地中，牧草地、未利用地和林地所占的比重较大。居民点及独立工矿用地占全国土地面积的

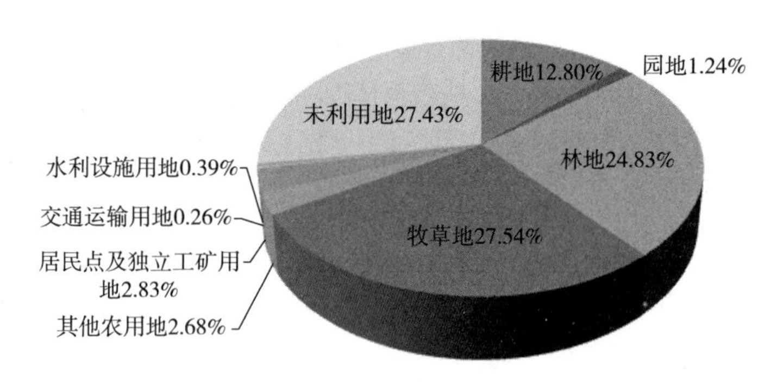

图3–5 2008年全国土地利用比例图

（资料来源：作者根据《2008年中国国土资源公报》数据绘制）

2.83%。表3–8比较了我国土地2004年和2008年的利用的变化情况。由表可见，四年间交通运输用地增长得最多，居民点及独立工矿用地增长了4.68%。耕地、牧草地和其他农用地均有不同程度的减少。

据《2010年中国国土资源公报》，2010年全年国有建设用地实际供应总量为42.82万hm^2，同比增长18.4%。其中，工业仓储用地、商服用地、住宅用地和其他用地供应量分别为15.27万、3.87万、11.44万和12.24万hm^2。

全国土地利用情况（2004～2008年） **表3–8**

类型	2004年面积（万hm^2）	2008年面积（万hm^2）	2004～2008年增长量（%）
耕地	12244.43	12171.66	–0.59
园地	1128.78	1180.01	4.54
林地	23504.7	23606.78	0.43
牧草地	26270.68	26180.13	–0.34
其他农用地	2553.27	2546.68	–0.25
居民点及独立工矿用地	2572.84	2693.35	4.68
交通运输用地	223.32	246.67	10.45
水利设施用地	358.95	366.67	2.15
未利用地	26208.48	26073.51	–0.52

资料来源：作者根据2004、2008年《中国国土资源公报》数据整理。

20世纪90 年代以来，随着资源、环境和人口问题的日益突出，土地利用/土地覆盖变化研究已成为国际上全球变化研究的前沿和热点课题。我国学者对我国土地利用/土地覆盖变化的研究成果概括起来主要表现在：第一，中国在20 世纪土地利用强度和速度都有比较明显的增加；第二，各种土地利用变化类型在不同地区的空间分布存在明显的差异，即使是同一种土地利用变化类型在不同地区的空间分布状况也不同。王秀兰①通过对土地利用/土地覆盖变化中人口与土地利用程度指数及人口与土地利用动态度之间相互关系的分析，建立了人口与土地利用/土地覆盖变化之间的定量模型。研究表明，土地利用动态变化存在着显著的地区差异，不同地区土地利用动态变化的速率不同，变化趋势亦有差别，而人口因素是引起这种变化的一个主要原因。人口增长速度越快，土地利用变化越快。

众多学者对我国土地利用/土地覆盖的空间分布特征的研究表明：中国土地利用结构发生了明显的变化，特别是在近50 年。这主要表现在耕地、林地、园地、居住工矿用地及交通用地等都有不同程度的增长，而草地、后备耕地、天然水体明显减少。何春阳等②的研究表明，北京市土地利用/土地覆盖变化在1975 ~ 1997年这22年期间，表现出城镇用地通过大量占用平原区耕地扩展、非城镇用地间结构变化明显、城市化过程显著的基本特征。

3.1.3　密度特征

本节内容包括世界范围内人口密度的增长及分布情况，我国人口密度的增长及分布情况。

从历史上来看，世界范围内的人口密度随着人口的增长而增加。公元前1.5万年，世界总人口约为300万，按狩猎采集的实际面积计，每平方公里只有0.08人。公元前3000年，世界总人口约为4000万，每平方公里只有0.5人。③以70亿人口计，陆地面积以14800万km^{2}计，可得出2011年世界陆地平均人口密度为每平方公里47人。

世界人口的分布是很不均匀的。一般把人口的密度分为几个等级：第一级为人口密集区，人口密度大于100人/km^2；第二级为人口中等区，人口密度为25 ~ 100人/km^2；第三级为人口稀少区，人口密度为1 ~ 25人/km^2；第四级为人口极稀区，人口密度小于1人/km^2。人口密度较高的地区在亚洲有日本、朝鲜、中国东部、中南半岛、南亚次大陆、伊拉克南部、黎巴嫩、以色列、土耳其沿海地带；在非洲有尼罗河下游、非洲的西北、西南以及几内亚湾的沿海地区；在欧洲，除北欧与俄罗斯的欧洲部分的东部地区以外，都属于人口密度较高的地区；在美洲主要是美国的东北部、巴西的东南部，以及阿根廷和乌拉圭沿拉普拉塔河的河口地区。

---

① 王秀兰. 土地利用/土地覆盖变化中的人口因素分析[J]. 资源科学，2000（5）.

② 何春阳等. 北京地区土地利用/覆盖变化研究[J]. 地理研究，2001（12）.

③ 赵荣等. 人文地理学[M]. 北京：高等教育出版社，2006.

表3-9所示是2006年世界各国的人口密度排名。由表可见，孟加拉国的人口密度最大，为1023人/km^2，我国列11位，属于人口密集区。表3-10列举了1982年以来我国总人口的增长情况并对未来人口密度增长进行了预测。2010年我国的人口密度为142人/km^2，预计2050年我国人口密度将达到154人/km^2。

世界各国人口密度排名（2006年） 表3-9

排名	国家	人口（万）	面积（万km^2）	人口密度（人/km^2）
1	孟加拉国	14737	14.40	1023
2	日本	12762	37.78	338
3	印度	109535	328.76	333
4	菲律宾	8947	30.00	298
5	越南	8440	32.96	256
6	英国	6060	24.48	248
7	德国	8245	35.70	231
11	中国	132256	959.70	138
14	法国	6088	54.70	126
20	美国	30071	982.66	31

注：各国的人口数据根据2006年联合国的统计数据，部分国家取2005年的统计数据。

资料来源：http://www.icandata.com/data/200906/06031213b2009.html.

我国总人口及人口密度预测表 表3-10

年份	1982年	1990年	2000年	2010年	2015年	2020年	2025年	2030年	2040年	2050年
总人口（亿）	10.31	11.60	12.78	13.70	14.18	14.54	14.80	14.90	15.05	14.78
人口密度（人/km^2）	118	118	133	142	148	152	154	156	157	154

资料来源：作者根据朱现平. 21世纪初我国人口问题对高等教育大众化进程的影响[J]. 辽宁教育研究，2005（3）等资料整理。

历史上，我国黄河中下游气候温暖湿润，地貌以平原、河谷为主，农业发达，人口稠密。黄河中下游的人口密度高于长江中下游，更高于其他地区，沿海地区人口十分稀疏。唐、宋以来，沿海地带逐渐得到开发，人口增长较快。近100多年来，随着帝国主义势力的渗入以及殖民城市的发展，沿海地区人口数量逐渐占据绝对优势。表3-11反映了长江三角洲人口密度的变化。

长江三角洲人口密度的历史演变　表3-11

年份（公元）	2年	724年	1102年	1393年	1578年	1661年	1749年	1839年	1990年
人口密度（人/km^2）	6	47	25	114	141	56	212 122	425 293	877
资料取样	扬州	江南东道	江南东道	浙江	浙江	江苏、浙江	江苏、浙江	江苏、浙江	太湖流域

资料来源：刘思华．长江流域经济发展的基本矛盾分析[J]．生态经济，1999（4）.

人口分布不均是我国人口地理分布的一大特点。1935年胡焕庸提出的瑷珲（今黑河）—腾冲线，至今仍是体现中国人口分布地区差异性的一条最基本的分界线。该线东南部分人口高度稠密，属于世界人口最密集地区；西北人口分布则远为稀疏。中国城市在空间上集中分布于沿海地区。根据2001年的统计数据，中国667座主要城市中有42.1%分布在仅占全国9.5%土地面积的东部；中国东部和中部城市的空间分布密度分别为西部的13.1倍和5.8倍。刘纪远①等运用基于格点生成法的人口密度空间分布模拟模型，模拟了中国人口密度的空间分布规律。模拟结果表明，人口密度的最高值集中在北京、上海和郑州之间的三角区（BSZ）及珠江三角洲地区；同时，这个BSZ峰值三角区有发展为以上海—南京—杭州大都市密集区、武汉市、西安市、北京—天津—唐山大都市密集区和沈阳—大连大都市密集区为顶点的五角形峰值区的趋势，珠江三角洲峰值区也正在向外围地区扩展。

3.2　中观层面——城市背景

城市背景下的居住密度特征描述从以下三个方面进行：一是描述人口密度，二是描述建筑密度，三是描述人口和建筑密度的分布。人口密度和建筑密度既有相关性，也有不同的演变特征。对人口密度和建筑密度的描述运用了不同的指标集。

本书研究采用的统计数据来源于中国统计信息网、中国统计年鉴、中国城市统计年鉴（报）以及各城市统计年鉴。由于历年的统计资料存在指标体系不完善、统计口径不一致以及统计数据有错误等问题，在进行数据整理和比较时存在数据缺失和数据有误的现象。城市人口数采用中国城市统计年鉴（报）中的数据，未考虑暂住人口。由于得不到与建成区和建设用地范围相配的城市人口，计算建成区人口密度和建设用地人口密度时采用的人口数为城市人口数（城市行政区划范围内的人口数）。

---

① 刘纪远等．中国人口密度数字模拟[J]．地理学报，2003（1）.

3.2.1 人口密度

人口密度直接与人口数和用地面积相关。在对人口密度进行分析之前，首先对城市人口的变化情况以及城市用地面积的变化情况进行分析。在本书研究中，城市用地面积的特征指标选取能体现城市建设情况的建成区面积和体现居住建设情况的居住用地面积两项指标。对全国城市人口密度变化情况进行分析时，采用了城市人口密度、建成区用地人口密度和居住用地人口密度。在对各城市的人口密度变化情况进行分析时，采用城市建成区（市辖区）人口密度和居住用地人口密度两项指标，并选取了不同人口规模的城市北京（巨大城市）、武汉（特大城市）、郑州（大城市）进行特征分析。

1. 人口

表3-12列举了1985～2009年我国城市人口的增长情况。25年间我国城市人口的平均增长率为2.79%，高于全国人口的增长率，说明我国城市人口的增长快于全国人口的增长。其中，1985～1989年城市人口年均增长较快，平均年增长率达到11.76%。1990年后，城市人口增长速度变缓。1990～1994年，城市人口平均增长率为3.01%。1995～1999年，城市人口平均增长率下降到1.01%。而2000～2004年，城市人口出现了负增长。2005年后统计数据为城区人口，5年间城区人口有增有减，总体变化很小，城市人口平均增长率仅为0.04%。图3-6显示了各城市市辖区年末总人口和建成区面积的变化情况。由图可见，各城市市辖区年末总人口变化特征各不相同。北京市市辖区年末总人口在1999年之前增长较快，2000年有所回落，之后一直持续增长，但涨幅不大。武汉市市辖区年末总人口在2003年前呈跳跃式增长，2003年后开始跌落，2007年后缓慢增长。郑州市市辖区年末总人口则基本呈线性增长。

我国城市人口统计（1985～2009年） 表3-12

年份	城区人口（万人）	年均增长率（%）	年份	城区人口（万人）	年均增长率（%）
1985年	20893.4	16.27	2000年	38823.7	3.28
1986年	22906.2	9.63	2001年	35747.3	-7.92
1987年	25155.7	9.82	2002年	35219.6	-1.48
1988年	29545.2	17.45	2003年	33805	-4.02
1989年	31205.4	5.62	2004年	34147.4	1.01

续表

年份	城区人口（万人）	年均增长率（%）	年份	城区人口（万人）	年均增长率（%）
1985 ~ 1990年		11.76（平均）	2000 ~ 2004年		–1.83（平均）
1990年	32530.2	4.25	2005年	35923.7	5.20
1991年	29589.3	–9.04	2006年	33288.7	–7.33
1992年	30748.2	3.92	2007年	33577	0.87
1993年	33780.9	9.86	2008年	33471.1	–0.32
1994年	35833.9	6.08	2009年	34068.9	1.79
1990 ~ 1994年		3.01（平均）	2005 ~ 2009年		0.04%（平均）
1995年	37789.9	5.46			
1996年	36234.5	–4.12			
1997年	36838.9	1.67			
1998年	37411.8	1.56			
1999年	37590	0.48			
1995 ~ 1999年		1.01（平均）			

注：1. 2005年及以前年份“城区人口”为“城市人口”，“城区面积”为“城市面积”。

2. 2005年城市建设用地面积不含北京市和上海市。

资料来源：《中国城市建设统计年报（2009年）》.

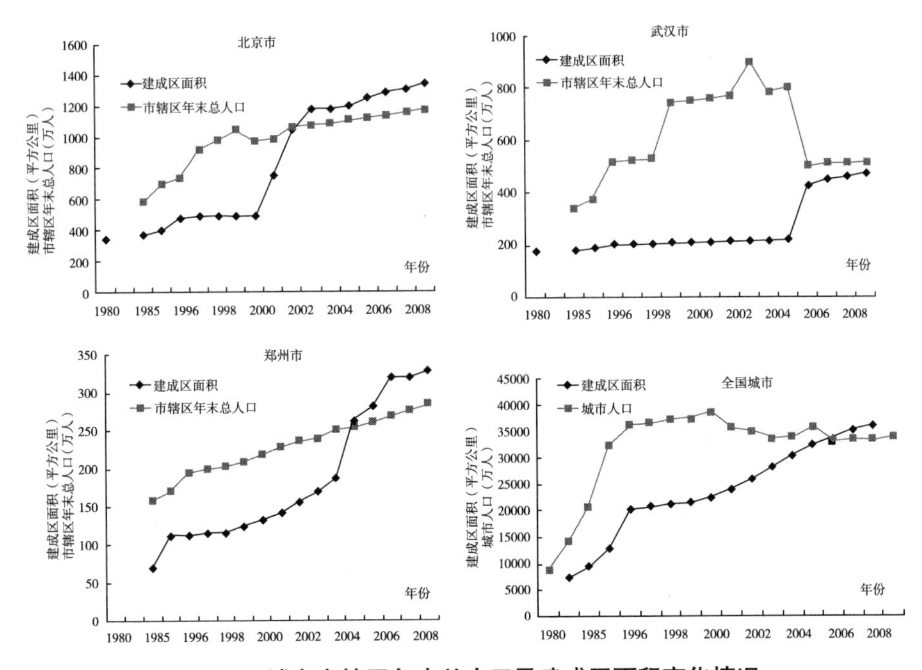

图3–6　城市市辖区年末总人口及建成区面积变化情况

2. 面积

表3-13列举了1985～2009年我国城市建成区面积的增长情况。25年间我国城市建成区面积基本呈线性增长，平均增长率为8.02%，远高于城市人口的平均增长率。从各年段的平均增长率来看，除1985～1990年建成区面积的增长慢于人口的增长外，其他各年段建成区的增长均快于人口的增长。2004年城市建成区面积的增长率最高，达到30.80%，2000～2004年城市建成区面积的平均增长率也达到14.27%；而此时的城市人口增长缓慢，甚至出现负增长。2005年以后，城市建成区面积的增长速度放缓，但仍然远高于城市人口的增长。据统计，仅20世纪90年代中期以来的十多年时间里，全国仅338个地级以上城市市区面积就从1.6万km^2增加到了2.5万km^2，增加了60%。同期，上述城市的市区人口（含农民工）从2.7亿增加到3亿左右，仅增加了10%左右。市区面积增加的速度是市区人口增加速度的6倍。

我国城市建成区面积统计（1985～2009年） 表3-13

年份	建成区面积（km^2）	年均增长率（%）	年份	建成区面积（km^2）	年均增长率（%）
1985年	6321	10.55	2000年	17194	8.81
1986年	6895	9.09	2001年	18661	8.53
1987年	7265	5.35	2002年	21035	12.72
1988年	7810	7.50	2003年	23247	10.52
1989年	8251	5.65	2004年	30406	30.80
1985～1990年		7.62（平均）	2000～2004年		14.27（平均）
1990年	8501	3.03	2005年	32521	6.96
1991年	8918	4.90	2006年	33660	3.50
1992年	10248	14.91	2007年	35470	5.38
1993年	11261	9.89	2008年	36295	2.33
1994年	12270	8.96	2009年	38107	4.99
1990～1994年		8.33（平均）	2005～2009年		4.63（平均）
1995年	13233	7.85			
1996年	13359	0.95			
1997年	14430	8.02			
1998年	15537	7.68			
1999年	15801	1.70			
1995～1999年		5.24（平均）			

资料来源：《中国城市建设统计年报（2009年）》.

由图3-6可见，各城市建成区面积一直呈增长的趋势，北京市建成区面积在2000年之前变化缓慢，2000～2003年急剧增长，2003年之后呈缓慢增长的态势。武汉市建成区面积2005年之前呈线性缓慢增长，2005～2006年急剧增长，2006年之后缓慢增长。郑州市建成区面积的增长速度较快，且在2006年前后有一个急剧增长时期。

王茜①对我国31个大型、特大型城市近30年的扩展规模、速度、强度等特征研究的结果表明，城市规模持续扩张、扩展速度和强度不断增大是我国城市扩展的总体特点。我国城市整体扩展强度为9.04%，远高于世界发达国家城市1.2%的水平。贾艳慧、王俊松②对经济转型背景下城市化与中国城市土地空间扩张进行了研究，认为经济增长、人口城市化、交通改善是中国城市空间规模扩张的主要原因。建成区面积的变化除了受城市扩张速度的影响外，还受统计口径的变化及国家对行政区的调整因素的影响。2000年前后全国各城市掀起了县改市辖区的高潮，1998～2004年市辖区从737个增加到852个，与之伴随的是城市建设用地的急剧增长。城市人口和建成区面积的快速扩展说明我国正处于快速城市化的阶段。

居住、工业用地是城市建设用地的主要组成部分。我国长期以来“变消费城市为生产城市”和“先生产，后生活”的发展思路决定了新中国成立以后的很长一个历史时期内，住宅用地的扩展速度大大落后于工业用地和仓储用地，如天津市1951～1979年城市建设所征用土地中用于居住的用地仅占17%，武汉市1949～1978年所征用土地中用于生活居住的土地仅为20%，苏州市居住用地在20世纪80年代初甚至小于新中国成立初的面积。③

表3-14为1985～2009年我国城市居住用地指标统计。由表可见，1990～2006年间，我国城市的居住用地占建成区面积的比重逐年下降，城市居住用地的增长率明显低于建成区面积的增长率，个别年份甚至出现了负增长。各城市居住用地占建成区面积的比例增减情况各不相同。北京和郑州有所增加，而武汉有所减少。图3-7表示了北京、武汉、郑州三个城市居住用地的增长情况。除了北京市在2002年前后随着建成区面积的扩张居住用地有急剧的变化外，城市居住用地各年的增长都很缓慢。表3-15列举了1991年和2011年《城市用地分类与规划建设用地标准》GB 50137中居住用地占建设用地的比例的规定。2011年的标准比1991年有所提高，但与发达国家相比，比重仍然较低。

《中国城市统计年鉴（2010年）》提供的数据显示：2009年全国所有城市合计

① 王茜．近30年中国城市扩展特征及驱动因素研究[D]．北京：中国科学院博士论文，2007．

② 贾艳慧，王俊松．对经济转型背景下城市化与中国城市土地空间扩张[J]．兰州学刊，2008（9）．

③ 孟锴．建国以来我国城市土地利用状况及其演变趋势[J]．青岛科技大学学报，2007（9）．

城市居住用地指标统计（1985～2009年） 表3-14

	居住用地占建成区面积比例（%）				年均增长率（%）			
年份	全国	北京	武汉	郑州	全国	北京	武汉	郑州
1985年	—	37.96	26.61	41.14	—	—	8.86	10.77
1990年	—	39.09	27.90	31.79	—	9.60	6.89	23.61
1996年	—	26.59	28.88	25.31	—	–18.30	13.93	–19.66
2000年	31.74	26.22	29.61	13.97	5.23	0.72	3.24	–38.96
2006年	29.03	19.00	16.62	20.69	—	—	—	—
2009年	29.50	28.37	27.37	22.80	–21.15	2.63	—	—

资料来源：中国城市建设统计年报、中国城市建设统计年鉴.

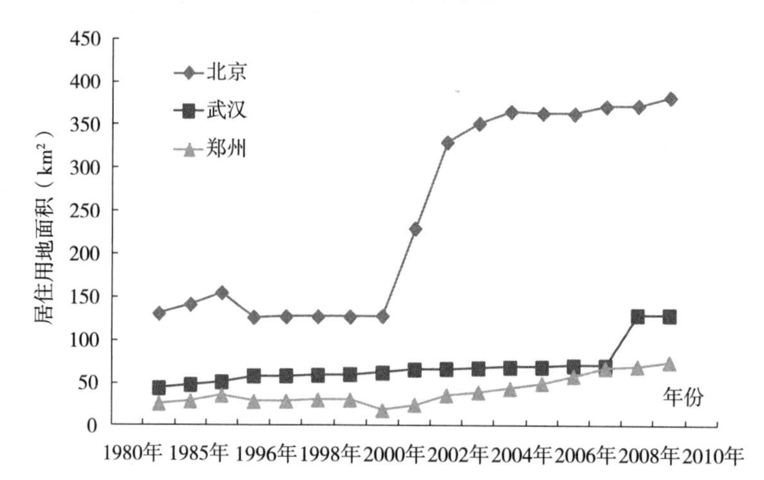

图3-7 各城市居住用地变化情况

行政区划面积为471.18万km²；其中，市辖区面积合计62.80万km²，市辖区建成面积合计3.013万km²，占市辖区面积的4.79%。市辖区居住用地面积合计0.89万km²，占市辖区建成区面积的29.5%。据《2010年国土资源公报》，2010年全国国有建设用地实际供应总量42.8万hm²，比上年增长18.4%。其中，住宅用地11.4万hm²，占27%。房地产开发用地（商服用地和住宅用地）比重自2006年以来基本保持平稳增长的态势，比重由31.7%上升至2010年的35.7%。住宅用地中，保障性住房用地比例逐年提高，2010年达到14.5%。

规划建设用地结构 表3-15

类别名称	占建设用地的比例（1991年）	占建设用地的比例（2011年）
居住用地	20%～32%	25%～40%
工业用地	15%～25%	15%～30%

续表

类别名称	占建设用地的比例（1991年）	占建设用地的比例（2011年）
道路广场用地	8% ~ 15%	10% ~ 30%（交通设施用地）
绿地	8% ~ 15%	10% ~ 15%
		5% ~ 8%（公共管理和公共服务用地）

资料来源：《城市用地分类与规划建设用地标准》GB 50137.

我国下世纪可以参照已达到人均GDP 1万 ~ 2万美元的发达国家城市。当21世纪末人均GDP达到1万 ~ 2万美元时，第一产业的比重一般只占10%，农业劳动力向第二、三产业转化，届时人均住宅面积将达到26 ~ 30m^2，相应的人均住宅用地将达到40 ~ 50m^2。①

3. 人口密度

人口密度指标采用城市人口密度、建成区人口密度和居住人口密度三项指标进行分析。将统计数据中的城市人口数值除以城市面积得到城市人口密度，将城市人口数值除以建成区面积得到建成区人口密度，将城市人口除以居住建设用地面积得到居住人口密度。由于不同的人口密度指标对应的用地概念不同，数值有较大的差距，并可能出现相反的趋势。图3–8所示为我国城市各人口密度指标的变化情况。由图可见，我国城市人口密度自20世纪90年代以来持续增加，而建成区

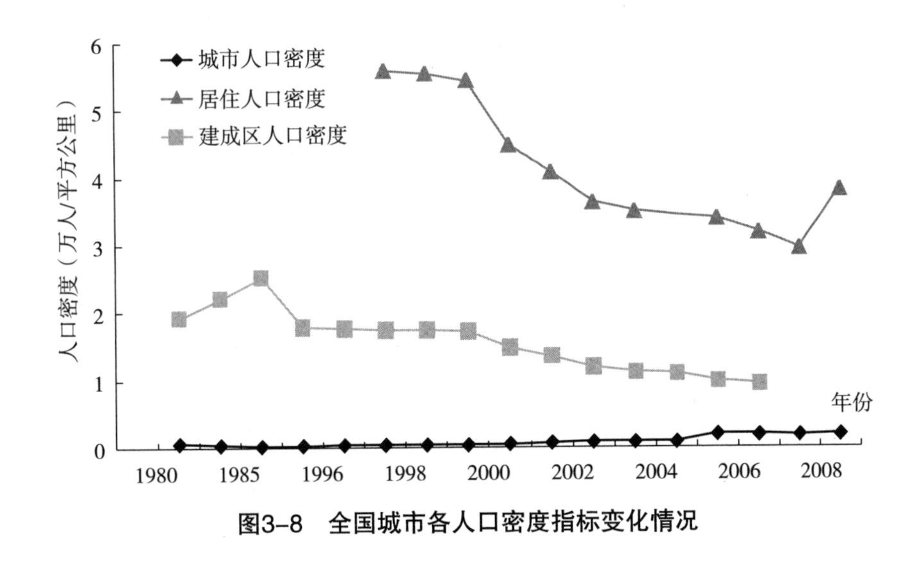

图3–8 全国城市各人口密度指标变化情况

① 宋启林. 21 世纪我国城市土地利用总体框架思考[J]. 城市研究，1997（6）.

人口密度和居住人口密度却大体呈衰减的趋势。

表3–16列举了我国城市以及北京、武汉、郑州三个城市几个特征年份的人口密度指标的数据。由表可见，1981年，我国城市人口密度为696人/km^2。1990年下降到279人/km^2。此后逐年攀升，2000年迅速增加到442人/km^2，2005年达到870人/km^2。

与我国城市人口密度的增长趋势不同，世界银行最近委托的研究表明，平均城市人口密度在过去的两个世纪中一直在下降。发展中国家过去十年中的年下滑率为1.7%，工业化国家为2.2%。通过对101个城市化地区的数据比较表明，在54个城市化地区中，46个地区经历了1960～1990年人口密度的衰减。发达国家城市人口较少，人口增长率较低，城市人均用地的增长更快。[①]图3–9显示了我国和美国城市人口密度的变化对比情况。

表3–4列举了2009年各城市的人口密度值。人口密度最大的孟买达到2.62万人/km^2，我国城市中，香港的人口密度值也很高，为2.57万人/km^2。其次为深圳、上海和北京。我国城市的人口密度低于一些其他的亚洲城市，如首尔、德里、开罗、加尔各答，但远高于巴黎、伦敦和纽约，甚至远高于东京。

人口密度变化情况（人/km^2） **表3–16**

年份	城市人口密度	建成区人口密度				居住人口密度			
	全国	全国	北京	武汉	郑州	全国	北京	武汉	郑州
1981年	696	19360	—	—	—	—	—	—	—
1990年	279	25304	17620	19844	15229	—	—	130811	156685
2000年	442	17301	19876	35676	16463	54513	99448	120468	—
2007年	—	9466	8861	11316	8425	31988	32168	117197	—
增长率（1981～1990年）	–60%	31%	—	—	—	—	—	—	—
增长率（1990～2000年）	58%	–32%	13%	80%	8%	—	—	–8%	—
增长率（2000～2007年）	—	—	–55%	–68%	–49%	–41%	–68%	–3%	—

注：单位为人/km^2。

资料来源：作者根据中国城市建设统计年鉴（报）整理。

我国城市建成区人口密度1990之前呈增加的趋势，1990年之后大体呈衰减的趋势（见图3–11）。2008年，我国城市建成区人口密度为9221人/km^2。Alain

① 2007 联合国世界人口发展报告[R].

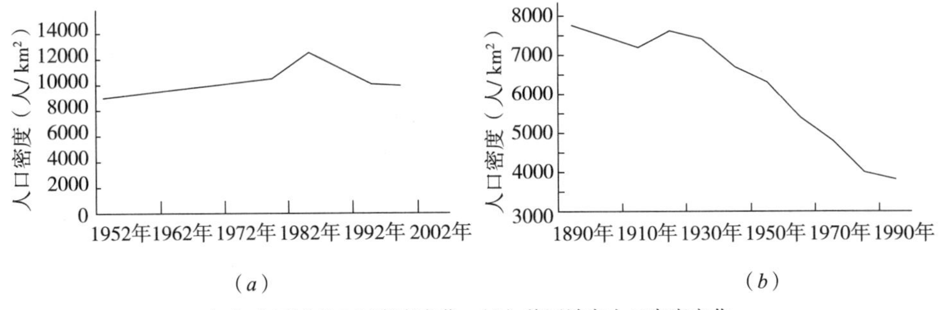

（a）　　　　（b）

（a）中国城市人口密度变化；（b）美国城市人口密度变化

图3-9　中美城市人口密度变化比较

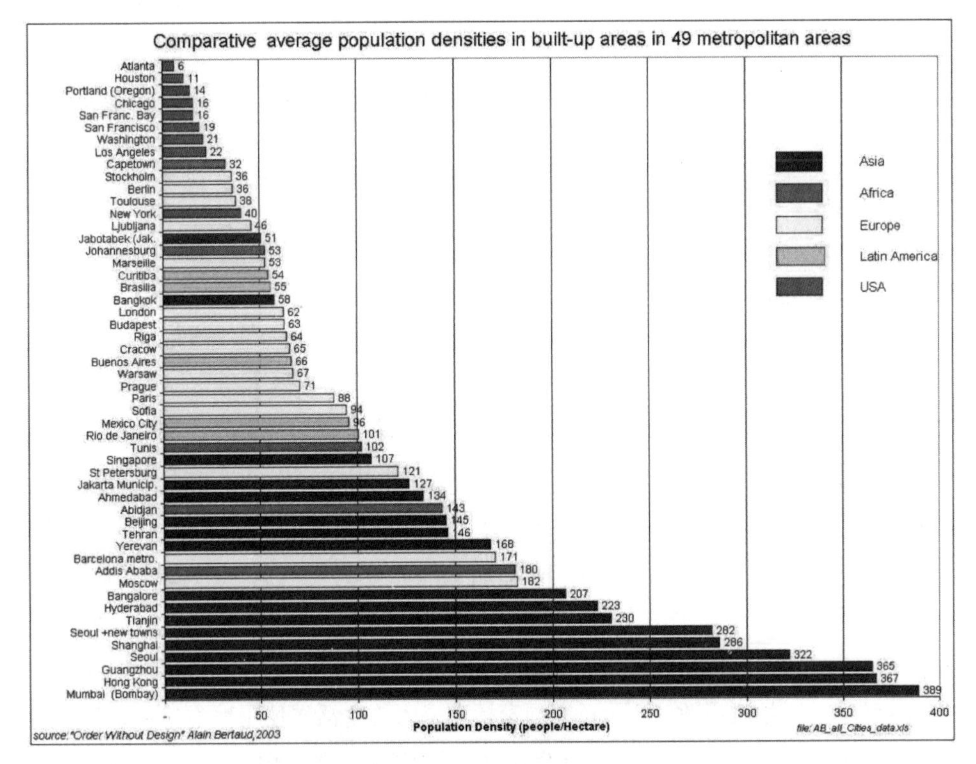

图3-10　49个都市区的建成区平均人口密度

（资料来源：Alain Bertaud，Order Without Design，2003）

Bertaud统计了49个都市区建成区的人口密度（图3-10）。由图可见，建成区人口密度的数值大于城市人口密度的数值。建成区人口密度最大的是孟买，数值为389人/hm^2，香港仅次于孟买。我国城市中，广州的建成区人口密度也很高，达到365人/hm^2。巴黎、伦敦和纽约的建成区人口密度分别为88、62和40人/hm^2。亚洲城市的建成区密度普遍较高，欧洲城市比美国城市的密度普遍较高。

各城市建成区人口密度的变化情况各异。图3-11显示了北京、武汉、郑州三

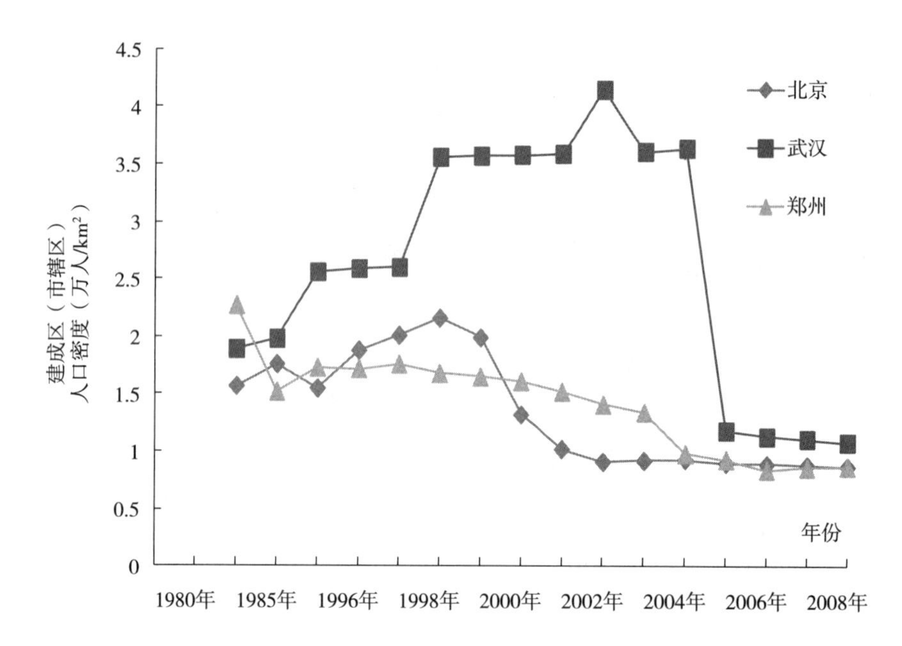

图3–11 城市建成区（市辖区）人口密度变化情况

个城市建成区人口密度的变化情况。北京市建成区人口密度在1999年之前虽有升有降，但总体趋势是上升的。1999～2000年，北京市建成区人口密度陡然降低，之后平缓下降。武汉市建成区人口密度在2003年前呈阶梯状上升，2003～2006年陡然降低之后，平缓下降。郑州市建成区人口密度则一直保持平缓下降的趋势。2006年后，三个城市建成区人口密度值趋近相同。

居住人口密度可以用它的倒数人均居住用地来反映。我国现有城市人均居住用地在全世界属于低水平之列。“城市和居住用地的制约是这半个世纪以来中国大、中、小城市都采用层数日益增高的集合住宅的重要原因，在今后几十年的发展中，这种趋势恐怕难以改变。”①根据国家标准，人均生活居住用地为40～56m²，仅为发达国家同类城市的1/5～1/3。20世纪80年代我国建设的居住区的人口毛密度指标一般为500～700人/hm²，特大城市偏高些。据1980～1990年上海市居住区情况汇总统计，生活居住用地总计5823hm²，居住人口总计425万，可知居住区平均人口毛密度为730人/hm²。而伦敦居住人口密度平均为120人/hm²。②

我国城市居住人口的密度呈下降的趋势，且其下降的速度快于建成区人口密度的下降速度。2000年，我国城市居住人口密度为54513人/km²，2009年下降到38271人/km²。图3–12显示了北京、武汉和郑州三个城市近年来居住人口密度的变

① 吕俊华等．中国现代城市住宅1840~2000[M]．北京：清华大学出版社，2003．

② 赵琳．基于可持续发展观的住宅户型设计趋势分析[J]．开发与建设，2005（43）．

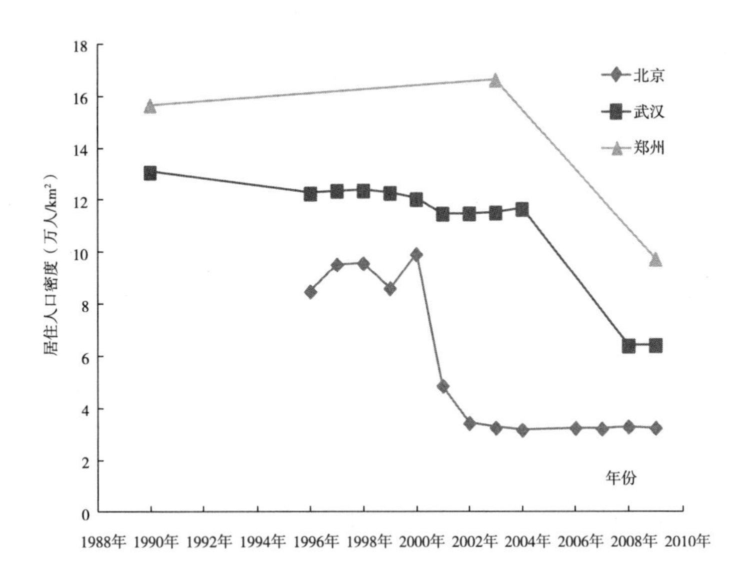

图3-12 城市居住人口密度变化情况

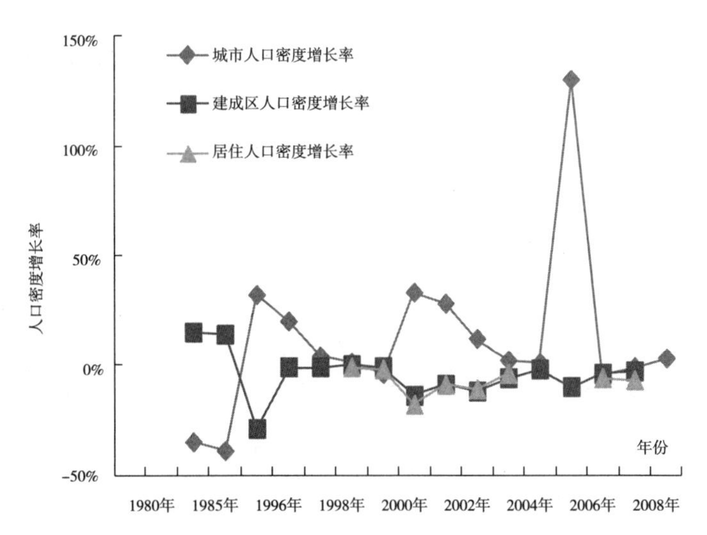

图3-13 全国城市各种人口密度增长率比较

化情况。三个城市都存在着一个明显的下降时期。从数值上来说，三个城市的居住密度相差较大。郑州市的居住人口密度最大，武汉市次之，北京市最小。2009年，郑州市的居住人口密度为97529人/km^2，武汉市的居住人口密度为64273人/km^2，北京市的居住人口密度为32527人/km^2。

图3-13显示了1980～2008年我国城市人口密度增长率、建成区人口密度增长率和居住人口密度增长率的变化情况。由图可见，城市人口密度增长率多为正值，且各年数值变化较大。说明各年城市人口密度多呈增长态势，且由于城市人口和城市行政区划面积的数值变动大，城市人口密度增长率的数值相差很多。建

成区人口密度增长率和居住人口密度增长率的数值十分接近，说明建成区人口密度和居住人口密度有很大的相关性，这是因为居住用地占建成区面积的比例比较稳定。建成区人口密度增长率和居住人口密度增长率各年数值比较稳定，且多为负值，说明建成区人口密度和居住人口密度以较稳定的速度减少。

一般说来，城市人口密度往往同城市本身的规模成正比，即城市越大，密度越高。城市规模越大，职能越多，用地就越紧张，单位面积土地承载人口越多，土地利用更为有效。应用600个城市第五次人口普查数据计算得出各级城市人均用地，数据表明城市规模越大，人均用地越小。①若以20万人口以下城市为100，则以上4 级依次为228、283、728和1190。但是建成区的人口密度差异不大，建成区人口密度若以20万人口以下城市为100，则以上4 级依次为128、127、146 和135。2004年，我国的特大城市、大城市、中等城市、小城市按非农业人口计算的人均城市建设用地面积分别为100、123、130、188m^2/人，按城市人口计算的人均城市建设用地面积则分别为67、94、91、101m^2/人，均体现出这一特点。②村镇的人均用地量大大超过城市。镇的建成区人口密度多为每平方公里3000～5000 人（相当于人均用地200～333m^2/人），较城市为低。2004年全国村庄建设用地2.48亿亩，按当年农业人口计算，人均村庄用地218m^2。③不同规模城市的居住人口密度差异不大，且没有显示出随着城市规模增加而减小的趋势。表3-17列举了2000年不同规模城市的城市人口密度、建成区人口密度和居住人口密度的对比情况。

不同规模的城市人口密度比较（2000年） **表3-17**

类别	城市人口密度（人/km^2）	建成区人口密度（人/km^2）	居住人口密度（人/km^2）
超大城市	1415	17302	47156
特大城市	941	18192	54341
大城市	654	14633	47231
中等城市	586	13751	63793
小城市	224	19161	55923

资料来源：作者根据《中国城市建设统计年报（2000年）》整理.

3.2.2 建筑密度

描述建筑密度的指标包括两个部分：一是描述建筑（主要是住宅建筑）实际

① 陈莹. 当前不宜将人均用地控制标准提高[N/OL]. http://www.mlr.gov.cn/zt/2007tudiriluntan/chenying.htm.

② 城市用地标准不应一刀切[N]. 中国经济导报，2006-03-18.

③ http://news.xinhuanet.com/house/2011-03/26/c_121234712.htm.

存在量的指标，包括年末实有房屋建筑面积、年末实有住宅建筑面积、住宅施工房屋面积以及人均住宅建筑面积（或人均居住面积），住宅施工房屋面积说明了住宅建筑的生产能力，人均住宅建筑面积说明了居住水平。二是描述住宅建筑空间密度分布的指标，包括城市住宅建筑毛密度、套均面积以及套密度。本书将年末实有房屋面积除以建成区面积所得数值定义为房屋平均容积率，将年末实有住宅建筑面积除以居住用地面积所得数值定义为住宅建筑毛密度。

1. 建筑面积

随着经济水平的发展，住宅建设水平提高，其表现之一就是人均居住面积的提高。世界各国的住房发展可以分为三个阶段：第一阶段为解决房荒阶段，主要解决城市住房总量的绝对不足，满足城市居民人均一张床（人均居住面积不低于 $2m^2$）、户均一间房的要求；第二阶段是解决增量、扩大住宅面积的阶段，从每户一间房提高到每户一套房（或人均居住面积在 $8m^2$ 以上）；第三阶段为提高住宅质量阶段，此时要满足居民追求舒适的要求，居住标准从一户一套房提高到至少每人一间房（或在家庭拥有独套单元住宅的情况下人均居住面积在 $14m^2$ 以上）。表3-18列举了美国、日本、德国和中国的住宅发展阶段。在20世纪90年代初期，美国人均住宅建筑面积达到 $60m^2$，英国和德国达到 $38m^2$，法国达到 $37m^2$，日本达到 $31m^2$。我国城市人均住宅建筑面积在1990年时为 $16.29m^2$，远低于发达国家的水平。

住宅发展阶段比较 **表3-18**

		美国	日本	德国	中国
一、数量型发展阶段	年代	1930～1960年	1945～1960年	1949～1960年	1978～1991年
	居民生活水平（人均GDP，美元）	1871（1950年）	269（1959年）	487（1950年）	300（1981年）
	城镇居民人均居住面积（m^2）	—	5.8（1948年）	15.0（1950年）	3.6（1977年） 6.7（1990年）
二、增量与质量并重发展阶段	年代	1960～1972年	1960～1980年	1960～1980年	1992年至今
	居民生活水平（人均GDP，美元）	4810（1970年）	1758（1970年）	1669（1970年）	775（1998年）
	城镇居民人均居住面积（m^2）	—	7.1（1960年） 13.0（1978年）	24.0（1968年） 30.0（1972年）	7.9（1995年） 9.3（1998年）
三、总体水平发展阶段	年代	1975年至今	1987年至今	1980年至今	—
	居民生活水平（人均GDP，美元）	15390（1984年）	11252（1985年）	11130（1984年）	—
	城镇居民人均居住面积（m^2）	59.0（1991年）	17.0（1990年）	33.2（1982年）	—

资料来源：谢伏瞻等. 住宅产业：发展战略与对策[M]. 北京：中国发展出版社，2000.

我国长期以来存在着住房供应不足的矛盾。1949年，我国城镇人均居住面积为4.5m²。新中国成立后我国推行变消费城市为生产城市的方针，城市土地利用对居民生活质量提高重视不够，城市住宅建设投资不足，居住条件日益下降。20世纪70年代后期，人口快速增长，住宅建设发展缓慢，城市土地紧张，居住密度增加，将近1/3的城市家庭被官方统计为处于过度拥挤状态。[①]1978年我国城市住宅总面积为5.3亿m²，城市人均居住面积只有3.6m²。

改革开放以后，我国社会经济增长迅速，以提高人均居住面积为中心目标的住宅建设取得显著的成就。20世纪80年代中期是新中国成立后人均居住面积增加最快的时期，20世纪90年代以后出现了补偿性超常规城市发展的现象，表现在住宅建设、建成区扩展、房地产开发和基础设施建设的快速发展。图3–14显示了20世纪90年代以后我国城市年末实有房屋和实有住宅面积的增长情况。图3–15显示了20世纪90年代以后我国城市人均住宅建筑面积增长的情况。2008年，我国城市住宅总面积达到124亿m²，是1978年的23倍；城市人均住宅面积20.5m²（以城镇常住人口6.07亿人计算），是1978年的5.69倍。

住宅增量是指一定时间内新增的住宅数量，一般用竣工面积来表示当年的住宅增量，用施工面积来表示未来2～3年的住宅增量。由图3–16可见，2000年以来我国住宅施工房屋面积逐年增长，2009年达到49.27亿m²。

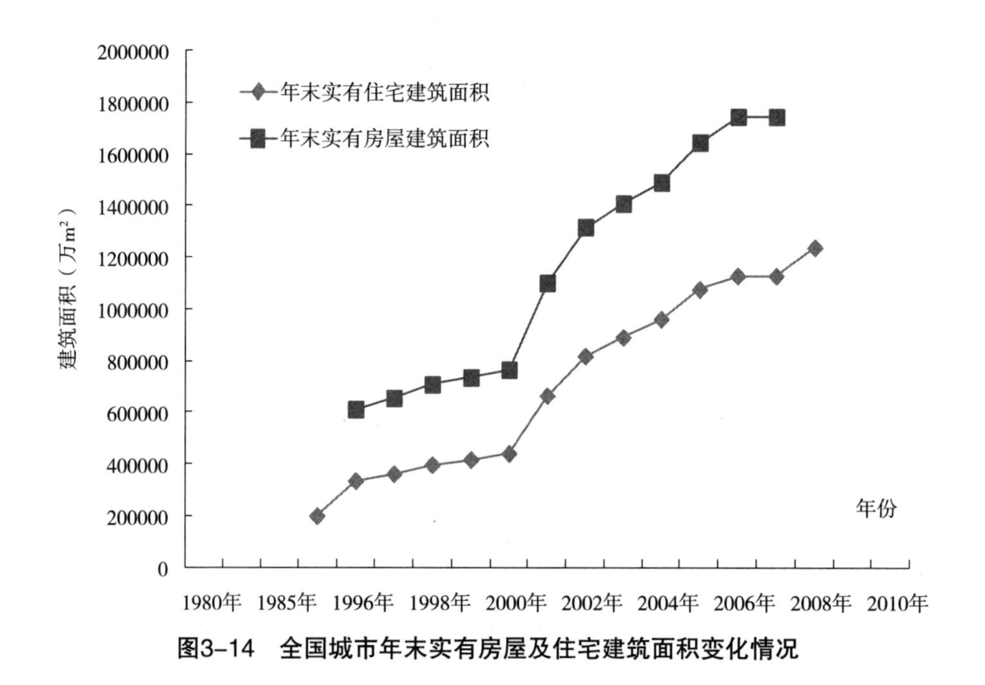

图3–14　全国城市年末实有房屋及住宅建筑面积变化情况

① 朱介鸣. 市场经济下的中国城市规划[M]. 北京：中国建筑工业出版社，2009.

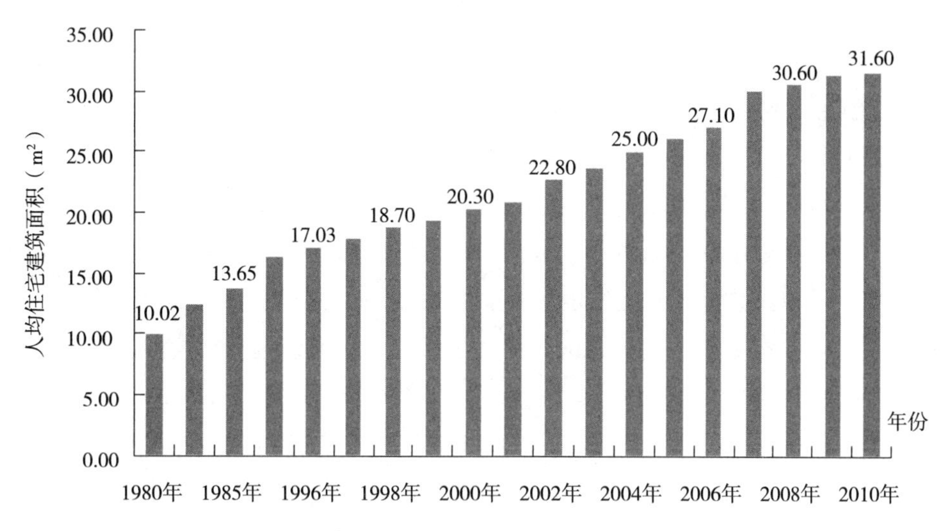

图3-15　全国城市人均住宅建筑面积变化情况

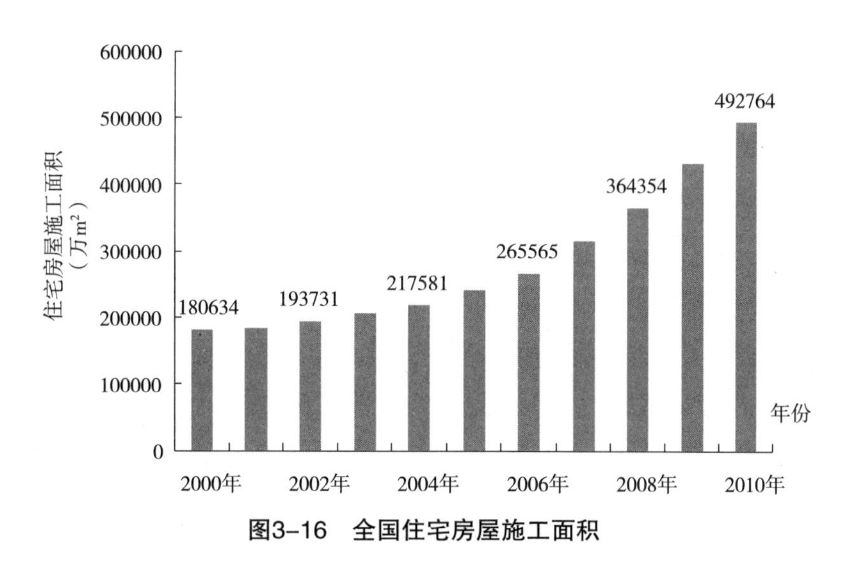

图3-16　全国住宅房屋施工面积

李振宇[①]评价了改革开放以来住宅建设的成就："在过去的30年，中国城市住宅建筑写下了人类有史以来最为豪迈的建设业绩。新建城镇住宅建筑面积约100亿m^2，一些大城市的人均住宅建筑面积30年里提高了5～6倍，北京、上海之类的特大城市住宅建筑总面积增加近10倍，住宅建筑的高度从通常的多层提高到中高层和高层，最高可以到50多层，住宅最常见的套面积从当年的30～60m^2增加到目前的90～140m^2，大型住宅区动辄几十万平方米，甚至上百万平方米。"

① 李振宇．中国住宅七问：豪迈与踌躇[J]．城市，环境，设计，2011（1）．

2. 建筑密度

建筑密度的表征量包括住宅建筑毛密度、套均建筑面积和套密度。

图3-17显示了1980～2008年我国城市住宅建筑毛密度的变化情况。由图可见，全国城市住宅建筑毛密度一直处于上升的趋势，从1998年的0.59增加到2008年的1.10，说明我国城市居住用地上住宅开发强度一直增加。但各个城市的变化趋势各异。北京市住宅建筑毛密度1980年时为0.50，经过较快增长的时期后，2000年达到1.45，之后陡然下降，2004年时为0.72。之后又经过了持续增长的阶段，2008年时恢复到0.97。武汉市则一直保持着持续增长的趋势，从1985年的0.63增加到2007年的1.64。郑州市统计数据不全，1985年时较低，为0.33，但其增长迅速，2000年时已经达到1.77。表3-21列举了我国主要城市2010年住宅用地容积率走势。由表3-19可得，北京市2010年6月至11月住宅用地平均容积率是1.30，上海为1.42，广州为2.64，重庆为2.56，杭州为2.62。

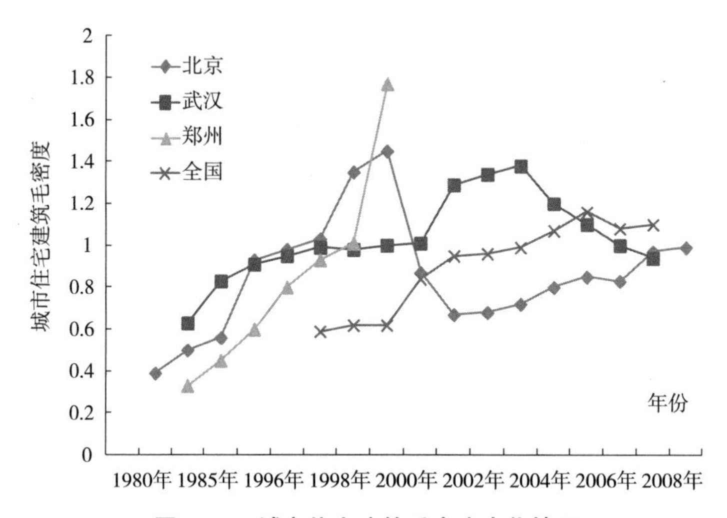

图3-17 城市住宅建筑毛密度变化情况

主要城市2010年住宅用地容积率走势 表3-19

城市＼月份	6月	7月	8月	9月	10月	11月
北京	1.3	1.6	1.0	1.5	—	1.1
上海	1.5	1.5	1.0	1.7	1.4	—
广州	2.7	2.2	1.2	2.4	2.5	2.2
深圳	—	—	—	—	2.4	3.0
重庆	1.7	2.7	1.5	2.3	2.4	2.2
杭州	2.3	2.0	2.0	2.2	2.5	2.1

资料来源：http://fdc.soufun.com/data/land/Detail.aspx。

计划经济时期我国的住宅户型受国家标准的控制。20世纪50～60年代，居住标准低，面积小；“住得下、分得开”成为住户最大的渴望。20世纪60～70年代开始注重独门独户和合理分室。20世纪80～90年代初，住宅从计划分配转为社会商品，独门独户的成套户型取代了一套多户合住户型，住宅舒适度大为提高，住宅类型出现了多样化的趋势。20世纪90年代中期开始，出现了大量的追求高舒适度的住宅，住宅的套型面积变大。据住房和城乡建设部公布的2002～2005年《城镇房屋概况统计公报》数据，2003年城镇家庭户均住宅建筑面积为77.42m²，2004年为79.15m²，2005年增加到83.2m²。

表3-20根据城市人均住宅面积与城镇居民家庭平均每户家庭人口的乘积得出城镇家庭住宅户均建筑面积的数值，由表可见，住宅户均面积的增长较快。1985年住宅户均面积为53.09m²，2010年增长到91.01m²。由表3-20提供的城镇居民家庭住宅户均面积，根据公式（3-1）可以计算得出套密度的数值。

我国城镇居民住宅套均面积　　**表3-20**

年份	城镇人均住房面积（m²）	城镇居民家庭平均每户家庭人口（人）	城镇居民家庭住宅户均面积（m²）
1985年	13.65	3.89	53.09
1990年	16.29	3.50	57.01
1998年	18.70	3.16	59.09
2000年	20.30	3.13	63.54
2005年	26.10	2.96	77.26
2010年	31.60	2.88	91.01

图3-18显示了1998～2008年套密度的变化情况。由图可见，我国城市的住宅套密度有增长有回落，变化较小。1998年，我国城市住宅套密度为100套/hm²，2006年为144套/hm²，2008年降为123套/hm²。

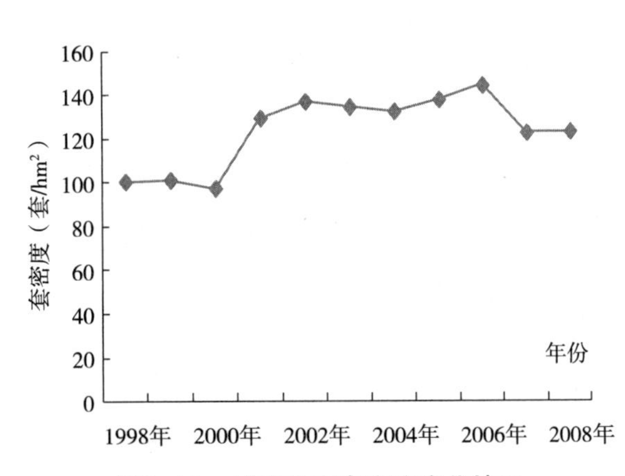

图3-18　城市住宅套密度变化情况

表3-21列举了各种计划、标准以及现实中的套密度值。由表比较可以发现，我国

城市居住用地的套密度值所处的位置。

密度梯度——各种套密度比较 **表3-21**

	单元/hm²	人/hm²
低密度独立住宅区——赫特福德郡	5	20
平均净密度——洛杉矶	15	60
密尔顿・凯恩斯1990年的平均数据	17	68
1981～1991年英国新开发的平均密度	22	88
能够维持公交设施的最低密度	25	100
20世纪60～70年代的私人住宅——赫特福德郡	25	100
1912年的雷蒙德・昂温	30	120
1919年的都铎・沃尔特斯	30	120
伦敦平均净密度	42	168
1898年的田园城市，埃比尼泽・霍华德	45	180
能够维持电车行业的最低密度	60	240
阿伯克隆比，《低密度》	62	247
RIBA	62	247
新的城市高密度低层住宅——赫特福德郡	64	256
可持续的城市密度	69	275
霍尔姆，曼彻斯特的规划	80	320
维多利亚/爱德华七世时期的联排住宅	80	320
中等密度，阿伯克隆比	84	336
中心区可以达到的城市密度	93	370
高密度，阿伯克隆比	124	494
可持续的城市邻里社区（最大值）	124	494
霍尔姆，1930年代的曼彻斯特	150	600
1965年伊斯林顿的平均净密度	185	740
20世纪60～70年代新加坡的规划密度	250	1000
九龙的实际密度	1250	5000

资料来源：大卫・路德林等. 营造21世纪的家园——可持续的城市邻里社区[M]. 王健等译. 北京：中国建筑工业出版社，2005.

住宅建筑毛密度、人均住宅面积和居住人口密度三者之间存在着数量关系：

$$住宅建筑毛容积率=人均住宅面积\times居住人口密度 \qquad (3-1)$$

图3-19比较了我国城市建成区人口密度增长率、住宅建筑毛密度增长率、人

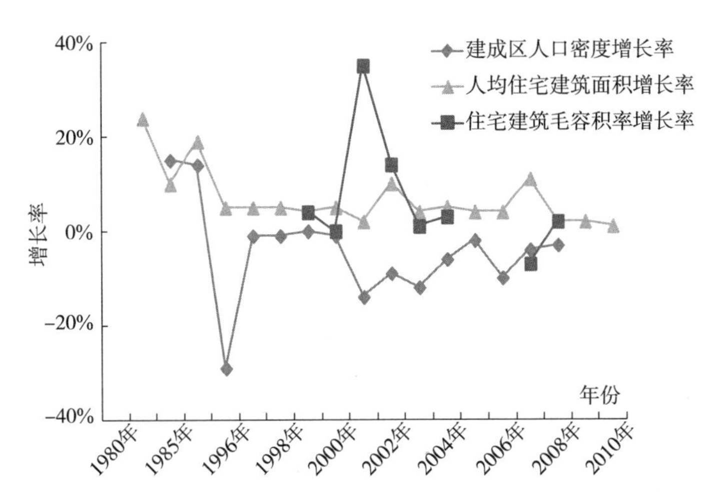

图3-19　全国城市人口密度、建筑密度、人均住宅建筑面积增长率比较

均住宅建筑面积增长率三项指标的变化情况。可以发现，大体上来说，我国城市人均住宅面积呈增长趋势，居住人口密度呈下降趋势，人均居住面积的上升快于居住人口密度的下降，故住宅建筑毛密度呈上升的趋势。

将市辖区建成区面积增长率除以市辖区人口增长率得到城市用地增长弹性系数，将居住用地增长率除以建成区面积增长率得到居住用地弹性系数，将城市年末实有住宅建筑面积增长率除以城市居住用地增长率得到住宅面积增长弹性系数。

图3-20显示了2000～2007年我国十个城市各种弹性系数的分布情况。由图可见，城市用地增长弹性系数的分布范围较大，说明城市建成区相比城市人口增长的情况不稳定。且城市用地增长弹性系数的数值一般较大，说明建成区面积的增长快于城市人口增长较多。总而言之，城市建成区面积的增长对比于人口增长来说，处于非理性的快速增长状态。在世界城市发展过程中，有这样一个规律：城市用地的增长速率快于城市人口的增长速率，即城市人均用地呈增长的趋势，20世纪80年代专家提出城市用地增长弹性系数的合理数值应该是1.12。对过去20年全球120个城市的研究显示：城市用地和城市人口的增长率分别是3.3%和1.7%，城市用地增长弹性系数为1.94。美国城市用地增长弹性系数为1.58，印度为1.62，南美为1.25。吴兰波①等以中国大陆地区各省城市建成区面积为研究对象，选取建成区扩展速度、扩展系数，以及国家对土地征用面积的大小、城市人口密度等因素来综合分析了1986～2006年间全国城市的扩展过程，发现自1986年以来，中国城市用地扩展系数平均为1.3，表明中国城市用地扩展速度相对偏快。

居住用地增长弹性系数数值分布范围较小，并都略微大于1。说明居住用地在

① 吴兰波等. 中国城市建成区面积二十年的时空演变[J]. 广西师范学院学报，2010（12）.

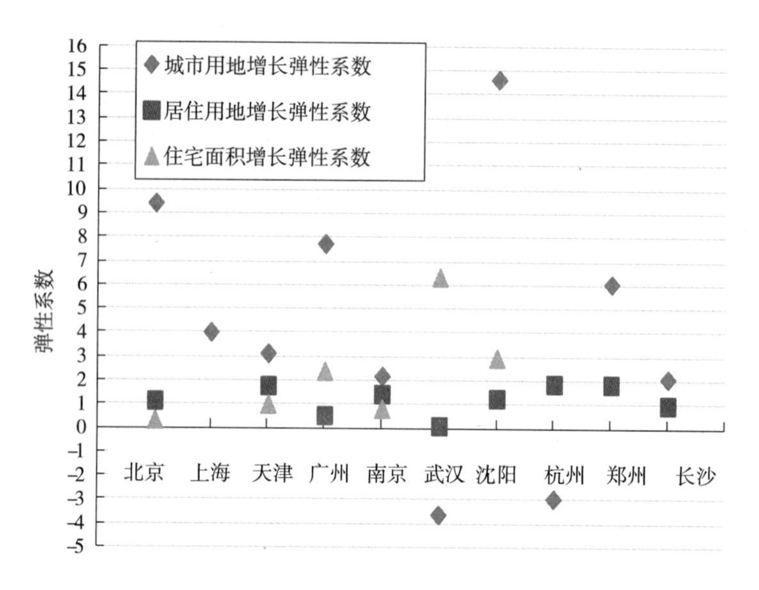

图3–20　各城市弹性系数变化情况（2000～2007年）

城市建成区中的比重比较稳定，其增长的速度稍微快于城市建成区的增长速度。住宅面积增长弹性系数各个城市表现不同。北京和南京小于1，说明住宅面积的增长慢于居住用地的增长，城市住宅建筑的密集度呈下降趋势。沈阳和武汉大于1，说明这两个城市的住宅建筑密集度在增加。

3.2.3　密度分布

当城市人口密度方差很大或当土地利用的异质程度很高时，平均城市密度只能为城市规划与城市发展政策的制定提供非常有限的信息。只有更为详细的城市密度资料（人口密度空间变化、就业密度空间变化等）才有意义。

对城市居住密度分布特征的描述，从以下三个方面进行：一是描述人口密度分布的梯度特征；二是描述功能用地（主要是居住用地）在城市空间的分布特征；三是描述就业密度和居住密度的关系。

1. 密度梯度

人口密度同城市化水平和经济水平一样，在城市的空间轴上通常随距离衰减表现出空间梯度。Clark于1950年提出城市人口密度随距离衰减呈负指数关系，被称为“Clark定律”。负指数函数模型（Negative Exponential Function）为城市空间结构实证研究的传统模型：

$$D_x = D_0 \cdot e^{-bx} \tag{3-2}$$

式中，D_0是城市中心点的人口密度，b为斜率系数，x是到城市中心区的距离。

根据负指数函数分布模型，城市中心点的人口密度最高，随着离开中心点距离的增加，人口密度呈负指数函数下降。D_0越大，市中心点人口密度越高；b越大，说明离开市中心不同距离的人口密度差异很大。D_0减小，说明市中心人口密度下降，城市拥挤状况得以改善；b减小，说明人口密度分布差异缩小，人口分布趋向均衡。一般来说，随着城市的发展，D_0和b都呈减小趋势。在现实中，由于土地管制等因素的影响，人口密度并不随距离发生连续而平滑的变化，而是常常会在某些地点发生跳跃（或移动），人口密度分布呈现非连续性。

Alain Bertaud和Stephenmalpezzi①对25个国家的50大城市的人口密度梯度进行了描述。研究发现，许多城市符合负指数函数模型。另外，在一些有中央计划，以及监管环境和种族隔离制度的城市，人口密度梯度不符合模型。

在Clark提出人口负指数模型后，支持Clark模型的实证研究进入一个繁盛阶段。对于城市化进程中出现的城市中心区人口密度降低、郊区人口密度上升的郊区化现象，负指数函数并不适用。为了准确描述现实中日趋复杂的人口密度空间分布，产生了两种研究方向：一种以距离为主要变量，对函数型加以改善；一种依旧以负指数函数为基本模型，但在其中导入社会经济变量。②

为了准确描述现实中的城市人口密度分布，众多学者尝试了各种函数类型。包括二项式函数、正态分布函数、伽马函数、线性函数、二次函数等。

通过对我国城市人口密度模型的研究发现我国城市人口密度分布存在共性特征③：单中心人口密度模型能够较好地描述我国紧凑型的城市人口分布，部分大城市的人口密度分布符合多中心模型分布的特征；负指数函数在模拟中国城市人口密度时有较好的优度。陈彦光对杭州市人口密度模型进行了研究，发现杭州市人口分布更接近于负指数模型的修正形式——加幂指数模型（图3-21）。

在道萨迪亚斯的12个基本区域的分类中，低密度居住区即郊区，其主要功能为居住，密度约为每英亩70人（173人/hm^2）。中密度居住区是城市主要的居住地，密度约为每英亩110人（420人/hm^2）。高密度居住区是大城市的中心区，居住用地占到30%～50%，密度约为每英亩300人（706人/hm^2）。

图3-22比较了2000年我国和国外几个都市区人口密度空间分布的情况。伦敦、纽约、巴黎和洛杉矶，都市区一般在半径10～20km的范围内人口分布最多，

---

① Alain Bertaud，Stephen Malpezzit. The Spatial Distribution of Population in 48 World Cities：Implications for Economies in Transition[Z]，2003.

② 李倢，中村良平. 城市空间人口密度模型研究综述[J]. 国外城市规划，2006，1（28）.

③ 吴文钰，高向东. 中国城市人口密度分布模型研究进展及展望[J]. 地理科学进展，2010（8）.

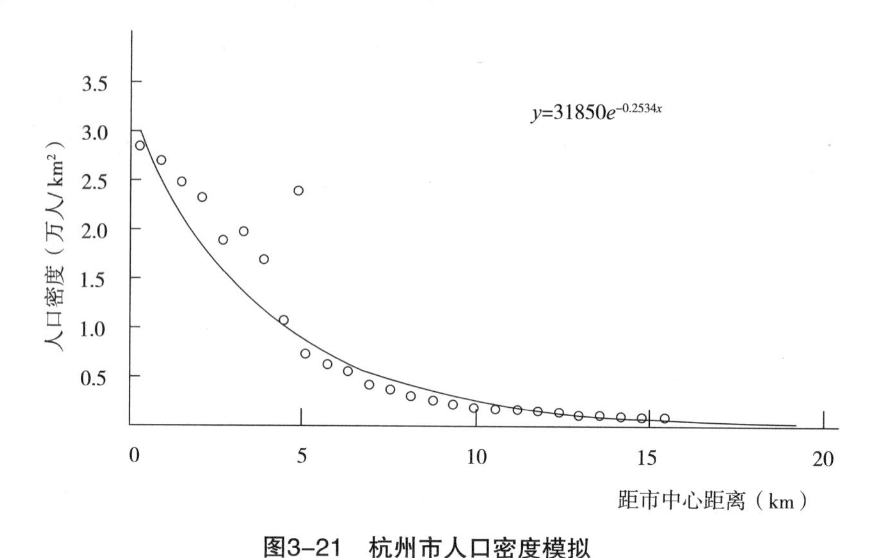

图3-21 杭州市人口密度模拟

（资料来源：陈彦光等. 描述城市系统结构的几个实用参数[J]. 信阳师范学报，2004（1））

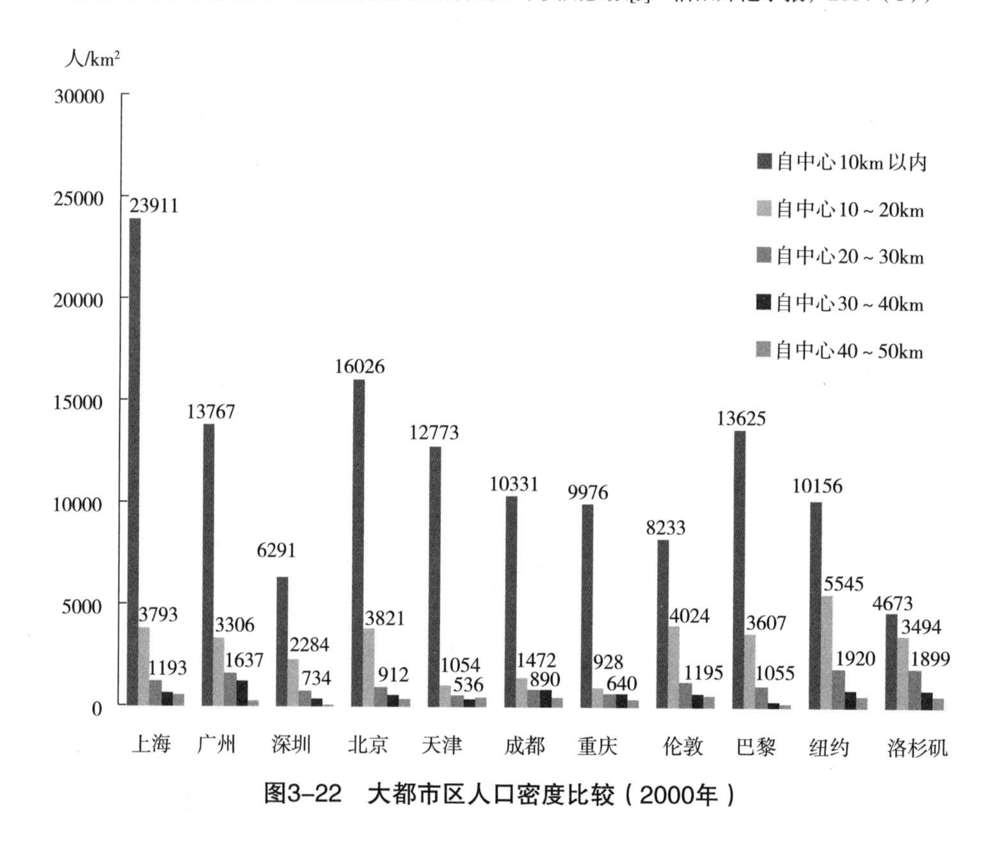

图3-22 大都市区人口密度比较（2000年）

20～30km范围内的人口分布比重也较大。整体而言，国外都市区的人口在半径50km的范围内分布比较均匀。我国城市人口分布具有城市中心区人口过分集中及郊区过分分散的状况，城市建成区域内的人口密度数值差异显著。与国外的人口空间分布比较，我国城市人口主要聚集在半径10km的范围内，此范围内的人口密度相当高，往外围人口密度迅速降低。表3–22列举了北京、天津、上海、广州四城市中心区至远郊区人口密度的梯度变化情况。北京市中心区和远郊区相差最大，中心区人口密度是远郊区人口密度的139倍；天津次之，为55倍；上海再次之，为44倍；广州最小，为32倍。

20世纪90年代以来，随着城市中心区“退二进三”的发展以及城市空间向外扩展，大城市内部空间结构发生了急剧变化，人口分布开始出现市中心人口绝对或相对减少，而近郊区或城乡结合部的人口迅速发展的现象，许多大城市处在近域郊区化发展阶段。以北京市为例，东城、西城、崇文、宣武4个城区占全市总人口的比重由1949年的34.2%，1964年的30.1%，降至1982年的25.9%，再降至1990年的21.6%。相反，朝阳、丰台、海淀、石景山4个近郊区的总人口在1964～1982年间增长至30.87%，1982～1990年间高达40.46%。同样，上海市市中心人口主要向近郊区疏散，外来人口也主要向近郊区集中，远郊区人口也有向近郊区迁移的倾向。[①]

我国主要城市人口密度分布情况 表3–22

城市	区域名称	土地面积比重	人口比重	人口密度（人/km²）
北京	中心区	0.5%	15.6%	24282.0
	中心边缘区	7.7%	47.1%	4979.7
	近郊区	44.5%	27.1%	487.1
	远郊区	47.3%	17.2%	174.6
天津	中心区	1.4%	39.0%	23263.6
	中心边缘区	16.0%	17.7%	928.8
	近郊区	18.9%	11.4%	504.4
	远郊区	63.7%	31.9%	421.0
上海	中心区	0.8%	12.6%	40135.8
	中心边缘区	12.0%	44.3%	9548.9
	近郊区	19.7%	19.5%	2567.4
	远郊区	67.5%	23.6%	905.2
广州	中心区	1.7%	26.3%	20341.3
	中心边缘区	17.7%	35.9%	2715.1
	市郊区	80.6%	37.8%	627.8

资料来源：高峰. 城市演化与居民分布的复杂问题研究[D]. 长春：吉林大学博士论文，2006.

① 石忆邵，陆春. 城市研究中若干基本术语辨析[J]. 规划师，2006，22（12）.

2. 功能结构

不同类型的功能用地具有不同的城市活动特征，从而具有不同的人口密度和建筑密度。同种类型的功能区在不同年代和城市发展的不同阶段的密度也不相同。总体上来说，土地利用强度的空间结构符合级差地租理论，容积率表现出“商服＞住宅＞工业”的规律。表3–23列举了上海市各类建筑物的建筑密度指标值。

在有土地市场的情况下，城市的各种功能用地分布受地价机制的影响，各功能用地根据其付租能力调整在城市的位置，从而表现出不同的功能用地在城市空间的分布。在最大限度地利用土地的区位价值并获得房地产平均利润的前提下，不同的建筑类型必定位于城市的不同区位。城市土地利用按照不同的功能形成各种功能区。总体来说，从城市中心向外，商贸、制造业、居住依次有规律地排列，土地利用强度也随距离而递减。图3–23示意了不同功能用地在城市空间的分布规律。

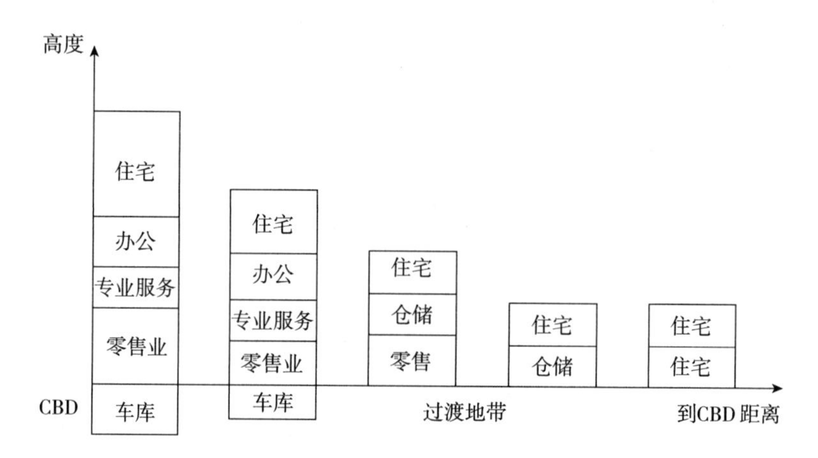

图3–23 功能用地与密度分布

上海各类建筑物建筑密度相关指标 **表3–23**

名称	用地面积（m^2）	容积率	建筑密度（%）	建筑层数（层）
新康花园	10084.9	0.5	27.7	2
建业里北住宅	7406	0.96	35.9	3
东建业里	9341	1.5	74.4	2
古北新村	7590	1.8	38.3	3
第一百货商店	3667	7.6	100	10
贸海宾馆	5000	7	68.6	25
华亭宾馆	19600	4.7	54	29
北海饭店	3267	4.2	33.5	10

续表

名称	用地面积（m^2）	容积率	建筑密度（%）	建筑层数（层）
国际饭店	1890	8.3	100	24
海仑宾馆	2900	13	100	31
沪办大楼	16012	4	53.9	21
船舶第九设计院	5573	2.7	36.3	13
东海大楼	6167	4.3	92	8
中国银行	5308	4.5	100	13
交通部三航设计院	1953	4.5	32.6	8
联谊大厦	2400	12	90	28
展览中心北馆	18000	9.8	72	47
百乐门大酒店	3207	8.4	58	19
锦沧文华大酒店	8818	5.8	23	30
静安希尔顿酒家	12000	5.8	46	43
景福针织厂	8330	2	57.8	12
上海电子计算机厂	18447	2.4	84.8	10
东大名路仓库	5300	4.2	46.9	6
北苏州路仓库	1485	6.9	100	11

3. 就业密度

人口密度存在着巨大的时间（昼夜）和空间变化。人口数据通常按照居住地进行统计，因而人口密度一般反映的是午夜至凌晨6时的人口分布；白天人口活动的分布应由就业密度和非住宅建筑密度来反映①。就业密度的定义如下：

$$\text{就业密度} = \frac{\text{本地区法人单位就业人数}}{\text{本地区的建设用地面积}} \tag{3-3}$$

城市就业密度的分布是城市产业分布特征值。城市居住密度和就业密度的分布状态决定了城市居民的日常通勤，在某种程度上决定着城市的日常运转的特征。如果城市只有一个中央商务区（CBD），大部分城市就业都位于中央商务区，城市居民大多住在这个中央商务区之外，每天通勤到中心区去上班，交通流模式呈放射状，这种模式称为单中心城市。纽约是其中的一个代表。图3-24显示了纽约市白天和夜晚的人口密度分布。如果城市除了一个明显的CBD外还拥有多个就业中心，CBD内就业密度最高，其他就业中心对整个都市经济的发展也非常重

① 丁成日. 中国城市的人口密度高吗[J]. 城市人口，2004（8）.

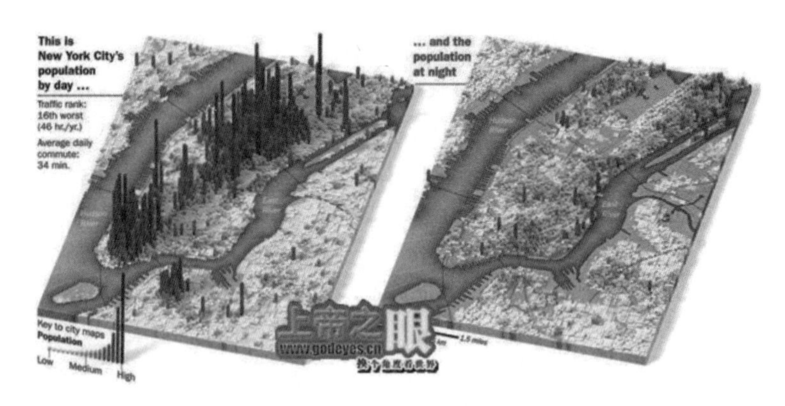

图3–24 纽约市人口密度分布

要，这种模式称为多中心城市。多中心城市的就业分布比单中心的城市就业分布更为平坦，洛杉矶是其中一个代表。伴随着城市化的进展，城市功能分区日益显著，在城市内部往往会形成多个就业中心。

刘霄泉等[①]研究了北京市就业密度分布的空间特征，应用空间插值方法得到北京就业密度等值线。由图3–25可见，北京市产业结构布局出现多中心的雏形，不仅在城市区域，在中心大团内部也出现多个集聚中心；大团单中心主导的集聚影响仍然强劲，城市郊区次中心规模有限，没有形成与大团相当的次中心。朱婷[②]以1988年完成的上海市区就业岗位的普查为基础研究了上海市就业岗位的分布。发现上海市第二产业的就业岗位沿黄浦江、苏州河、铁路线、中山环路等交通条件便利的区位集聚，第三产业岗位分布由CBD向外逐步递减，且有一定的连续性。

由于城市居民追求工作就业出行距离最小化的行为驱使，一方面，就业岗位密度高的区位，一般各种条件较为优越，会吸引较多的城市居民择居于此；另一方面，城市人口密度高的区位，往往需要提供较多的就业岗位以取得就地平衡。就近工作心理和就业岗位接近就业者的原则使得城市人口分布与城市就业岗位的分布有着极为密切的正相关关系。由于经济职业人口占总就业人口的90%以上，且人们的择居考虑就业和交通的平衡，所以大部分城市都表现出就业分布和居住分布的相关性。在上海市现状的抽样调查结果中发现这样一些事实：就业密度随着居住密度而升高；居民就业出行距离随着居住人口密度升高而缩短。随着经济的发展和生活水平的提高，经济就业人口下降到50%以后，就有可能出

① 刘霄泉，孙铁山，李国平．北京市就业密度分布的空间特征[J]．地理研究，2011，30（7）．

② 朱婷．大城市就业岗位规模与分布研究（二）——就业岗位区位分布的测度与评价[J]．城市规划汇刊，1990（9）．

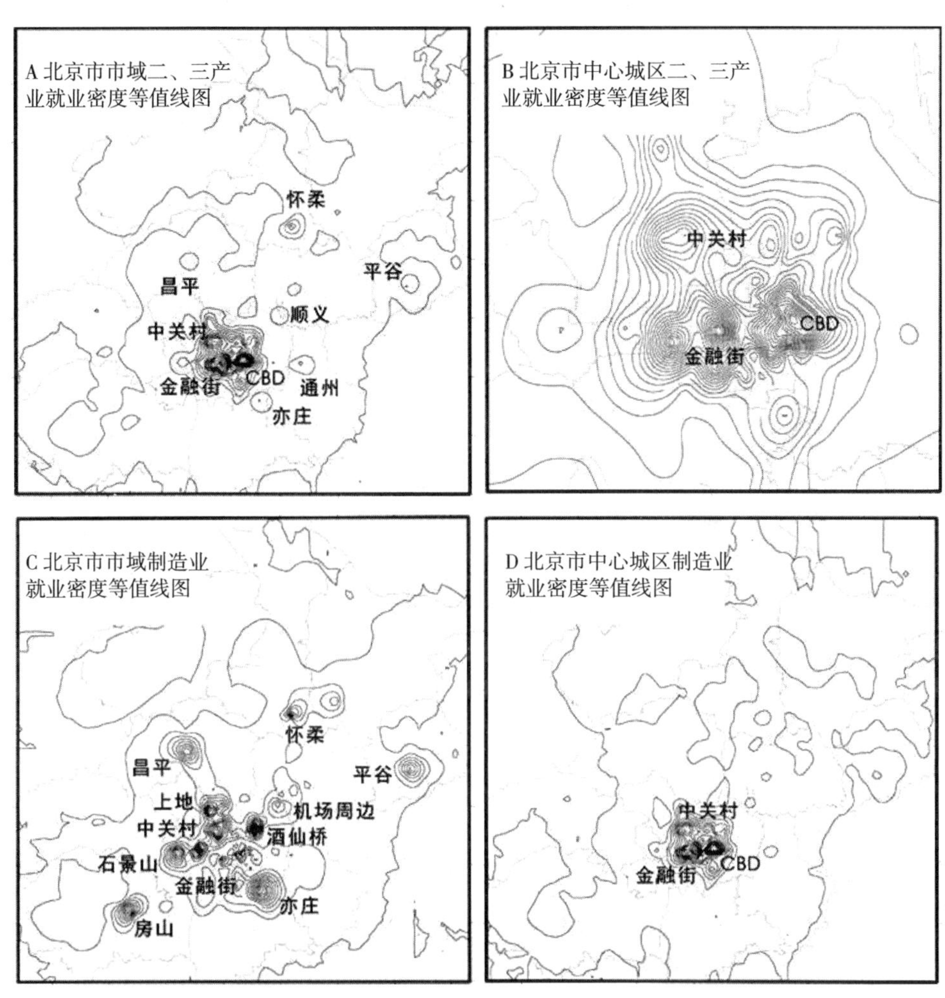

图3–25　北京就业密度等值线图（2008年）

（资料来源：刘霄泉，孙铁山，李国平．北京市就业密度分布的空间特征[J]．地理研究，2011，30（7）.）

现“生活分布”。那时人们居住在最舒适宜人的地区，而每天乘坐高速交通工具到工作的地点上班。此时，居住密度和就业密度的分布就会出现新的分布状态。

图3–26显示了东京、伦敦和巴黎的夜间人口密度和就业人口密度的分布情况，可以发现这两个人口密度数据都随着离城市中心距离的增加而衰减。但两者具有不同的衰减特征，就业密度在城市中心的集聚度更高，且衰减更快。

陈蔚镇[①]选取伦敦、巴黎、纽约、东京1990年代初的统计数据，主要比较城市

① 陶松龄，陈蔚镇．上海城市形态的演化与文化魄力的探究[J]．城市规划，2001（25）.

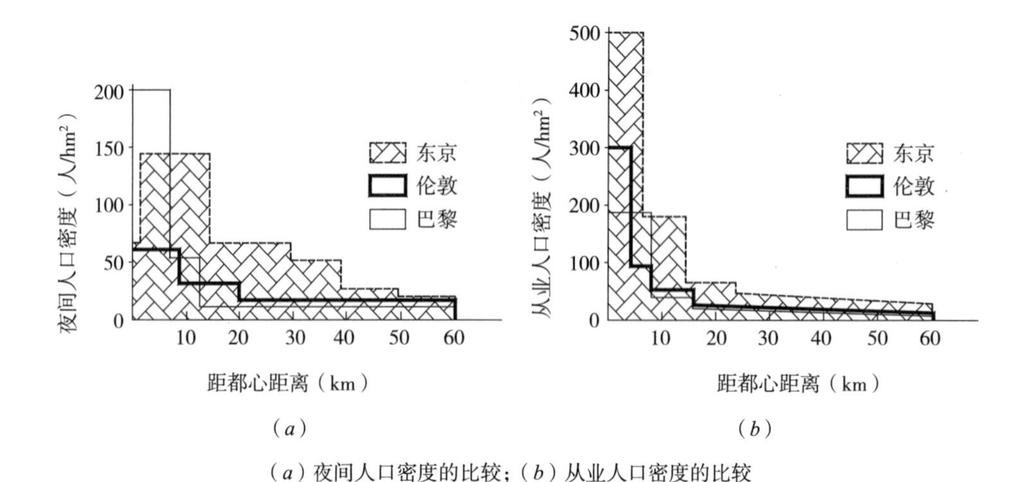

（*a*）夜间人口密度的比较；（*b*）从业人口密度的比较

图3-26　东京、伦敦、巴黎就业人口与夜间人口密度之间的关系

中央商务区、内城区、外城区、郊区和周边地区五个功能区域的面积、居住人口数量、就业人口数量、居住人口密度和就业人口密度5项指标（表3-24）。研究发现，四个城市CBD的空间规模相当，就业人口规模接近，就业人口规模显著高于居住人口规模，就业人口密集程度显著高出城市平均水平。将CBD、内城区、外城区合成为城区，四城市城郊空间结构有较大差别。巴黎城区面积较小，而郊区面积相当广阔，城郊面积之比达到1∶15；而东京城区面积较大，城郊面积之比仅为1∶4。居住人口城郊之比相当，郊区居住人口占城市总居住人口的比例基本在40%～50%之间。就业人口城郊之比有多种表现。城郊人口密度之比总体上都比较显著。

伦敦、巴黎、纽约、东京四个主要世界城市的基本数据　　表3-24

居住人口密度（人/km²）						
城市	CBD	内城区	外城区	郊区	周边地区	总居住密度
伦敦	6296	7391	3222	571	306	617
巴黎	10696	26244	6137	402	73	137
纽约	24636	16819	7494	881	216	699
东京	7238	14588	2361	882	326	795
就业人口密度（人/km²）						
城市	CBD	内城区	外城区	郊区	周边地区	总就业密度
伦敦	37778	2738	1138	232	108	265
巴黎	33174	20293	2655	141	34	68

续表

就业人口密度（人/km²）						
城市	CBD	内城区	外城区	郊区	周边地区	总就业密度
巴黎	33174	20293	2655	141	34	68
纽约	80545	12713	1490	889	171	563
东京	60714	8985	884	848	152	580

资料来源：Four World Cities：A Comparative Study of London，Paris，Newyork and Tokyo，Llewelyn-Davies，University College London，Comediu，1996.

3.3　微观层面——居住街区

3.3.1　结构演变

我国城市居住空间结构演变的过程可以划分为以下几个阶段：

新中国成立后至改革开放前，我国城市用地扩展缓慢增长；功能分区明确的新区与功能混杂的旧区并存；市中心以商业零售、行政办公为主，兼具居住、工业等多种功能；占据支配地位的工业布局形成“生产包围居住”的模式和单位组团式的社区。这一时期我国城市住宅多是“见缝插针”在城市中心兴建，新增人口主要位于市区。而这一时期作为工业企业配套的新建居住区多依附于城市外围工业区周边，单位的职工家属区或家属大院形成以“单位大院”为特征的居住空间形态。城市居民被划分为从属于不同的单位，单位是一个自治的城市区域，包含工作区、居住区和其他社会服务设施。居住结构按空间分布可分为旧居住区（城市旧区的老居住街坊和1950年代新建居住街坊）和居住生产联合体的单位居住区（城市边缘靠近厂区为集住宅、学校、托儿所、商网点于一体的工人新村）。

1980年代以后，随着社会主义市场经济的逐步确立和住房商品化的逐步实施，房地产业异军突起，从此多元化的城市居住空间形态开始呈现。居住用地的扩展以城市外围新建大型成片居住区为主。同时，大城市内部开始进行局部拆迁，代之以多功能的高层住宅群。1990年代以后我国城市用地持续快速扩展，同时城市内部结构急剧变化。商业块状集聚，新的商务区逐步形成；工业优先增长，向开发区集聚；居住由同质到分异。随着房地产业迅速崛起，城市居住空间出现了剧烈的变动。土地的有偿使用为城市基础设施资金的良性循环提供了条件，而基础设施的改善有利于人口的郊迁。居住用地的扩展受到大规模旧城改造和城市交通快速发展的影响。居住空间扩展呈现渐进式扩展的圈带状特征与跳跃式扩展的交错分布特点。住宅标准从单一走向多元，住宅户型和住宅形态都空前丰富。大城市新建居住区以多层住宅为主，特大城市新建住宅中高层住宅的比例不断提高。

我国当代城市居住空间组织模式的原型来自邻里单位模式。美国建筑师佩里（C.Perry）于1929年提出了新的居住空间组织方式——邻里单位。邻里单元占地160英亩，半径约1/4英里，以一个小学的合理规模为基础控制邻里单位的人口规模（大约居住1000户）。

新中国成立之初，我国很多城市居住区仍沿用街坊式布局。1950年代开始我国城市居住区的建设受到苏联和欧美国家规划理论和实践的影响，居住区规划模仿邻里单位以及苏联的居住街坊模式，逐步形成“居住区—居住小区—组团”的三级组织以及“居住区—组团”的二级组织结构。以幼托、食堂为中心来布置住宅组团，组成两三千人的基本生活单元。三四个基本生活单元配置一套日常服务设施，组成万人左右的居住小区。居住区实行标准化、批量化建设，形成单调同一的居住区空间形象。1976年以前，居住小区属于单位，单位内部的小区具有明显的分级性：一个小区包含数个街道办事处，共负责2000～10000户居民。街道办事处是最基层的政府办公室，大约负责800户居民。这种居住小区的规划思想和模式一直影响至今。

改革开放以后市场经济的发展改变了居住空间的组织结构，城市住区以居住小区模式进行更新成为主流。1980年代以来，随着国家试点小区的推行和成熟，居住空间逐步形成“小区—组团—院落”的三级结构。小区人口规模在1万左右，用地规模10～30hm^2，街区尺度超过300m见方，住宅用地比重55%～65%。据统计，20世纪90年代兴建的城市住区，大部分均在10hm^{2}以上。

各时期的居住区的密度特征具有不同的特点及规律。随着城市的发展，城市住宅容积率普遍得到提高。表3–25列举了上海市各类住宅容积率和建筑密度的变化情况。杭州市新建住区的容积率呈现出提高的趋势；新建住区的容积率普遍在1.0以上，2004年以后新开发的住区容积率平均达到2.3。主城区的平均容积率达到2.8～3.0，次城区的平均容积率达到2.0～2.2，郊区楼盘的平均容积率也达到1.1～1.4。[①]天津新建住宅土地开发强度逐步加大，容积率取值总体趋势趋高，由原先的普遍为多层住宅区发展成由低层、多层、高层混合的住区再到高层的住宅区。容积率的平均值由1～2，变为3～5。谭艳慧研究了济南市的住区容积率，发现济南市的住区容积率随着时间的推移呈递增趋势。其中，1980年代平均值为1.11，1990年代平均值为1.31，2000年以后平均值为1.79。

① 程俊. 杭州典型密集型居住形式研究[D]. 杭州：浙江大学硕士论文，2010.

上海市各类住宅建筑密度指标　表3–25

		新中国成立前		新中国成立后及1980年代	
		建筑面积密度（万m²/hm²）	建筑密度（%）	建筑面积密度（万m²/hm²）	建筑密度（%）
低层住宅	花园住宅	0.5 ~ 1	20 ~ 40	—	—
	公寓、新里	1 ~ 1.4	40 ~ 50	—	—
	早期工房	—	—	0.8 ~ 1.2	20 ~ 35
	旧里	1.5 ~ 2	50 ~ 80	—	—
	简棚	0.6 ~ 1	50 ~ 80	—	—
多层住宅（公寓）		1.7	40 ~ 60	1.2 ~ 1.8	25 ~ 30
高层住宅（公寓）		2	30 ~ 40	2.5 ~ 4.0	20 ~ 25

资料来源：黄富厢. 编拟上海市建设项目规划管理规定的一些意见[J]. 城市规划汇刊，1985（11）.

3.3.2　密度分布

图3–27示意了我国城市居住用地的空间分布。我国城市居住用地的分布从中心商业区一直延伸到最外圈的卫星镇，中间有“商业—住宅”混合区、“居住—公共设施”混合区，通向外围的是“工业—居住”混合区，在市郊边缘地区则分化出均匀度较高的工业区和居住区，城市外围建立了工业卫星镇。

城市中心区是我国城市人口密度最高、传统居住建筑最密集的地区。1990年代以来，随着旧城改造运动的开始和城市CBD的崛起，商业和第三产业用地和高密度开发的高档居住区取代了原来的老居住区，中心区居住用地比例大幅下降。以全球化为动因所导致的旧城空间绅士化与新贫困化在空间上影响了城市人口密度，旧城区域内出现了明显的居住密度不平衡，低收入群体聚集的街区密度偏高，而绅士化街区密度较低。旧城的资源和人口压力与社会资源、居住分异充分反映在居住密度的现状上。

近郊区是新中国自成立以来居住用地建设的主要地域。近郊区分布有建成于改革开放前的单位居住大院，1980年代成片集中建设的多层、高层住宅区以及新商品房居住区。近郊区也是当前城市化人口的主要承载地，如北京市每年新建住宅的65%以上分布在近郊区。在城市近郊边缘区还存在一种“非正式”的城市居住区——城中村，是城市低收入人群的集聚区。远郊居住区包括新城、卫星城地域内的居住区和沿着城市重要交通廊道建设的大片居住区。随着城市中心和近郊区居住用地价格上涨和土地供应的相对减少，以及市域交通系统的建设，远郊区居住用地的比例不断上升。

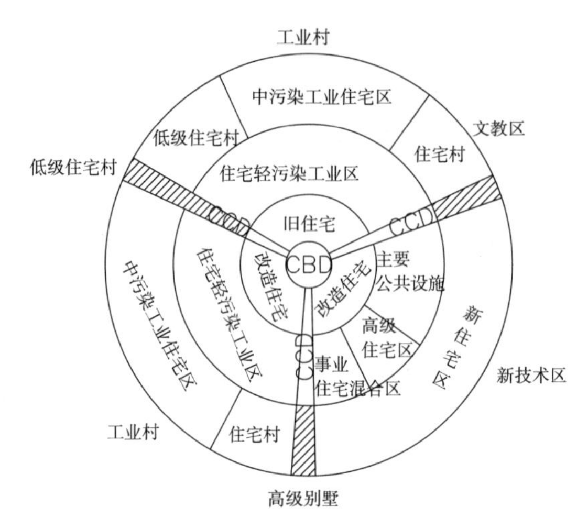

图3-27 中国城市地域结构的交互式模型
（资料来源：陈顺清．城市增长与土地增值[M]. 北京：科学出版社，2000）

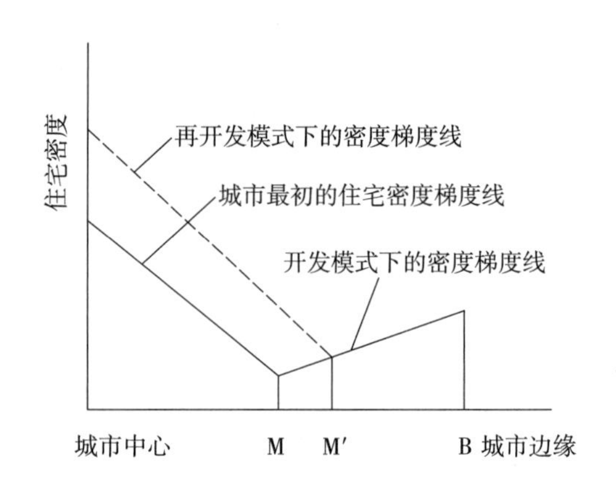

图3-28 城市开发模式与住宅密度
（资料来源：杨钢桥．城市住宅密度的空间分异[J]. 华中农业大学学报，2003（3））

杨钢桥[①]研究了城市住宅密度的空间分异，发现城市内部的住宅密度分布规律如下：从城市中心向外，城市中心密度最高，城市内部某一点而不是城市边缘处密度最低；在靠近城市边界的城市外围地带，由于未进行再开发，从内向外住宅密度呈缓慢增大趋势。但是市中心密度提高最快，密度最低点向城市边缘方向移动。图3-28示意了城市不断开发过程中住宅密度曲线的变化情况。

对我国城市住宅容积率分布的研究发现，多个城市住宅容积率的分布表现出随着离城市中心的距离的增大而递减的趋势，项目用地面积从核心区到边缘区呈递增趋势。广州市城市核心区的居住密度平均容积率达5.5，东山、越秀等区域的密度较高，不少楼盘容积率可以达到12以上。边缘区在3.5左右，如海珠区、芳村等区域，在城市郊区递减到1.3左右。[②]对天津中心城区住宅项目的调查研究结果表明，天津新建住宅项目内环以内平均值为3.07，内环到中环平均值下降0.41，由中环到外环地区容积率下降0.92，下降幅度增加。其中，内环以内平均用地为5.38hm^2，内环到中环平均值增加到8.12hm^2，中环到外环平均值增加到32hm^2。长沙市新建住宅项目由城市核心地区到市区边缘地区，住宅容积率呈递减趋势，其中内环以内平均值为6.02，内环到二环平均值下降4.54，由二环到三环地区容积率下降2.76；而项目用地面积从核心区到边缘区呈递增趋势，其中内环以内平均用

① 杨钢桥．城市住宅密度的空间分异[J]. 华中农业大学学报，2003（3）.
② 王欣．从容积率角度探讨广州居住用地的集约利用[D]. 广州：广东工业大学硕士论文，2008.

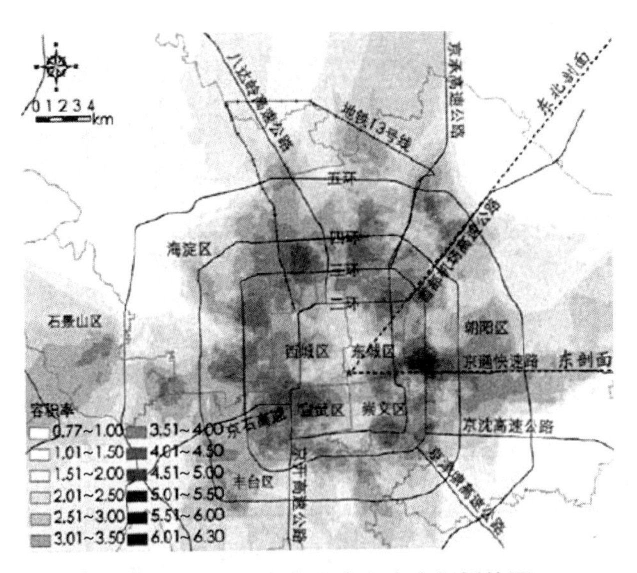

图3–29 北京市住宅容积率空间插值图

（资料来源：闫永涛. 北京市城市土地利用强度空间结构研究[J]. 中国土地科学，2009（3））

地为1.5hm²，内环到中环平均值为4.39hm²，中环到外环平均值为98hm²。

闫永涛①利用ArcGIS的3D分析模块生成北京市住宅用地容积率插值图（图3–29）。可以看出，北京市住宅容积率的分布表现出更为复杂的模式，呈现多中心分布特点：容积率最高点出现在离天安门5.5km左右的中央商务区地区，并以天安门为中心在二环路和四环路之间呈环状形成多个容积率中心，甚至在五环路附近，也有容积率中心出现（如东北部的望京和酒仙桥地区），而以天安门为中心的周围一定区域却成为容积率凹陷区。

3.3.3 典型街区

《Understanding Residential Densities：A Pictorial Handbook of Adelaide Examples》调查了南澳大利亚阿德莱德市的住宅街区，将各类住宅街区按密度特征分为以下四类：

第一类为非常低密度（图3–30），此类住区净密度小于17套/hm²，毛密度小于11套/hm²。非常低的住宅密度通常位于乡镇或者大城市的边缘区，或者是受限制的区域。具有较大的占地面积，在调查的案例中，每户占地面积几乎都超过了600m²。通常建设在坡地上，停车位以及车道占用了大量的面积。

第二类为低密度（图3–31），此类住区净密度为17～33套/hm²，毛密度为

① 闫永涛. 北京市城市土地利用强度空间结构研究[J]. 中国土地科学，2009（3）.

图3-30　非常低密度街区

图3-31　低密度街区

图3-32　中密度街区

图3-33　高密度街区

11～22套/hm²。通常位于大城市边缘的绿带建设区域以及乡镇或城市郊区。在调查的案例中，每户占地面积在310～560m²之间。

第三类为中密度（图3-32），此类住区净密度为23～45套/hm²，毛密度34～67套/hm²。包括2～3层的独立别墅、半独立别墅以及联排别墅，SOHO以及4层公寓。通常位于城市重建区域的内层以及中层，在市区则靠近公共交通、商业娱乐或开放空间。平均每户占地面积小于300m²。停车及车道的占地面积减少，公共开放空间增加以弥补私人开发空间的减少。建筑覆盖率不一定高于低密度街区。

第四类为高密度（图3-33），此类住区的净密度高于45套/hm²，毛密度高于67套/hm²。高密度通常位于交通节点区域。包括5层及5层以上的居住建筑。户均占地面积小于150m²，高密度不一定意味着高的覆盖率，便利的城市设施弥补户外空间的不足。

我国城市街区的密度总体上远远高于以上标准。在我国，随着市场经济条件下住房分配制度的改革以及城市住宅开发渠道的拓宽，城市住区的类型呈现出多元发展的特征。包括以城市旧区和老街区为主的传统街坊式住区，以国家机关、部队、大型国有企事业单位为代表的单位大院，城市化过程中并入城市的城中村、城市社会变迁中形成的流动人口聚居区以及以房地产开发为主导的商品房小区。下面论文按照不同居住密度特征对我国城市中的典型街区作进一步分析。

1. 传统住区

北京四合院是北方合院式民居的典型形式。四合院是一种较高密度的居住形式，以四合院组合而成的胡同街区的建筑覆盖率在20%～40%左右，容积率从0.21～0.45不等，均为一层建筑。我国历史城市中这种高密度、低容积率的居住模式减少了土地浪费，在密度与舒适之间作了很好的平衡。在20世纪50～80年代之间的30年，由于人口急剧增长，家庭结构同时发生了很大变化，传统的胡同形式不能满足城市居民对居住空间的需求，人们在四合院内通过加建来获得更多的生活空间。1984年的统计表明，居民的自行加建使胡同街区的容积率由原先的0.45增长至0.60。[①]住宅商品化以后，由于旧城内地价较为昂贵，经过城市改造和复兴的居住街区，无论是高档公寓还是高档四合院，人口密度降低。如北京后海雅儿胡同原来大于80%的住户人均居住面积不足10m^2，旧房改造拆除了3.6万m^2危旧住房，修建了40多套高档四合院住宅。容积率为0.6，略低于改造前。但由于居住标准的提高，人口密度比改造前大大降低。

上海市新中国成立前居住建筑以高建筑密度（40%～80%）和较高建筑面积密度（1～2）的新里和旧里住宅区为主。里弄住宅是江南民居类型在土地开发的要求下借鉴西方城市住宅形式逐渐形成的，是一种保持了庭院理想的城市住宅类型。旧式里弄住宅和新式里弄住宅是旧区住宅的典型代表。大约到20世纪40年代末，上海居住建筑中80%以上是里弄，成为上海最主要的居住方式。据1950年代初期的统计，里弄总数约有9000多处，住宅单元约20万幢以上，其中拥有二百幢住宅的大规模里弄约有150余处。

里弄住宅的建造和设计强调如何让有限的土地产生最大的效益，其空间布局像蜂巢一样紧凑，可以容纳稠密人口。江南地区历来人口稠密，上海人口密度之高更是罕见。据1991年统计资料，旧城区部分人口密度达2万～3万人/km^2，而黄浦区的金陵东路街道和闸北区的山西北路街道的人口密度均超过16万人/km^2。为了节约土地，弄堂都比较狭窄，住宅建筑鳞次栉比，一幢紧一幢，一家紧挨一家。建筑密度高达70～80%，绿地奇缺。儿童游戏场地、老年活动场地也十分匮乏。尤其是一些标准偏低的上海里弄住宅，住户的房间面积小，室内功能少，许

---

① 赵婧．城市居住街区密度与模式研究[D]．南京：东南大学硕士论文，2008．

多家庭生活的内容都是在弄堂中进行。[1]鲁迅描述上海的弄堂[2]："倘若走进住家的弄堂里去，就看见便溺器，吃食担，苍蝇成群地在飞，孩子成队地在闹，有剧烈的捣乱，有发达的叫骂，真是一个乱哄哄的世界。"表3-26列举了上海里弄住宅的居住密度的相关指标。

上海里弄住宅居住密度指标　　表3-26

公顺里	东斯文里	淮海坊	长乐村	静安别墅	均益里
1876年	1921年	1924年	1925年	1928年	1929年
92户/hm²	107户/hm²	104户/hm²，容积率2.06	65户/hm²，容积率1.48	65户/hm²，容积率1.48	77户/hm²
万宜坊	建业里	大胜胡同	太原新村	龙门村	
—	1930年	1930年	1930年	1935年	
77户/hm²，户均168m²	114户/hm²，容积率1.39	33户/hm²	33户/hm²，户均242m²	54户/hm²，户均230m²	

资料来源：作者根据曹炜．根据开埠后的上海住宅[M]．北京：中国建筑工业出版社，2004整理．

斯文里位于苏州南路以南，新闸路以北，大田路两侧，分称东、西斯文里，1920年建成。共计706个单元，占地面积4.6hm²，建筑面积为4.8万m²。斯文里的住宅单体设计适应小型家庭和中等收入家庭需要，平面布置多数为单开间，少数为两开间一厢房。开间宽3.5m左右，进深13.5m左右。20世纪二三十年代斯文里的居民大多来自江浙两省，多年来居民迁出多而迁入少。抗战前夕，由于人口膨胀，斯文里很多经济拮据的家庭不得不将房子分割使用，改为居室出租，呈现了七十二家房客的局面。

建业里由中国建业地产公司于1930年建造（图3-34）。整个建筑是由建国西路440弄、456弄和496弄组成。占地1.74hm²，建筑面积2.04万m²，容积率为1.17。共有砖木结构2层楼房254幢，前后分为22排。每排由11～14户独户住宅构成。每排住宅的两端为带厢房的双开间，中间每户为单开间，单开间每户平均面积约112m²。

1928年建造的静安别墅是上海最大的新式里弄住宅群（图3-35）。占地2.25hm²，用地面积0.12hm²，建筑密度48%。低层行列式密集排布，道路按主弄和支弄组织，基本不考虑停车问题。不设置集中绿地，弄堂内不设道路绿地。公共服务设施沿街坊周边设置。单开间和双开间住宅混合，6户构成一栋，双开间每户平均面积约220m²。建筑均为三层混合结构。

① 陈易．上海里弄住宅与生态学理论[J]．重庆建筑大学学报，2001，2（2）．

② 鲁迅．南腔北调集[M]．1933．

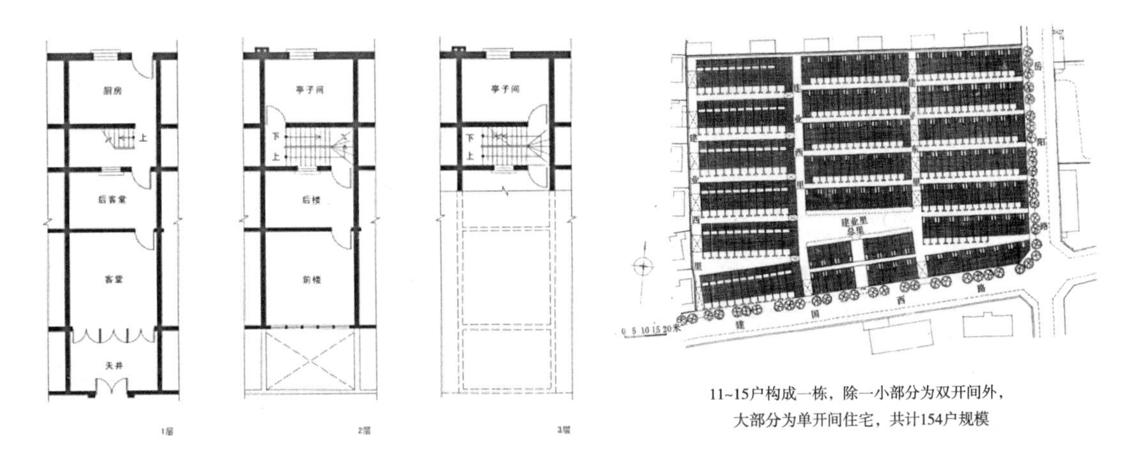

图3–34　建业里

（资料来源：曹炜．开埠后的上海住宅[M]．北京：中国建筑工业出版社，2004）

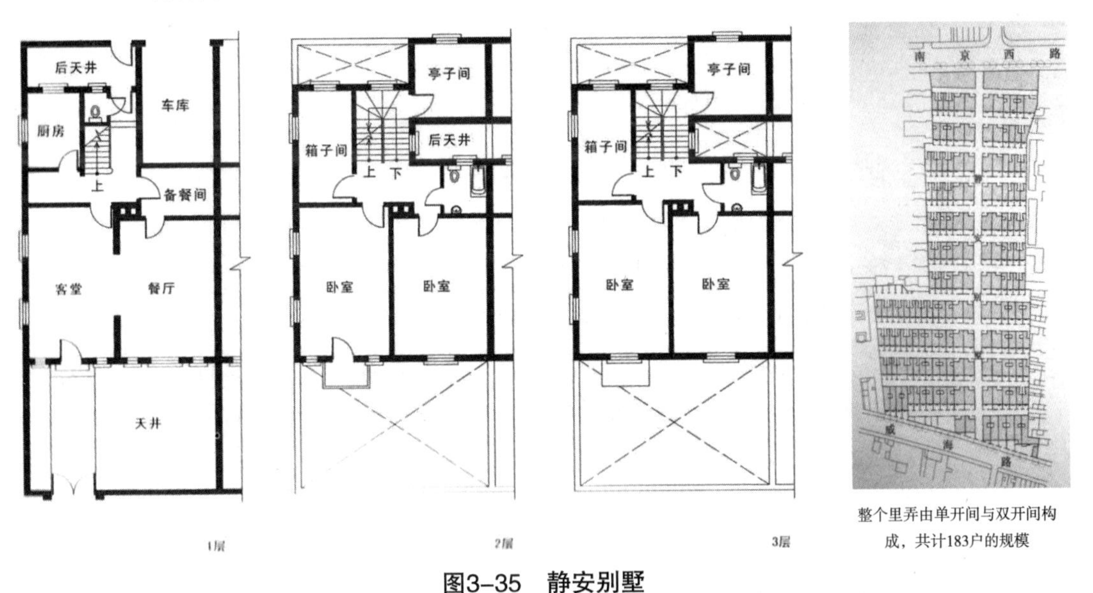

图3–35　静安别墅

（资料来源：曹炜．开埠后的上海住宅[M]．北京：中国建筑工业出版社，2004.）

2．低层低密度住区

按《城市居住区规划设计规范》GB 50180规定，低层住宅为一至三层，住宅建筑净密度的最大值控制在40%，住宅建筑面积净密度的最大值控制在1.20。低密度住宅一直是城市住宅中的高端类型。1900年前后我国城市开始出现独门独户的高级住宅，但建设量一直很小。随着人们生活水平的提高，一批先富起来的人有了对高档住区产品的需求，低层低密度住宅的建设才拉开帷幕。1994年国务院颁发了《关于控制高档房地产开发项目的通知》。《通知》发出后，全国各省市基本上限制了高档房地产项目的审批，低层低密度住宅建设进入了停滞时期。

低密度住区目前主要包括花园洋房社区、叠拼别墅社区、联排别墅社区和独栋别墅社区，也包括由以上两种或两种以上建筑形式构成的混合型社区。低层低密度住区是以低层住宅为主的低密度住区。目前，房地产市场上的普通型别墅每栋建筑面积在250～350m^{2}之间，高端型别墅每栋建筑面积在400m^{2}以上，豪华型别墅每栋建筑面积在800m^{2}以上，通常具有很好的景观资源优势，如山景资源、水景资源等。从容积率看，顶级别墅的容积率都在0.4以下；中高档别墅的容积率基本在0.4～0.8之间；经济型别墅的容积率也较低，通常从0.4～1.0不等。

重庆龙湖蓝湖郡项目是一个纯别墅社区，总占地1600亩，是目前重庆规模最大的纯别墅区之一。其中，包括湖面130亩、体育公园200亩。蓝湖郡独立别墅面积从330～500m^{2}不等；联排别墅面积集中在210～290m^{2}之间，最小的别墅面积则在180m^{2}左右。

3. 低层高密度住区

低层高密度住宅是西方发达国家当代住宅发展中的重要形态。低层高密度居住形式一般包括密度较高的低层联排式住宅（townhouse）及上下户叠合的联排住宅（叠式联排住宅），容积率在0.6～1.1。偏低的容积率使得低层高密度住宅拥有和别墅媲美的环境，区位上一般位于城乡结合部，既属于城市范畴又不是市中心；既满足了人们亲近自然、实现别墅梦想的愿望，又有比较方便的交通、市政条件以及生活配套设施。居住人群多为收入水平较高的人群。与低层低密度的别墅、联体别墅及低层联排式住宅相比，低层高密度住宅更适合我国地少人多的条件下对高端住宅需求的满足。

联排式住宅从2000年开始在中国大量出现。统计数据显示，2001年到2003年上半年的两年半时间内，北京联排式住宅的项目超过20个，总规划建筑面积520.28万m^2。联排式住宅主要包括双拼（两栋相连）、叠拼、联排（三栋以上并联）。每户建筑面积一般在150～300m^{2}之间，有私家花园，有的还有地下室或半地下室。随着客户的分化，产品也在向高低两端分化：一类是向高质量低密度发展，向别墅品质靠拢；加大面宽，降低层数，户型面积达到280～360m^2；每户之间的侧墙已很少或不连接。另一类产品是向高密度、低价位发展；增加层数，做成上下叠加；面积在150～160m^2；虽然每户都有或南或北的私家花园，但产品形式更像城市集合住宅中的复式住宅；这类产品或称为叠拼或称为空中别墅。

深圳万科第五园项目是2005年万科地产在坂雪岗区域规划开发的大规模居住社区（图3–36）。项目吸纳了岭南四大名园以及北京四合院的建筑特点，形成了其独有的现代新中式建筑特色。总占地13万m²，总建筑面积12.5万m²，容积率1.1。一、二期容积率0.97，庭院别墅面积为180～240m²，采用“前庭后院中天井”的模式；叠院House面积为135～170m²，是私密性较强的“空中立体小院”；合院洋房面积为75～115m²，多屋围合形成“公共的大院落”。

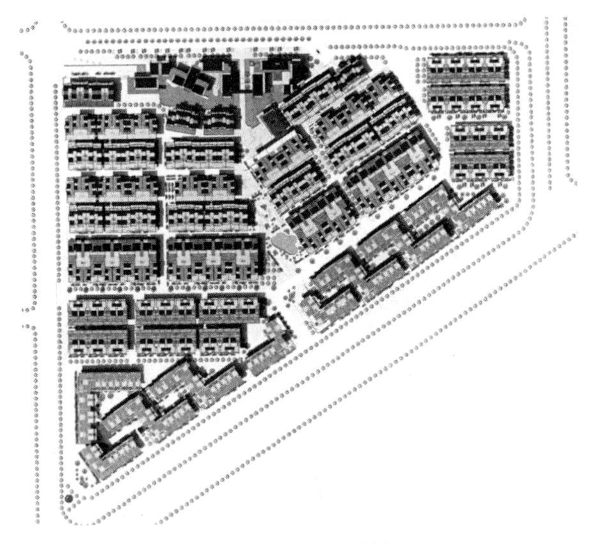

图3-36　深圳万科第五园

（资料来源：网络）

新中国成立早期的新村建设住宅标准较低。1951年开始建设的曹杨新村是新中国成立后第一个由政府兴建的标准化的工人住宅区（图3-37）。新村规划时，基本没有参考任何定额数字，只根据人口毛密度的规定，作出了一些计算和估计。住宅设计没有考虑建筑合理使用时一家一户的布置。大部分为2层，3层仅占8%，平均层数2.1层。建筑面积为389561m²，居住面积222646m²。占地面积为17.6hm²，人口密度为788人/hm²。户型以一室户为主，部分为二室户，平均每户建筑面积30m²，人均居住面积2.1m²。厨房合用。前后住宅间距较大（一般在1：1.5～1：2之间），建筑密度很低。表3-27列举了曹杨新村的居住密度的相关指标。

曹杨新村居住密度　　**表3-27**

	建筑面积（m²）	占地面积（m²）	用地面积（m²）	建筑密度（%）	容积率	居住人口（人）	人口密度（人/hm²）	居住面积（m²）
一村	32560	6498	56072	29.4	0.58	5800	1040	17792
二村	52661	26887	116556	23.1	0.45	8307	712	31775
三村	47056	22710	100338	22.6	0.47	8182	815	26340
四村	47878	29021	122822	23.6	0.39	7650	622	29142
五村	60558	32677	125214	26.1	0.48	10730	856	37329
六村	34213	21586	99181	21.7	0.34	6227	632	21745
七村	49289	15271	80428	18.9	0.61	5945	740	25801
八村	65346	21401	105946	20.2	0.62	10623	1002	32722
总计	389561	176051	806557	23.8	0.48	63464	788	222646

资料来源：上海市曹杨新村调查报告[R]. 同济大学城乡规划专业1961届毕业论文.

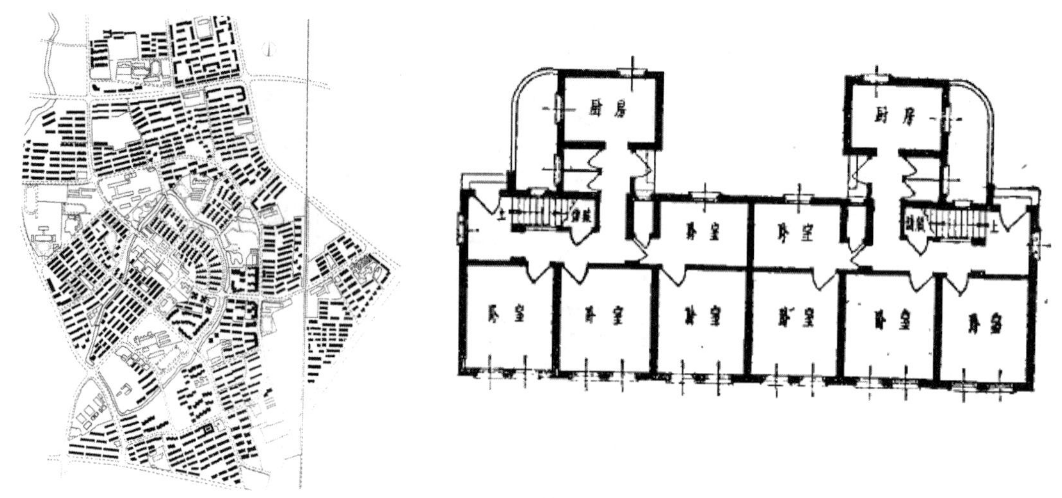

图3–37 曹杨新村

（资料来源：汪定曾．上海曹杨新村住宅区的规划设计[J]．建筑学报，1956（2））

4．多层住区

图3–38 曲阳新村小区总平面图

（资料来源：蔡镇钰．上海曲阳新村居住区的规划设计[J]．住宅科技，1986（1））

多层住宅指4～6层的住宅。《城市居住区规划设计规范》GB 50180对多层住宅建筑净密度的最大值控制在30%，住宅建筑面积净密度的最大值控制在1.80。新中国成立后我国的住宅建设以多层住宅为主，新村建设是典型的以多层为主的居住社区。

曲阳新村是改革开放后上海规划建设的第一批大型居住区之一（图3–38）。是实行“统一规划、综合开发、配套建设”的典型居住区实例。1979年开始规划设计，1989年年底全面建成。占地77.72hm^2，建筑面积103.71万m^2，毛容积率为1.33。其中，住宅87.57万m^2，公建16.14万m^2，5万多居民，人口密度约为643人/hm^2。曲阳新村公建配套明确分为三级：①居住区级：行政上相当于街道规模，服务半径为400m左右；②居住小区级：划分为六个居住小区，每个居住小区占地10～14hm^2，容纳1.2万～1.5万人，人口密度约为1071人/hm^2，公建服务半径约为200m；③居住组团：在行政上相当于一个里委，每个居住组3000～4000人，服务半径为100m左右。[①]

① 蔡镇钰．上海曲阳新村居住区的规划设计[J]．住宅科技，1986（1）．

新村建设容积率一般不是很高，但是由于套均住宅面积比较小（受制于住宅标准），因而人口密度较高，一些典型的新村人口密度约在600 ~ 1000人/hm^2。

5. 高层住区

高层住宅是指7层及7层以上的住宅。高层住区是以高层住宅为主的住区，高层住宅有利于提高城市居住用地的利用率，在同等条件下提供更多的住宅面积。可以大致分为高层低密度和高层高密度两类。高层低密度利用高层住宅提高容积率，高层建筑之间较大的楼间距有效地降低了建筑密度。由于大量高层建筑的出现，楼间距相应增大，与多层建筑为主的住区相比较，高层建筑有利于将零星小块绿地进行整合，形成大面积的宅间绿地。高层低密度的模式可以由于高层住宅类型排列组合方式的变化和居住区的规模不等而形成不同的形态特征。大多数是以高层与多层或高层与联排混合的模式来塑造高容积住区。高层高密度主要位于土地开发强度大的城市中心区、副中心区、城市功能区块的结合部或者是处于城市公共交通沿线的枢纽地段等城市中各种功能高度集聚的高密度地段。

深圳万科金域华府（图3-39）地处深圳市梅林关附近，一期项目占地35682.68m^2，容积率3.2，建筑密度45%，总户数为2049户。项目所处地段属于深圳福田中心区的北部一级辐射区，在总体布局上，高层住宅呈“L”形分布在用地北侧，33层，承担85%以上面积；而占10%面积的大户型采取了七户一组的合院别墅。

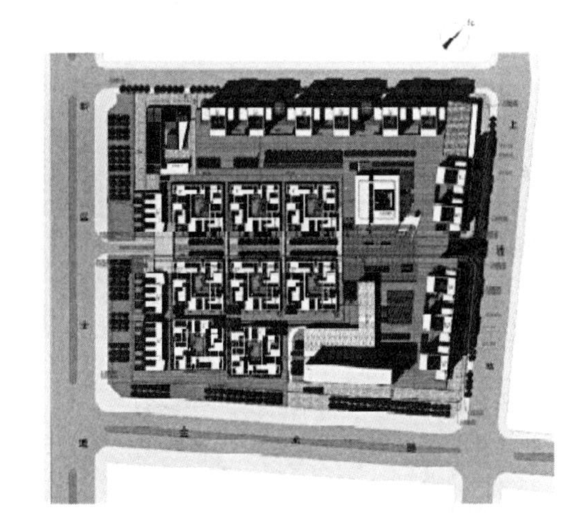

图3-39 深圳万科金域华府总平面图
（资料来源：肖诚，牟中辉. 寻求中高密度社区规划设计的新模式——深圳万科金域华府设计解析.）

随着城市的发展，城市内部更新速度加快，旧城改造的力度加大。在城市中心区的旧区改造项目中，普遍存在用地矛盾、紧张的现象。稀缺和昂贵的土地资源使得房地产项目普遍采用较高的开发强度。这类住宅项目往往用地较小，大多以高层公寓以及商业公寓为主，改造后人口密度也较高，常达到1500人/hm^2。

越秀区是广州市集商业、办公、旅游功能于一体的综合发展的旧城中心区。土地面积最小，容积率水平最高。城市中心区的内城改造项目用地较小，部分项目用地在3000～8000m^{2}之间。由于开发成本较高，容积率几乎都超过5.0，为数不少的小区超过8.0。由于开发强度过大，居住建筑多采用1梯8户，甚至采用10户、12户以上的户型。过高的密度带来城市开阔空间不足、住区环境狭小等问题。长沙市中心城区内商业中心周边的新建项目容积率相差比较大，在2～8之间，且大多数项目为高层住宅。

上海市瑞虹新城所在的虹镇老街是上海的老式居住区，项目占地40hm^2，总建筑面积180万m^2。容积率约4.5，规划总户数18000户。明日星城位于上海南市陆家浜路、河南南路路口，是黄浦区的旧城改造项目。为增加建筑面积，高层住宅之间的侧向间距嵌入了多层住宅。总建筑面积约50万m^2，容积率接近5。

1991年，上海市政府提出了“365万”改造目标，即至1999年完成市内365万m^{2}的危棚简屋的拆除改造任务。中远两湾城是“365危棚简”的改造重点，是上海旧城改造项目高资金投入、高居住密度、高容积率的典型（图3-40）。占地49.51hm^2，总建筑面积160万m^2，其中住宅建筑面积140万m^2，毛容积率3.2，净容积率5.0，容积率几乎达到了极致。规划居住人口3.58万人，人口密度为723人/hm^2。采用了大片高层住宅散布方式，北部采用长400m、高100m的板式高层住宅。

图3-40 中远两湾城

（资料来源：庄斌. 中远两湾城[J]. 世界建筑，2006（3））

随着城市中央商务区（CBD）的崛起，CBD的配套公寓也成长起来。在城市CBD的建设中，为了尽可能发挥土地的经济效益，加大集约利用的程度，提高容积率是最行之有效的方法。天津CBD附近的新建住宅项目多数为高层公寓，项目占地面积不大，一般在1～3hm^{2}之间，所调查的楼盘的平均容积率达到了11.2。珠江新城作为广州的CBD，楼盘的平均容积率达到7左右，这是因为珠江新城在规划的时候被定位为CBD，各项配套也都随着这个定位不断完善，所以这里的楼盘代表了广州楼市的最高规格。长沙CBD及其协调区内的新建项目的项目面积大多为1hm^{2}或以内，容积率大多在4以上，北京以及上海CBD附近及新建住宅建筑全部为高层建筑，公寓型住宅居多，容积率一般限制在3.5以内。

在城市的中央商务区还出现了超高层居住建筑。从世界范围看，超高层居住建筑[①]并不多见。而在超高密度的东京和香港等亚洲城市，由于土地资源稀缺，高层和超高层住宅逐渐成为主流的居住形式。由于造价相对昂贵，超高层住宅尚未发挥其省地的特点来解决人口密度问题，而主要是利用地理优势来提升住宅的标准和附加值。表3–28列举了我国超高层居住建筑的主要信息。上海世贸滨江花园位于浦东陆家嘴金融贸易区，占地22万余m^2，总建筑面积近70万m^2，容积率2.9。由6栋48～53层超高层公寓及1栋60层酒店式公寓组成，主力户型面积为230～330m^2。

国内超高层居住建筑主要信息　　**表3–28**

项目名称	所在城市位置	建筑规模（万m^2）	容积率	层数（层）	建筑高度（m）
福建世茂外滩花园	福州市江滨路	22.08（地上）、6.68（地下）	2.79	49	150
上海汇贤居	上海乌鲁木齐路	8	3	49	150
天津津门超高层住宅	天津海河滨	11	5.3	45	156
北京耀辉国际城	北京建国门大街	10.2	6.5	41	147
大连金海花园	大连星海广场	9.00（地上）、1.97（地下）	6.5	47	170
上海汤臣一品公寓	浦东小陆家嘴滨江	11.5	7.07	44	146
青岛凯悦国际大厦	青岛燕儿岛路	3.84	8.54	50	169
香港擎天半岛住宅	香港九龙尖沙咀	120	8	75	260

资料来源：傅海聪. 中国的摩天住宅楼[J]. 世界建筑，2008（2）.

3.4　小结

本章从宏观、中观和微观三个层面具体分析居住密度的特征。

宏观层面上，从人口增长、土地资源和密度特征三个方面进行分析。从历史上来看，世界范围内的人口密度随着人口的增长而增加；2011年世界陆地平均人口密度为每平方公里47人。世界人口的分布是很不均匀的；2010年我国的人口密度为142人/km^2，属于人口密集区。人口分布不均是我国人口地理分布的一大特点；1935年胡焕庸提出的瑷珲（今黑河）—腾冲线，至今仍是体现中国人口分布地区差异性的一条最基本的分界线。

① 联合国1972年高层建筑会议上将40层以上定为超高层建筑。我国建筑规范规定100m以上属于超高层建筑。

中观层面上，运用统计数据对我国城市人口密度、建筑密度和密度分布特征进行了分析。1980～2008年我国城市人口密度增长率多为正值，说明各年城市人口密度多呈增长态势，2005年达到870人/km^2。我国城市人口密度增长率各年数值变化较大。建成区人口密度增长率和居住人口密度增长率各年数值比较稳定，且多为负值。说明建成区人口密度和居住人口密度以较稳定的速度减少。2008年，我国城市建成区人口密度为9221人/km^2。居住人口密度下降速度快于建成区人口密度；2009年我国城市居住人口密度为38271人/km^2。一般说来，城市人口密度同城市本身的规模成正比。城市规模越大，单位面积土地承载人口越多，土地利用更为有效。

我国城市人均住宅面积呈增长趋势，居住人口密度呈下降趋势，人均居住面积的上升快于居住人口密度的下降，故城市住宅建筑毛密度呈上升的趋势。我国城市住宅建筑毛密度从1998年的0.59增加到2008年的1.10，说明我国城市居住用地上住宅开发强度一直增加。住宅户均面积的增长较快，从1985年的53.09m^{2}增长到2010年的91.01m^2。1998年，我国城市住宅套密度为100套/hm^2，2006年为144套/hm^2，2008年降为123套/hm^2。

城市用地增长弹性系数的分布范围较大且数值一般较大；城市建成区相比城市人口增长的情况不稳定且我国城市用地扩展速度相对偏快。居住用地增长弹性系数分布范围较小，并多略大于1；居住用地在城市建成区中的比重较稳定，其增长的速度稍微快于城市建成区。住宅面积增长弹性系数各个城市表现不同。

单中心人口密度模型能够较好地描述我国紧凑型的城市人口分布，部分大城市的人口密度分布符合多中心模型分布的特征；负指数函数在模拟中国城市人口密度时有较好的优度。我国城市人口分布具有城市中心区人口过分集中及郊区过分分散的状况，城市建成区域内的人口密度数值差异显著。1990年代以来，人口分布开始出现市中心人口绝对或相对减少，而近郊区或城乡结合部的人口迅速发展的现象。

城市土地利用以功能不同形成各种匀质区，不同类型的功能用地具有不同的人口密度和建筑密度。土地利用强度的空间结构符合级差地租理论，容积率表现出“商服＞住宅＞工业”的规律。城市就业密度的分布是城市产业分布特征值，就业密度分布与人口密度分布有着极为密切的对应关系。上海市就业密度随着居住密度而升高；居民就业出行距离随着居住人口密度升高而缩短。

微观层面上，从结构演变、密度分布和典型街区三个角度来分析居住街区的密度特征。新中国成立后至改革开放前，我国城市用地扩展缓慢增长；居住结构按空间分布可分为旧居住区和居住生产联合体的单位居住区。1980年代以后，多元化的城市居住空间形态开始呈现。1990年代以后我国城市用地持续快速扩展，居住空间扩展呈现渐进式扩展的圈带状特征与跳跃式扩展的交错分布特点。我国当代城市居住空间组织模式的原型来自邻里单位模式。1950年代开始我国居住区规划模仿邻里单位以及苏联的居住街坊模式，逐步形成“居住区—居住小区—组团”的三级组织以及“居住区—组团”的二级组织结构。改革开放以后城市住区以居住小区模式进行更新成为主流。小区人口规模在1万左右，用地规模10～30hm^2，街区尺度超过300m见方，住宅用地比重55%～65%。随着城市的发展，城市住宅容积率普遍得到提高。

旧城空间绅士化与新贫困化在空间上影响了城市人口密度，旧城区域内出现了明显的居住密度不平衡。近郊区是新中国自成立以来居住用地建设的主要地域，也是当前城市化人口的主要承载地。随着城市中心和近郊区居住用地的价格上涨和土地供应的相对减少，以及市域交通系统的建设，远郊区居住用地的比例不断上升。对我国城市住宅容积率分布的研究发现，多个城市住宅容积率的分布表现出随着离城市中心的距离的增大而递减的趋势，项目用地面积从核心区到边缘区呈递增趋势。

以四合院组合而成的胡同街区的建筑覆盖率在20%～40%，容积率从0.21～0.45不等，均为一层建筑。1984年的统计表明，居民的自行加建使胡同街区的容积率由原先的0.45增长至0.60。上海市新中国成立前居住建筑以高建筑密度（40%～80%）和较高容积率（1～2）的新里和旧里住宅区为主。里弄住宅容纳了稠密人口。据1991年的统计资料，黄浦区的金陵东路街道和闸北区的山西北路街道的人口密度均超过16万人/km^2。

低层低密度住区是以低层住宅为主的低密度住区。低层高密度居住形式一般包括密度较高的低层联排式住宅及上下户叠合的联排住宅（叠式联排住宅），容积率在0.6～1.1。新中国成立后我国的住宅建设以多层住宅为主，新村建设是典型的以多层为主的居住社区。曲阳新村是改革开放后上海规划建设的第一批大型居住区之一。毛容积率为1.33。5万多居民，人口密度约为643人/hm^2。

高层低密度住区利用高层住宅提高了容积率，高层建筑之间较大的楼间距有效地降低了建筑密度。在城市中心区的旧区改造项目以及城市中央商务区的建设中，出现了大量的高层高密度住区。在城市的中央商务区还出现了超高层居住建筑。

第4章　居住密度的生成机制

城市的发展是一个复杂的过程，不同时间不同空间下的居住密度具有不同的影响因素。本书对城市居住密度发展的影响因素概括为以下五个方面：①自然环境是居住密度形成的基础条件；②包括物质生产方式、经济发展水平、交通技术条件和土地开发利用等在内的经济技术因素是居住密度发展演化的动力；③城市的住宅发展政策和规划体制等控制着城市居住建筑的面积标准和密度标准，成为控制居住密度生成的外在控制因素；④社会文化与居住密度相互作用，社会文化对居住密度的形成有内在规定性，居住密度对社会文化也有反作用；⑤住宅层数和组合形式从空间形态上对居住区的密度特征产生决定性的作用。

本章首先从以上五个方面对居住密度的影响因素进行逐一分析，然后对人类聚居的形成过程和演变阶段进行剖析，从横向与纵向两个侧面全面分析居住密度的生成机制。

4.1　基础条件——环境资源

自然环境是各种自然要素的总和，它提供了人类基本的生存空间，是人们创造一切生产和生活资料的源泉。当生产力水平低下时，人们的生活对自然界的依赖很大，人口分布受自然环境的影响极大。随着生产力的发展，人类适应和改造自然的能力增强，但自然环境仍然是人类生产和生活的基础，自然环境影响地区的经济发展，进而影响人口分布，从而影响居住密度。

自然环境是居住密度形成的基础条件，它对居住密度的影响从以下几个方面进行分析。

首先，土地资源决定人口的分布。土地为人类活动提供了地理空间，人类生存所需要的食物、原料和能源都来源于土地。人口分布与地理环境承载力是基本一致的，在相同的自然条件下，土地面积与绝对人口容量成正比。与人口分布直接相关的是耕地资源。由于耕地一般位于水土资源较好的地区，且较为平整，适合人们生产和居住，建设成本低，因此，耕地资源的丰富程度对城市用地供给产生影响。有研究表明人口密度同垦殖指数存在正相关的关系，耕地面积占土地总面积的比重是影响城市人均用地的重要因素。谈明洪[①]等提出了人均城市用地需求模型：

$$S=0.010\times I+0.001\times S_0+1.461\times K-43.331\times Reg_{亚}-50.485\times Reg_{欧}+85.359 \quad (4\text{–}1)$$

式中：S为人均城市用地（m^2/人）；

I为人均收入（美元/人）；

S_0为人均土地资源（m^2/人）；

K为耕地占土地资源的比例；

$Reg_{亚}$为虚拟变量（亚洲国家）；

$Reg_{欧}$为虚拟变量（欧洲国家）。

人均土地资源的多少也决定了国家或区域的城市用地模式。人均土地资源少的国家在城市化发展过程中，通常会严格限制城市的发展，挖掘城市用地的潜力。比如在发达国家中，英国和日本的城市人均用地较低；在发展中国家，中国和印度的城市人均用地较低。[②]另外，地形影响城市空间扩展，从而影响城市密度的发展。王茜探讨了我国城市扩展的驱动因素，发现我国城市扩展除受社会经济的发展、国家和地方政策的影响之外，受自然环境的影响也较大。比如，平原地区城市受地形限制相对较小，城市规模较大，扩展速度较山地城市快；随着海拔高度的增加，城市增长速度减小；暖温带、亚热带、中温带、热带、青藏高原地区城市平均扩展速度依次减小，半湿润和湿润地区，城市发展速度较快，而半干旱区和干旱区城市扩展速度相对较慢。

其次，气候影响土地的肥沃，从而对人口聚居产生作用，农业社会尤其如此。气候条件好，土地肥沃，农业经济发展速度快，人们富裕，人丁兴旺，则聚居的规模和密集程度高。封志明等[③]选取了地形、气候、水文、植被等自然因子，构建了基于人居环境指数的中国人居环境适宜性评价模型。结果表明，全国人居环境指数与人口密度间存在较强的相关性，二者的二次曲线拟合度R^2值为0.87。另外，气候对居住密度的影响还表现在不同纬度地区具有不同的日照条件使得建筑密度存在差异。我国南方城市的建筑密度和人口密度相对比北方城市高。如广州市区某些街道的人口密度达到每平方公里十几万人，而北京老城区人口最稠密的

---

① 谈明洪，李秀彬．世界主要国家城市人均用地研究及其对我国的启示[J]．自然资源学报，2010（11）．

② 王兴中等．中国城市生活空间结构研究[M]．北京：科学出版社，2004．

③ 封志明等．基于GIS的中国人居环境指数模型的建立与应用[J]．地理学报，2008（12）．

是天坛街道和椿树街道，每平方公里仅5万多人，南京人口最稠密的街道也仅达到每平方公里5万余人。

自然环境对人口分布虽然有很大的影响，但人口分布毕竟是一种社会经济现象。居住密度的最终形成，还要通过经济和社会等因素的共同作用。

4.2 发展动力——经济技术

经济技术的进步是人类社会进步的发展动力。人类居住环境的演变，也离不开经济技术的推动。其对居住密度的作用可以从以下4个方面解析。

4.2.1 生产方式

物质生产方式是影响人口分布的决定性因素。生产方式的每一次划时代的变革，使得人口分布状况及其特点就会随之出现明显的演化。人口分布是人类在适应和改造自然，发展生产，繁衍后代的过程中逐渐形成的。

人口密度随着物质生产方式的进步逐步增长，甚至可以以人口密度的大小来近似地划分人类物质生产方式的几个历史阶段。1983年，法国学者瓦列塞尔提出：渔猎时期，人口密度大致为0.02～0.03人/km^2；畜牧业时期，人口密度大致为0.5～2.7人/km^2；耕作业（即农业）时期，人口密度大致为40人/km^2；现代工业社会，人口密度达到160人/km^2。

原始采猎经济时期，人们数十百人一群，按照氏族组织群居。这是因为人太少了无法抗御灾害和危险，人太多了又不能得到充分的食物供给。人口分布的基本特点是稀疏、分散和流动。只有自然资源特别充足的地方，人们才可能定居下来。据估计1788年欧洲人初到澳大利亚时，原始居民约有30万人，他们移动居住的空间达到$7.68\times10^6km^2$，人口密度为0.04人/km^2。[①]农耕时代以后，生产力水平有了显著提高，人口密度大幅度提高，人口分布的地域差异主要取决于各个地区的农业生产率。工业经济的出现和发展带来人口高度密集的城市和城市化地带。工业经济需要大量的人口集聚，也为大量的集聚人口提供了物质生活条件。此时人口密度分布主要取决于工商业和交通运输业的地理区位、发展水平及其布局特点。[②]

不同的物质生产方式有不同的“载人量”。比如从两汉和魏晋六朝的我国人

① 赵荣等．人文地理学[M]．北京：高等教育出版社，2006．

② 赵文林，谢淑君．中国人口史[M]．北京：人民出版社，1988．

口观察，人们似乎可以得出：六千万人口就是我国当时社会现实生产力条件（主要是土地等生产资料条件）容许的最大限额。根据对中国人口历史发展过程的分析，大致可以认为：中国这块土地供养人口的极限在奴隶制时期为2000万～3000万人，在封建社会初期为6000万～7000万人，在封建社会中期为1亿～1.2亿人，在封建社会晚期为4亿～4.5亿人。[①]

4.2.2　经济水平

在一定的条件下，人口密度与经济发展存在正相关性。一般来说，人口稠密的地区往往经济发达，人口稀疏的地区经济不甚发达；而且人口流动最频繁的地区往往是商业和经济较发达的地区。1990年上海人口密度为每平方公里2118人，居全国之最，其人均国民生产总值也居全国之首。其内在的原因包括：首先，经济活动归根到底是人的活动，最低限度的人口数量及人口密度是经济活动赖以存在和发展的必要前提；其次，随着人口密度的提高，劳动力供给增加，劳动分工有了可能，对资源的压力增大使各种创新活动和进一步开发利用自然资源成为必要。

人口密度与经济发展的关系并不是简单的正相关关系。当经济水平提高到一定程度时，经济发展对人口数量增长和人口密度提高的促进作用也会趋于缓和。在某些条件下，人口密度过大对经济发展甚至产生阻碍作用。实证研究表明，对1999年世界上130多个国家的人均国内生产总值与人口密度进行等级相关分析，得出的相关系数不显著，仅为0.194。[②]可见很难得到一般性的判断：国内生产总值与人口密度之间存在或不存在某种相关关系。原因如下：第一，随着经济发展水平的提高，人们对生活质量的追求日趋提高，人均生活标准提高，按新生活标准计算的土地人口容量增长率将明显地低于单位面积土地的经济增长率。第二，人口数量及密度除了受经济因素的影响外，还受到生态环境、社会习俗、民族文化等其他非经济因素的作用。第三，当人口密度过大时，带来了包括空间在内的各种资源的压力，由此产生各种内部摩擦，从而使人口密度与经济发展之间的关系呈现出复杂化的趋势。

当经济到达一定水平时，说明人们具有了更强的开拓空间的能力。城市空间演化的内在动力是人对空间占有的欲望，对人们增加生活空间的需要的满足，造成了城市用地的蔓延扩张和城市密度曲线的平缓化。熊国平[③]研究了建成区面积增

---

① 赵文林，谢淑君. 中国人口史[M]. 北京：人民出版社，1988.

② 同上。

③ 熊国平. 90 年代以来中国城市形态演变研究[D]. 南京：南京大学博士论文，2005.

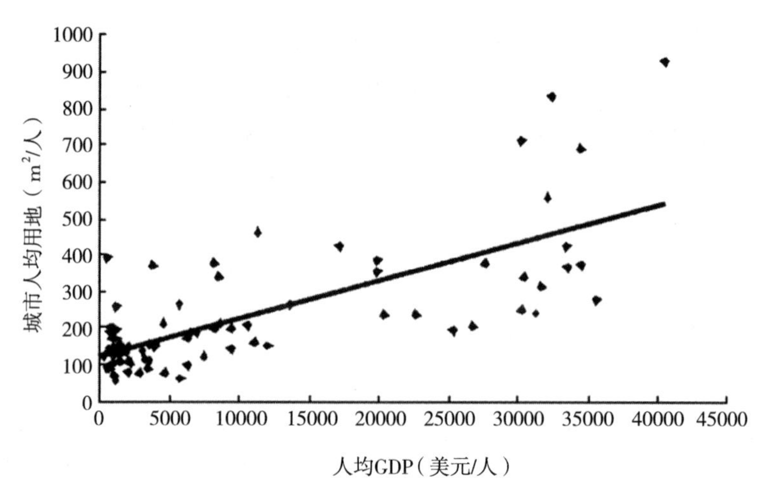

图4–1 城市人均用地随人均GDP的增加而增长

长与城区国内生产总值增长率的相关性，表明城市建设用地扩展速度与经济增长速度的趋势基本一致。经济增长得越快，城市扩展得越快。通过对世界上人口规模最大的80个主要国家的城市人均用地的研究发现：一个国家的城市人均用地显著地受两个因素影响，即国家的人均土地资源和国家经济发展水平（人均GDP），且后者的影响更大（图4–1）。张有全等[①]全面分析了北京市1990～2000年间土地利用变化的空间特征及其驱动力。北京地区1990～2000年间土地利用变化的主要方向为城乡建设用地不断扩张。通过对影响城市用地扩展的城市人口、GDP因子的偏相关分析发现，经济的发展是城市用地扩展的根本驱动力，第三产业的发展是土地利用多样化转变的外在驱动力，交通条件、环境条件及前期土地利用方式是这一转变的主要内在影响因素。

表4–1列出了部分国家的城市人均用地，可以看出，发达国家的城市人均用地较高，如美国和澳大利亚（有学者对美国35个县的城市户均用地进行了统计，平均约为1700m^2/户）；发展中国家人均用地较低，如印度和中国。谈明洪[②]分析了80个国家的城市人均用地和人均GDP之间的关系（表4–2），结果表明两者之间呈现出正相关关系。经济水平较高的国家人口密度较低。在他人的研究中，也有类似的结论。张庭伟认为人均国民收入达到2500美元以上郊区化现象开始出现，到4000美元时郊区化明显。可见城市的扩张与人均国民收入相关。

① 张有全等. 北京市1990年~2000年土地利用变化机制分析[J]. 资源科学，2007（5）.

② 谈明洪，李秀彬. 世界主要国家城市人均用地研究及其对我国的启示[J]. 自然资源学报，2010（11）.

世界部分国家的城市人均用地（m²/人）　表4–1

国家	人均用地	国家	人均用地	国家	人均用地	国家	人均用地
美国	931	意大利	379	日本	249	中国	155
澳大利亚	834	荷兰	374	英国	241	韩国	94
法国	713	德国	338	西班牙	204	印度	80
加拿大	692	波兰	266	巴西	197	埃及	78
丹麦	425	俄罗斯	262	墨西哥	160	菲律宾	76

资料来源：谈明洪，李秀彬. 世界主要国家城市人均用地研究及其对我国的启示[J]. 自然资源学报，2010（11）.

我国分地区城市建成区综合容积率排序及人均GDP　表4–2

	建成区综合容积率	人均GDP，当年价（美元）
上海市	0.526015	4505
北京市	0.526051	3062
重庆市	0.511025	683
广东省	0.454451	1659
湖南省	0.367785	731
山西省	0.323309	660
湖北省	0.26236	944

资料来源：建成区综合容积率数据来源于：中国统计年鉴（1999）[M]. 北京：中国统计出版社，1999；
人均GDP数据来源于：北京现代化进程评价课题研究组. 北京现代化报告（2003）[R].

经济发展影响城市密度梯度的变化。W.C.Wheaton①构建了一个完美预期下的居住用地动态增长模型，该模型重点分析了收入、交通费用及人口等市场要素对城市土地开发方式的影响。收入的增加、交通花费的下降和人口的快速增长均趋向于导致更强烈的递减密度梯度，这种递减梯度确保土地开发方式总是由内向外进行。而收入的减少，交通花费的增加，或缓慢的人口增长均趋向于产生一个平缓甚至递增的密度梯度。如果收入的减少或交通花费的增加幅度“足够大”，土地发展方式将会发生逆转，即由外向内。从而，系统性地留置城内土地而不予开发，即蛙跃式发展。Wei–Bin Zhang②提出了区域经济增长与交通时间、住宅和设施分布的模型。研究表明，当技术先进地区交通条件改善，国民产出提高，该地

① Wheaton W. C. Urban Residential Growth under Perfect Foresight[J]. Journal of Urban Economics，1982.

② Wei–Bin Zhang. Interregional Economic Growth with Transportation and Residential Distribution[J]. Ann Reg Sci, 2011（46）.

区就会吸引更多其他地区的人，该地区的产出水平和住房产出就会增加，其他地区就会相应减少。该地区CBD附近的土地价格和住房租金及居住分布会减少，而远离CBD地区则相应增加。其他地区的土地价格和住房租金及居住分布整体上都将减少。

随着经济水平的提高，人们的生活水平改善。表现在住宅消费占消费型支出的比重增加，人均居住面积提高。人均居住面积的提高说明居住拥挤程度降低和舒适度的增加。表4-3列举了住房需求随人均GNP的变化情况。当人均国民生产总值小于1000美元时，人均居住面积小于8m^2，起卧合一或餐寝合一；当人均国民生产总值大于1000美元时，人均居住面积为8～15m^2，每户有一套住房；当人均国民生产总值大于1000美元时，人均居住面积为大于15m^2，人均一间住房。当人均居住面积为大于20m^2，人均两间住房。根据世界各国的经验，在人均住房面积达到30～35m^{2}之前，会保持较旺盛的住房需求。①

住房需求随人均GNP的变化 表4-3

人均GNP	150美元以下	300美元	500美元	800美元	1000美元	1500美元	2000美元	2500美元	2500美元以上
城市化水平	0.22	0.36	0.39	0.44	0.49	0.53	0.60	0.63	0.66
住宅消费占消费型支出比重		9.40		15.50		>16			
住房要求	家有一套房			人有一间房					住得惬意
消费结构阶段	温饱满足			追求便利与机能阶段					个性时尚

资料来源：蒋达强．大城市人口郊区化与住宅空间分布的效应研究[J]．人口与经济，2002（3）.

4.2.3 交通技术

城市土地利用与交通相互联系、相互制约，交通发展与土地利用相互促进。从土地利用的角度而言，交通的发展改变了城市结构和土地利用形态。从交通规划的角度而言，不同的土地利用形态，决定了交通发生量和交通吸引量，在一定程度上决定了交通的结构和形式。土地利用是区域的各种联系、交通建设、经济活动和人口在空间上集聚的表现。城市交通历来是形成城市特定用地形态的重要因素。

不同的交通技术条件下城市表现出不同的类型和密度特征（表4-4）。John Adams（1970）根据交通运输能力将城市内部结构的演变（主要是针对美国）分为

① 翟国强．关于确定居住用地容积率的几点思考[J]．规划师，2006，22（12）.

4个阶段：①初始阶段为1888年前的步行马车时代，城市半径大体相当于30min步行距离；②第二阶段为1888～1920年的有轨电车时代，城市半径大体相当于30min有轨电车的旅行距离（约16km）；③第三阶段为1920～1945年的汽车时代，此阶段开始了郊区化的浪潮；④第四阶段为1945年以后的超速干道时代。交通技术的进步带来了城市规模的扩大。马车时代的欧洲大城市，不论人口怎么增长，其半径都没有超过3英里（合4.8km），如今美国洛杉矶市直径已达到160km以上，波士顿—华盛顿城市直径更达到970km以上。[①]

不同时期交通技术与城市发展　　表4–4

年代	水运	公路	铁路	航空	交通方式	城市密度	城市类型
1800年	码头	马车	铁路	—	步行马车	紧凑	沿河城市、河口城市
1900年	定班轮船	小汽车、自行车	导向轮轨、地铁	飞艇、气球	公路运输	紧凑	圈状蔓延、沿铁路拓展
1950年	飞艇、大型船舶	公路、公共汽车、卡车	—	直升机	高速公路	松散	郊区化、多中心化
2000年	集装箱、超级油船	氢气汽车、电动汽车	磁悬浮、高速铁路	巨型飞机、喷气飞机	综合	混合	城市群体

资料来源：江苏省交通规划设计院等. 交通方式与城市规模结构的演变[Z]//江苏省高速公路网规划研究.

在新的交通工具出现以前，降低就业出行时间和费用的要求使得人口密度提高，形成城市的同心圆结构。一旦新的交通工具出现，居民要求改善居住环境的愿望得以实现，居民便得以摆脱高密度居住的困境。从此，“集中”和“分散”这两种不同的趋势分别对城市发展发生作用。地铁等大运量快速公共交通推进城市线性发展，强化并拓展城市的放射性。而20世纪交通技术进步决定性地改变城市形态的当属小汽车进入家庭。汽车的使用改变了传统的城市格局，并推动城市向郊区低密度蔓延。交通条件的改善促进城市用地的扩展。Qian Zhang[②]等探讨了一个集成的马尔可夫链分析和元胞自动机的潜力模型，以便更好地了解上海的城市发展的动力。结果表明，未来扩展高密度和低密度住宅以及商业区域围绕现有市

① Clark D. City Development in Advanced Industrial Socities[M]. London: Sage Publications, 1982.

② Qian Zhang, Yifang Ban, Jiyuan Liu, Yunfeng Hu. Simulation and Analysis of Urban Growth Scenarios for the Greater Shanghai Area, China[J]. Computers, Environment and Urban Systems, 2011（35）.

区或沿现有的交通运输线。

可达性影响城市居民的通勤时间和成本，进而影响土地价格和土地利用。研究表明一个人从一地到另一地，能容忍的极限交通时间是45min到1h。人们在选择居住地时，需要在房价和通勤成本之间有所权衡。与东京都平均数相当的通勤等时线距市中心大约10～13km，大体上正与相当于平均数的住房等价线重合。至于东京通勤圈的边缘，通勤时间更达到1.5～2h，实际上已达到极限。这对于城市规模和人口再分布范围的扩展，无疑是一个制约。①

同样，特定的城市交通模式亦需要相应的土地利用形态予以支持，美国学者Pushkarev与Zupan指出，土地利用对交通需求的决定因素为：一是中心商业区的规模（非住宅建筑面积）；二是地块与中心商业区的距离；三是居住密度。

交通的发展也需要一定的居住密度作支撑。一个切实可行的公共汽车系统至少需要每公顷100人的密度来支撑，电车系统则需要每公顷240人的密度方可正常运作。城市高密度的发展需要高效的公交系统支撑，任何高强度开发的地区必然是基础设施高强度、高密度的地区。如果技术条件、经济条件允许，能够提供更高开发强度所需的交通、市政设施，那么，可以认为城市的局部完全可以达到更高的开发强度。纽约曼哈顿的建筑容积率可以达到10甚至16。国际大都市的公交系统所承载的人口出行比重在50%～60%之间，东京和香港这两个著名的高密度发展城市的比例分别为80%～89%。

王献香对交通条件约束下的土地开发强度进行了研究，将机动车高峰小时周转量与机动车道路网容量的比值定义为城市道路网高峰小时饱和度。研究发现快速路、主干路、次干路的饱和度、周转量与当量容积率具有非常紧密的线性关系。随着当量容积率的变化，主干路饱和度和周转量变化最敏感，其次是快速路、次干路。城市道路网高峰小时饱和度存在一个合理的区间。如果饱和度太小，则不能有效地利用道路时空资源，造成资源浪费；饱和度太大，则交通需求大于供给，造成交通拥堵，增加出行者的交通成本。确定交通门槛值之后，就可以利用路网饱和度与土地开发强度之间的关系，确定合理的土地开发强度。

4.2.4 土地使用

政治经济学派认为：城市是因变量。城市是有内在权利和财富支配体系的一个表象。大卫·哈维认为城市的新开发和旧区衰败的涨落过程是资本主义社会

① 张善余，高向东．特大城市人口分布特点及变动趋势研究——以东京为例[J]．世界地理研究，2002，11（3）．

城市空间的基本过程，资本在城市空间流动的根本动力在于获取超额利润。亨利·列斐伏尔在《空间的生产》中指出：城市的发展过程与其他事物的生产过程一样，都是资本主义体系的产物。以这样的视角来看待城市空间，城市的空间集聚可以看做资本集聚的表现，城市的空间密度代表了资本的密度。

城市各类建筑的生成与土地的使用制度相关，空间生产可以看做是某种土地使用制度下的生成结果。在有土地市场的国家里，城市空间的变化通常是通过土地开发得以实现，因而城市密度的分布特征遵循市场经济的规律。以解决居住和就业为对象的用地的开发数量和开发区位，引导城市人口与就业机会的流动。其作用机制是厂商以收益最大化为目标的企业选址行为和家庭以效用最大化为目标的居住选址行为。企业的选址决策体现在企业用地的竞标租金函数（简称“竞租函数”，Bid-Rent Function）上，而家庭的选址行为则以居住用地竞租函数的形式得以体现（图4–2）。

在竞租函数的基础上，Alonso（1964）、Muth（1969）和Mills（1967）提出了单中心城市模型，即AMM模型。该模型认为企业和家庭愿意支付的地价水平随着到城市中心（CBD）的距离而变化，即将各类用地的竞标租金表示为到CBD距离的函数，从而揭示出土地价格与土地开发区位之间的关系（图4–3）。城市的空间结构是开发者在土地成本和区位成本（即交通成本）之间进行权衡并且追求最大效益的结果。某种程度上说，人口在城市空间中的区位分布是由房地产市场的价值规律决定的。杜能的农业区位论认为距离的接近性和地价负担能力是居住空间结构形成的主要机制。城市居民无论住在哪里，他们都有同样的满意度。否则，城市居民将

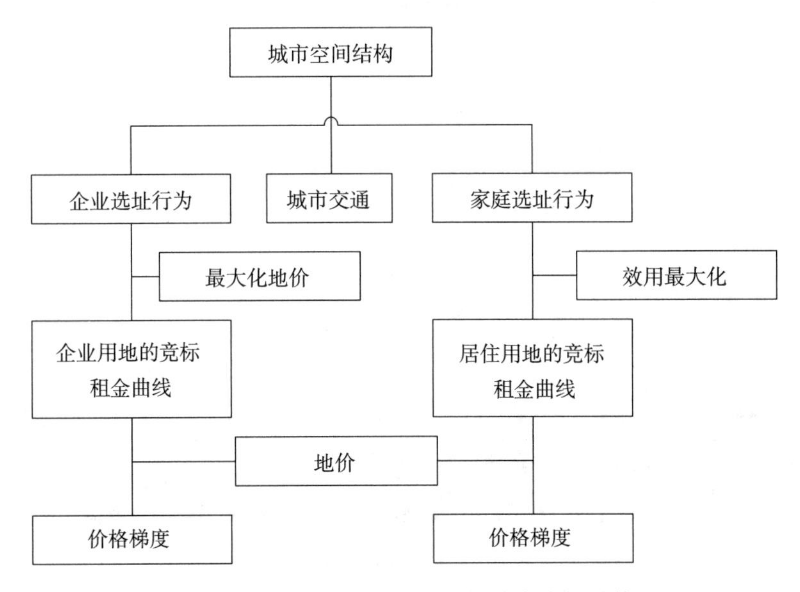

图4–2　城市土地开发模式与城市空间结构

可以通过移民到其他区位来提高满意度，进而影响该区位住房的供需平衡，降低住房价格，最终达到满意度空间无差异的状态。

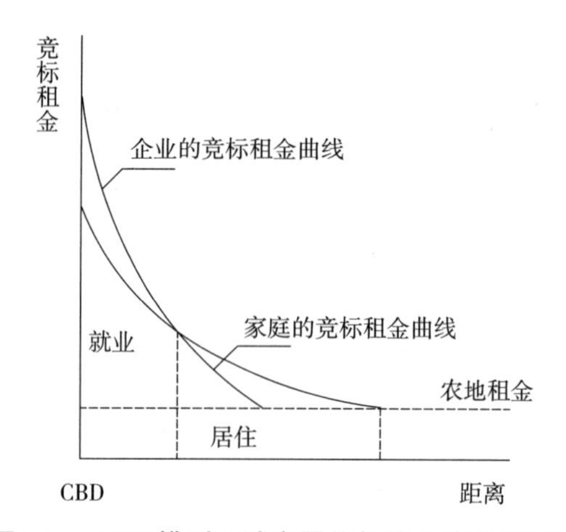

图4–3 AMM模型下城市居住与就业的空间结构

在市场经济条件下，土地及其区位是稀缺资源，区位条件越是优越，土地价格就越高，相应的开发强度就越大。可以说区位是影响土地价格及城市密度的最主要因素，城市的密度分布应当遵循微观经济学的区位理论，确保土地价值得到充分的实现（利润最大化）和公共设施得到有效的利用（福利最大化）。因此，城市密度分布表现出随离城市中心距离的增加而衰减的特征。在市场导向的城市，土地价格的梯度决定了密度的梯度。容积率是资本投入与地价投入之比（或者是资本投入与地价投入之比的函数）。容积率与地价呈非线性关系。地租曲线的两个重要特征，一是曲线的截距（劳动生产率），二是曲线的斜率（对交通的依赖程度）。

实证研究表明，在有土地市场的城市里，城市密度分布和土地价格的关系与理论模型预测的结果相当吻合（图4–4）。而不同的功能用地对区位有不同的敏

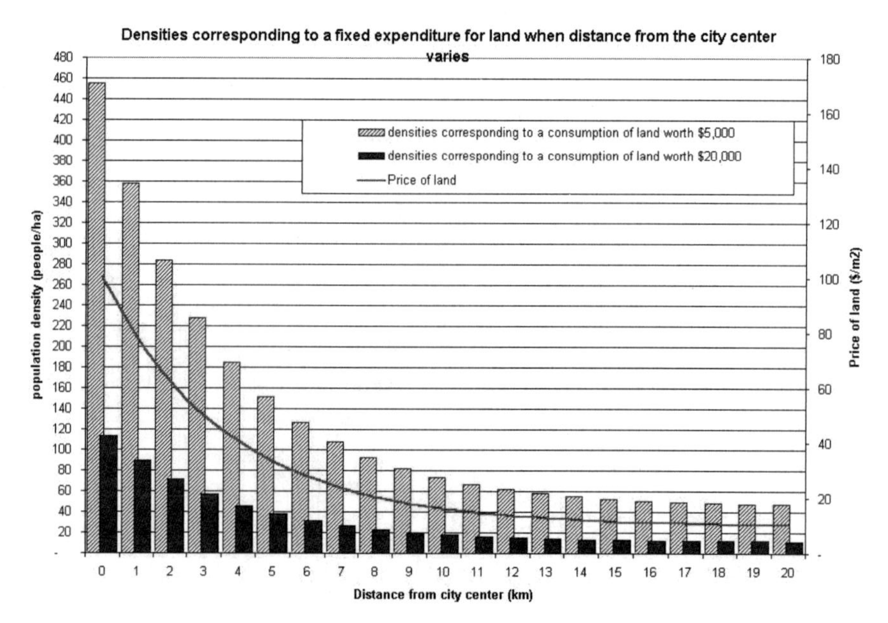

图4–4 城市的密度分布和土地价格的关系

感度，对土地费用有不同的支持能力，而不同的功能用地具有不同的空间密度特征，这种关系就表现在城市的空间布局上。由图4–5可见，零售业对区位的要求最高，对土地费用的支持能力也最强，所以，商业用地在城市中心的比重大。多层住宅比低层住宅对土地的支持能力较强，所以，在城市中心低层住宅很少见。

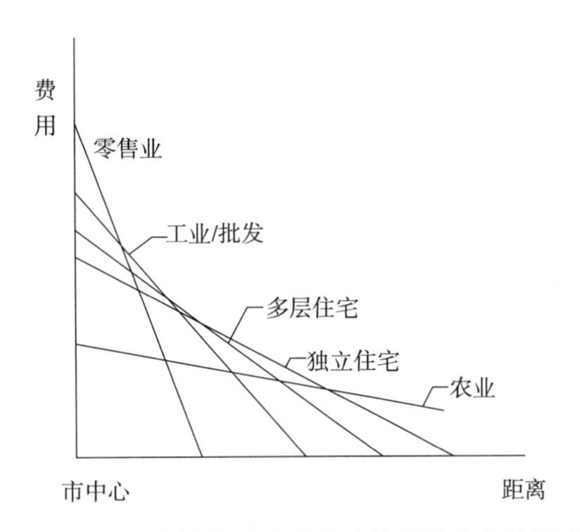

图4–5　土地有偿使用对城市功能用地分布的影响

我国城市在新中国成立后相当长的时期实行土地无偿使用制度。1954 ~ 1984年间，城市的土地被排斥在市场经济交易之外，这导致土地使用效率和土地的实际使用价值相背离。计划经济体制不允许房地产商品化经营，住房采用实物分配，最终导致各种功能分区形成以工业区为中心，就近形成各单位的居住区，并在其间交杂大量的街区商业区。1988年的《中华人民共和国城镇土地使用税暂行条例》等一系列法律法规、规章制度的设立，标志着中国土地制度的根本改革，城市新增土地和转让土地进入批租制的轨道。自土地市场建立以来，市场这只看不见的手开始对土地利用起作用。2000年前后开始，政府大力推行住房制度的改革，城市商品房和房地产市场高速发展。市场体制打破了计划经济下的住宅分配体系。居住选择的多样性也增加了城市居住密度分布的复杂性。任荣荣、郑思齐通过对北京市的实证研究认为：随着我国土地市场的发展和成熟，市场力量在土地开发模式中发挥日益显著的作用；土地价格成为影响土地开发量、开发区位以及开发强度的重要信号。

张庭伟①分析了1990年代以来我国城市空间形态的演变特征。由于中央政府权力下放，市政府成为城市发展问题上决策的主因力。政府利用土地级差来重新配置用地，推动城市中心区内部空间结构重组。受土地租金梯度的推动，就业与居住地的关联被打破，土地置换造就了城市用地的同心圆圈层特征。旧城市中心得到了改造与更新，大城市的新城市中心逐渐成为国际化的中心商务区，城市中心的高密度得到缓解。同时，市政府通过改善市政基础设施带动新区开发，以吸引外资、收取土地费，从而引发了城市向外扩展。在城市空间重组和扩展的过程

① 张庭伟．1990 年代中国城市空间结构的变化及其动力机制[J]．城市规划，2001，25（7）．

中，高收入者及为其服务的设施向市中心聚集；低收入者迁向城市内圈的边缘，外来人员则聚集居住在城郊结合部，形成特定的移民区；价格较低的新居住区，以及外迁的工业区和原有的郊区工业区构成了大多数城市外扩部分。土地有偿使用和房地产开发在我国城市用地结构中的作用越来越明显，从而对城市密度的调整与分布起到主导作用。

另外，房地产市场的总体水平直接影响居住建筑的生产总量，从而对居住密度产生影响。Bertaud和Malpezzi（1999）的研究表明：城市人口密度由房地产市场、城市规划法规和基础设施承载能力的相互作用共同确定。如果城市房源不足，供不应求，居民的居住环境必然拥挤，人口密度就高；如果城市房源充足，但房价很高，居民同样面临无房可住或几家人共用一套房子的处境，人口密度同样很高。

4.3 外在控制——规划指标

对我国来说，在改革开放以来的快速城市化的背景下，容易导致居住空间的无序蔓延以及住房供给的结构性失控等问题。此时从宏观上控制城市的发展和居住密度的生成变化显得尤为重要。规划指标的科学性和合理性是值得研究的一个重要课题。

4.3.1 规划体系

我国土地利用规划体系按等级层次分为土地利用总体规划、土地利用详细规划和土地利用专项规划。城市土地使用控制主要包括土地使用控制类型、土地使用兼容性规定和土地开发强度等内容。城市规划对土地使用强度的控制可以从三个方面加以体现：一是在城市总体规划中，依据城市在将来一段时间内，经济社会的合理发展速度、空间发展规模、环境和基础设施能力以及土地市场的供求关系等，从宏观上限制各地块的使用密度；二是在城市分区规划或区划中，从避免或减少土地利用外部效果出发，结合城市设计，在中观上限制各地块使用性质和使用强度；三是在控制性详细规划中，对每块土地开发的关键技术、经济技术指标进行详细规定。

为了适应不同层次的规划管理，提出分区容积率、控制容积率和项目容积率的三级指标控制体系。分区容积率对应于总体规划（分区规划）阶段，预测的人口和用地规模下的大范围土地利用强度，是整个城市或某个分区的均值型指标。控制容积率对应于控制性详规阶段，考虑内部区位特性、城市美学特性等而进一步细分，在基本容积率的制约下制定适度土地使用强度。项目容积率对应于项目开发阶段，规定开发用地所能容许的最大土地开发强度，主要考虑的是经济因素。

在总体规划阶段，城市规划部门根据城市现状中的不同建筑容积率分布及结构比例，确定规划期的城市总平均容积率，匡算出规划期的城市建筑总量。并按现状预测规划期末，住宅、商业、办公等各类建筑的比例以及各类建筑的选址标准，土地利用强度以及它们之间的关联性，调整土地使用的空间布局，制定功能分区来分别控制其发展密度。对于住宅开发强度的控制，首先是控制建设总量。城市规划部门按总体规划匡算出居住总人口，根据规划达到的人均住房面积、定额规定的配建公共服务建筑等，算出总的居住用地面积和居住区建筑面积总量。然后依照上层规划所确定的人口总量进行微观局部分配，并落实到对微观范围内的合理建筑容量的控制。

我国住房需求预测研究始于20世纪70年代末期。在计划经济条件下，对住宅需求的预测一般采用标定需求的办法，即先根据社会经济的发展定出一个将来的标准，再用这个标准和现状进行比较，考虑到拆除、人口增加、家庭变小等因素，然后计算出将来一段时间住宅的需求量。目前，预测城市的住房需求采用潜在需求与有效需求相结合的办法。潜在需求即根据对地区人口、家庭数量、居住现状等因素的发展预测作出需求估计，而有效需求即在潜在需求的基础上再考虑住房的消费占居民支出的情况，结合住宅与土地开发费用后所作的需求估计。新建住宅的需求量确定后，就要计算与其相匹配的土地需求量。一种方法是根据不同住宅类型的土地利用密度标准，把新建住宅需要量换算成土地需求量。这种方法的关键要素是使用的密度标准。另一种方法是把居住土地的供应作为固定值，即每个分析区都有一个居住用途承载能力。该方法的核心问题是理想居住密度的模式。图4–6为住宅土地需求预测的逻辑框架与流程。

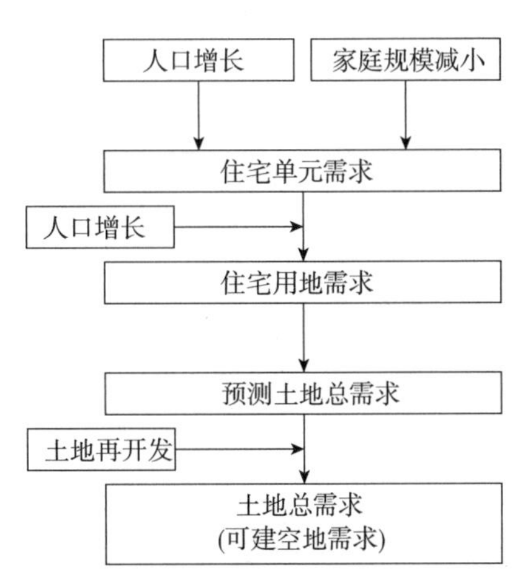

图4–6　住宅土地需求预测的逻辑框架与流程

（资料来源：丁成日．城市空间规划——理论、方法与实践[M]．北京：高等教育出版社，2007.）

运用“需求缺口”分析方法确定未来需求量的步骤[①]：①预测未来人口数量及其结构特征；②把人口换算成住户数量（分类型、

① 梁鹤年．简明土地利用规划[M]．北京：地质出版社，2003.

分规模）；③按照充分、适度的住宅供应原则，把住户数量换算成住宅单位数量（分类型、分型号）；④查清现有住宅单位的数量（分类型、分型号）；⑤计算基本的“需求缺口”；⑥计算合理的“需求缺口”。赵琳据此方法计算了我国2004～2050年的住宅需求量。决定城镇住宅需求的主要因素有四个，它们对住宅需求增长的影响依次为：城镇化进程需求（41%）、城镇居民对居住条件的改善需求（32%）、折旧需求（24%）、城市人口自然增长需求（3%）。[①]首先，预测由新增人口引发的住房需求。目前，我国的城市化水平为30%，城镇人口3.7亿。预计2050年城市化水平将达到60%，全国城镇人口增至9.6亿。按人均建筑面积23.7m^2计算，共需为新增人口建设住房78.2亿m^2。其次，如果考虑居住水平提高（2003年城市人均住宅建筑面积23.7m^2，且按每年1%或低于1%增长），2050年城镇居民人均住房建筑面积将达到38m^2。2004～2050年为提高居住水平需要新建住宅123.1亿m^2。目前，我国城镇存量住房有60多亿m^2，按50年折旧计算，并适当减掉有些住房到期未能拆除的因素，预计每年需要拆除重建1亿m^2。以上三项预测相加，2004～2050年，每年需要新建城镇住房6.19亿～6.8亿m^2，如果考虑城市化影响未核减的数字，至少也在4.19亿～5.43亿m^2之间。

对开发强度起法定作用的是控制性详细规划。图4–7列举了控制性详细规划的指标体系。其强制性规定的最重要的指标为容积率、建筑密度、绿地率、建筑控制高度、停车位数量甚至空地率，指导性指标通常包括人口密度、就业人口密度等内容。

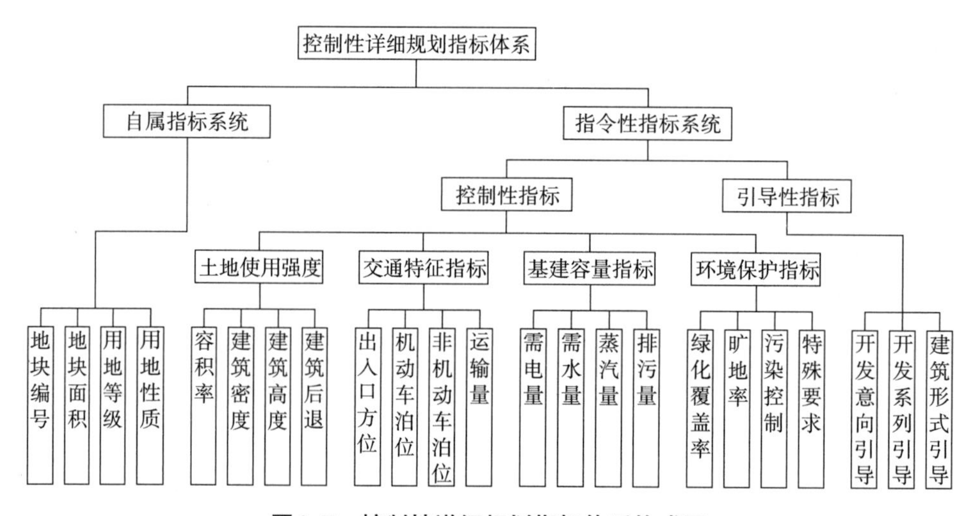

图4–7　控制性详细规划指标体系构成图

（资料来源：王鹏．控制性详细规划指标体系初探[J]．山东建筑工程学院学报，1991，6（2）.）

① http://renzhiqianghy.blog.hexun.com/61318313_d.html.

表4–5列举了与用地开发强度控制相关的各项指标及其定义。在具体的城市开发强度控制过程中，对于大于一定用地规模的开发项目（如上海的临界用地规模是3hm^2、厦门和福州为2hm^2、广州和深圳为1hm^2），要求编制详细规划作为开发强度控制的依据。对于小于一定用地规模的开发项目和详细规划没有覆盖的地区，以城市规划部门规章作为开发强度控制的依据。

控制性详细规划控制指标（部分）　　表4–5

	控制指标	指标定义	备注
控制性指标	用地性质	规划用地的使用功能，可根据用地分类标准小类进行标注	反映土地的使用性质
	用地面积	规划地块划定的面积	
	建筑密度	规划地块内各类建筑基底占地面积与地块面积之比	反映用地经济性的主要指标之一
	容积率	规划地块内各类建筑总面积与地块面积之比	反映建筑用地使用强度的一项重要指标
指导性指标	人口容量	规划地块内部每公顷用地的居住人口数	

注：表中未包含以下指标：建筑控制高度、建筑红线后退距离、绿地率、交通出入口方位、停车泊位及其他需要配置的公共设施、建筑形式、体量、色彩、风格要求。

香港土地开发强度的规划控制主要从用地分类、基地位置、建筑高度三方面对土地开发强度进行控制。香港住宅用地开发强度综合考虑交通运输条件、市场需求、基础设施容量、城市景观需要和生态环境保育等因素。交通运输条件是开发强度控制的首要因素，基本原则是鼓励高容量运输枢纽附近地区的高密度开发。香港的住宅土地开发强度控制规划实行分区域的分级控制构架，即全港划分为都会区、新市镇和乡郊地区三大区域分别制定各区域的土地开发强度指标。表4–6列举了都会区（包括香港岛、九龙及新九龙、荃湾、葵涌及青衣）住宅开发强度的控制规定。第一区住宅开发的强度最高，主要是指有大容量公共运输系统服务的地区（火车站或其他主要交通交会处），该类建筑物的低层（一至三楼）通常属于商业楼层；第二区虽然有大容量公共运输系统，但不是很方便，发展中高密度的住宅，不设商业楼层。第三区的公共运输系统容量有限，在城市设计、交通或环境方面受到特别限制。[①]

① 顾翠红等. 香港土地开发强度规划控制的方法及其借鉴[J]. 中国土地科学，2006（4）.

香港住宅发展密度分区的容积率 表4-6

	都会区	新市镇	乡郊地区
住宅发展密度第1区	8～10倍（已建地区）、6.5倍（新发展区）	8.0倍	3.6倍
住宅发展密度第2区	5.0倍	5.0倍	2.4倍
住宅发展密度第3区	3.0倍	3.0倍	0.75倍
住宅发展密度第4区	—	0.4倍	0.4倍
住宅发展密度第5区	—	—	0.2倍
乡村（住宅发展密度第6区）	—	—	3.0倍

资料来源：香港城市标准与准则.

表4-7列举了各主要国家的城市规划结构。欧美和中国一样，土地利用规划是总体规划的核心。美国土地利用法的三个基本手段是区划、土地细分和基础设施的财政支配法。城市总体规划对土地和开发的要求通过两个层面的法规得以实施：首先，通过《细分法》在技术上管理如何将农业用地转化为城市用地；第二，通过《区划法》规定城市范围内土地的用途、开发强度和建筑体量。再进一步，通过《住房建造法规》以及相关的地方法律条例来管理住宅和其他建筑物的设计和建设问题。区划条例是开发强度控制的法定依据。通过土地利用分区并规定各类用途分区的容积率指标来进行控制。

各国城市规划结构 表4-7

国别	上级规划	下级规划
中国	总体规划	详细规划
美国	总体规划（comprehensive plan）	分区规划（zoning）
英国	地方发展框架（local development frame work）	行动规划（action plan）
德国	土地利用规划（F-plan）	建造规划（B-plan）
法国	总体规划纲要（SD）	城市土地利用规划（POS）
新加坡	概念规划（concept plan）	开发指导规划（DGP）

资料来源：曹康. 西方城市规划简史[M]. 南京：东南大学出版社，2010.

图4-8是纽约市区划分区的示意。表4-8所示为纽约市区划的指标规定。1916年纽约市在律师Edward Bassett等人建议下通过了《纽约市用地区划条例》，成为全

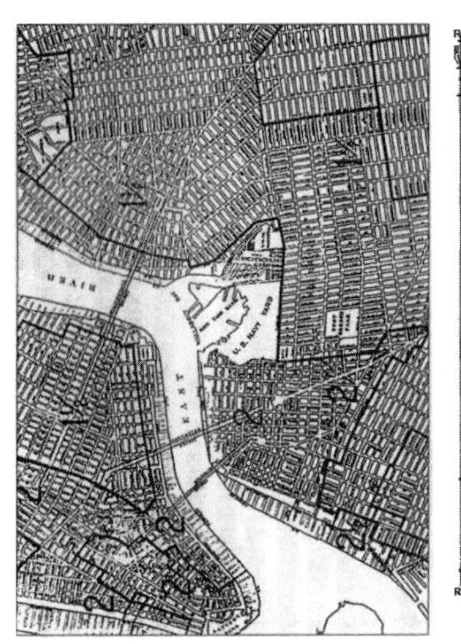
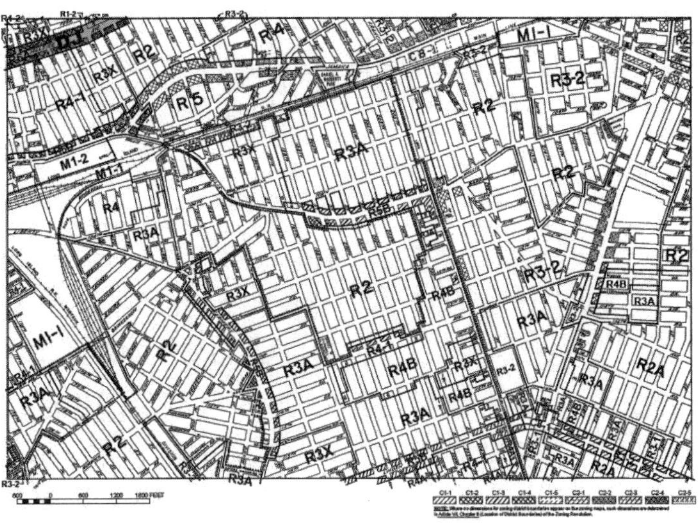

图4–8　纽约市区划图

（资料来源：http://www.nyc.gov/html/dcp/html/zone.）

美第一个具有整体土地区划管理规则的城市。此管理规则将早先的三种土地使用管理办法：建筑物高度限制（1909年）、建筑物退缩（1912年）及使用控制（1915年）合并。①区划法采取典型的通则式技术方法，将地区划分得很细致并对应不同的指标规定。按照土地用途区对土地开发强度进行规定，任何地块的开发强度只因用途的不同而产生，体现市场经济公平竞争及法制的原则。纽约市将土地分为居住用途区、商业用途区和工业用途区三大类，居住用途区根据不同的住宅类型，按照密度从低到高的不同划分为十类，分别对应不同的人口密度。

纽约区划的指标规定　　　　**表4–8**

	Residential FAR（max）	Lot coverage
R1 ~ R3 Lower–Density Residence Districts	0.5 ~ 0.85	30% ~ 35%
R4 ~ R5 Lower–Density Residence Districts	R4：0.75 ~ 1.35； R5：1.1 ~ 2.0	45% ~ 80%
R6 ~ R7 Medium– Density Residence Districts	R6：0.78 ~ 3.0； R7：0.87 ~ 5.0	60% ~ 80%

资料来源：http://www.nyc.gov/html/dcp/html/zone/zh_resdistricts.shtml.

① 刘洪涛，周振福．城市土地使用控制方法研究[J]．规划师，2003（19）．

英国城市土地规划由完善的法规体系和执法系统构成。其立法系统包括制定城市土地利用规划法案和编制具有法律力的开发规划；其执法系统则是通过签发规划许可控制地区的土地开发。每一种类型的开发规划编制过程中，几乎都有法定的公众参与程序。其形式有公众评议、公众审查、公众讨论、公众审核、公众意见等。英国的城市人口密度较大，为了增强城市居住区的宜居性，对城市居住区的密度有严格的限制，具体包括：独立的房屋不应该超过20户/hm^2，半独立房屋不超过30户/hm^2，排屋不超过50户/hm^2。如果超过这些界限，需要建设高层房屋（公寓或公寓套房）。到了20世纪晚期，住宅的平均套密度是25户/hm^2，其中大部分建筑密度不超过20户/hm^2。随着社会的发展，人口的增加，同时认识到这种土地使用是不可持续的，2005年3月发布的《规划政策宣言》（Planning Policy Statement 3：Housing）提出土地利用的新标准：地方政府应该设置一个密度范围，住宅的开发净套密度30套/hm^2的开发是国家指导政策的最低值。英国的一些地方政府（如：朴茨茅斯，Portsmouth）规定新建居住区的净居住密度应根据住区公共交通可达性的高低来决定：公交可达性最好的住区套密度最少60套/hm^2；公交可达性中等的住区最少45套/hm^2；公交可达性较低的住区最少30套/hm^2。

在英国政府的要求下，Patrick Abercrombie实践了大伦敦规划。大伦敦规划以内城为核心向各方向延伸30英里，包含1000万人口以上的广大城市区域。规划建议伦敦的发展应当保持较低的人口密度；内伦敦大部分居住地区每英亩136人，市中心极小一部分地区可以提高到200人，“内圈”外围则降至100人或100人以下，由此造成的大量过剩人口，在绿带外面由经过充分规划的新居民点来接纳：即在离伦敦20～35英里周围的“新城镇”和在这些地方扩建原有小城镇。

新加坡的居住开发控制指南规定了住宅发展的六种密度等级（表4-9）。住宅开发强度是通过人口密度来计算的，容积率等于人口密度乘以系数0.0056。[①]

新加坡住宅发展的一般密度规定　　表4-9

密度	毛容积率（GPR）	建筑密度	建筑高度控制（层数）	
			DGP的控制规定	可达到的最大值
超高	>2.8	最高40%	>30	>36
高	最高2.8	最高40%	30	36
中高	最高2.1	最高40%	20	24
中	最高1.6	最高40%	10	12
低	最高1.4	最高40%	4	5

资料来源：唐子来，付磊．城市密度分区研究——以深圳经济特区为例[J]．城市规划汇刊，2003（4）．

① 唐子来，付磊．城市密度分区研究——以深圳经济特区为例[J]．城市规划汇刊，2003（4）．

4.3.2　控制指标

我国城市建设由城市规划部门和土地部门制定的相关指标管理和控制。对城市居住空间的用地标准具有限定作用的国家标准是2006年颁布的《城市居住区规划设计规范》GB 50180（下称规范）和2012年开始实施的《城市用地分类与规划建设用地标准》GB 50137（下称标准）。前者用于详细规划阶段，后者大多用于总体规划阶段。居住密度的控制指标包括：人均用地面积、每户住宅面积、容积率和建筑密度。

1. 人均用地面积

人均用地面积反映了人口密度的大小，我国《城市用地分类与规划建设用地标准》GB 50137中规定了规划建设用地标准（表4-10、表4-11），包括规划人均建设用地标准，规划人均单项建设用地指标和规划建设用地结构三部分。标准对人均城市建设用地（urban development land per capita）和人均居住用地（residential land per capita）定义如下：

$$\text{人均城市建设用地面积}=\frac{\text{城市和县政府所在地镇内城市建设用地面积}}{\text{中心城区（镇区）内的常住人口数量}}\quad(4\text{-}2)$$

$$\text{人均居住用地}=\frac{\text{城市和县政府所在地镇内居住用地面积}}{\text{中心城区（镇区）内的常住人口数量}}\quad(4\text{-}3)$$

在总体规划中，人均用地是确定城市用地总规模的一项重要参考指标。在计算未来城市土地需求时多以未来城市人口的数量和城市人均用地为主要依据。城市人均用地面积数值的大小受各类城市经济活动如产业类别、居住习惯、城市发展阶段、自然条件、用地政策等的影响。计算用地标准时，人口计算范围必须与用地计算范围相一致。[①]表4-12为根据现状人均用地规模推算规划人均城市建设用地规模的极限值。

规划人均建设用地指标分级（1991年）　　表4-10

指标级别	用地标准（m^2/人）
Ⅰ	60.1 ~ 75.0
Ⅱ	75.1 ~ 90.0
Ⅲ	90.1 ~ 105.0
Ⅳ	105.1 ~ 120.0

注：《城市用地分类与规划建设用地标准》GB 50137—2011中，新建城市的规划人均城市建设用地指标应在85.1 ~ 105.0m^2/人。

① 在《城市用地分类与规划建设用地标准》GBJ 137—1990中，在计算建设用地标准时，人口数宜以非农业人口数为准。在《城市用地分类与规划建设用地标准》GB 50137—2011中，人口数以常住人口数为准。常住人口指户籍人口数量与半年以上暂住人口数量之和。

规划人均单项建设用地指标 **表4–11**

类别名称	用地标准（1991年）	用地标准（2011年）
居住用地	18.0～28.0m²/人	Ⅰ、Ⅱ、Ⅵ、Ⅶ气候区：28.0～38.0m²/人； Ⅲ、Ⅳ、Ⅴ气候区：23.0～36.0m²/人
道路广场用地	7.0～15.0m²/人	人均交通设施用地面积：≥12.0m²/人
绿地 其中：公共绿地	≥9.0m²/人 ≥7.0m²/人	≥10.0m²/人 ≥8.0m²/人
工业用地：10.0～25.0m²/人		公共管理与公共服务用地面积：≥5.5m²/人

根据现状人均用地规模推算规划人均城市建设用地规模的极限值（m²/人） **表4–12**

现状人均城市建设用地	Ⅰ、Ⅱ、Ⅵ、Ⅶ		Ⅲ、Ⅳ、Ⅴ	
	最小值	最大值	最小值	最大值
60	65	85	65	85
65	65	85	65	85
70	70	90	70	90
75	75	95	75	95
80	80	100	75	100
85	85	105	80	100
90	85	110	80	105
95	90	110	85	105
100	90	110	85	105
105	95	110	90	105
110	95	110	90	110
115	95	115	90	110
120	—	115	—	110
＞120	—	115	—	110

资料来源：《城市用地分类与规划建设用地标准》GB 50137—2011.

居住用地是住宅用地、公建用地、道路用地和公共绿地等四项用地的总称。居住用地以人均用地指标为主要指标，而容积率作为辅助指标来控制生活空间的大小、建筑的高度等。居住水平的提高不仅仅意味着住宅面积的增加，还必须相应地提高其环境质量、配套水平、道路交通状况等，因而用地必然会大大增加。城市居住区规划设计规范给出了居住区用地平衡控制指标（表4–13、表4–14）和人均居住区用地控制指标（表4–15）。住建部政策研究中心的《全面建设小康社会居住目标研究》中提出2020年城镇人均住房建筑面积35.0m²。如果按照2020年

35.0m²的人均住房建筑面积，根据《城市居住区规划设计规范》GB 50180中关于住宅建筑面积净密度最大值的规定，可以推算出最少的人均住宅用地面积，根据住宅用地最多占居住区用地的60%，可以得出人均居住区用地的最小值（见表4–15）。

居住区用地平衡控制指标（m^2/千人）　表4–13

用地构成	居住区	小区	组团
住宅用地	1668～3293 （2228～4213）	968～2397 （1338～2877）	362～856 （703～1356）

资料来源：《城市居住区规划设计规范》GB 50180—1993（2002年版）.

人均居住区用地控制指标（m^2/人）　表4–14

居住规模	层数	建筑气候区划		
		Ⅰ、Ⅱ、Ⅵ、Ⅶ	Ⅲ、Ⅴ	Ⅳ
居住区（人口规模为3万～5万人）	低层	33～47（30303）	30～43	28～40
	多层	20～28（50000）	19～27	18～25
	多层、高层	12～26（83333）	17～26	17～26
小区（人口规模为0.7万～1.5万人）	低层	30～43（33333）	28～40	26～37
	多层	20～28（50000）	19～26	18～25
	中高层	17～24（58823）	15～22	14～20
	高层	10～15（100000）	10～15	10～15
组团（人口规模为0.1万～0.3万人）	低层	25～35（40000）	23～32	21～30
	多层	16～23（62500）	15～22	14～20
	中高层	14～20（71428）	13～18	12～16
	高层	8～11（125000）	8～11	8～11

注：①本表各项指标按每户3.2人；
②为便于比较，括号里为换算为人口密度的数值，数值取人口密度的最大值，单位为人/平方公里。
资料来源：《城市居住区规划设计规范》GB 50180—1993（2002年版）.

2020年人均居住区用地面积推算（m^2/人）　表4–15

居住规模	层数	建筑气候区划	
		Ⅰ、Ⅱ、Ⅵ、Ⅶ	Ⅲ、Ⅳ、Ⅴ
居住区	低层	53.0～63.6（18867）	44.9～58.3（22271）
	多层	34.3～41.2（29154）	30.7～38.9（32573）
	中高层	29.2～35.0（34246）	24.3～31.8（41152）
	高层	16.7～20.0（59880）	16.7～20.0（59880）

注：为便于比较，括号内为换算为人口密度的数值，数值取人口密度最大值，单位为人/平方公里。

2. 每户住宅面积

居住标准是居住权的一种量化体现，住宅面积标准是一项政策性很强的指标。狭义的居住标准是住宅单元的面积标准，国外一般指户内使用面积。

从1920年代到1960年代末，西方国家在凯恩斯主义的政治经济架构下，对住宅建设采取国家干预的政策，由中央、地方政府或其他非盈利机构出资建造了非盈利性且租金低廉的社会住宅，并对居住标准制定下限。1919年，英国政府提出《住宅法案》，要求地方政府根据法案建设出租的社会住宅。规定每套住宅至少包括3个卧室，其中至少有2个卧室能够容纳2个床位，并拥有独立的浴室等。

二战以后是欧洲社会住宅建设的繁盛时期。这期间，西欧各国政府都对住房领域进行了全面干预。这一时期具有广泛影响的住宅设计是马赛公寓，柯布西耶在这里设计的适用于3～4口家庭的典型户型面积在85～90m^{2}之间。1958年，国际家庭组织联盟提出了欧洲国家的住房及房间最小居住面积标准。标准要求每套住房应至少有一间不小于11.3m^{2}的房间，每个卧室面积至少为8.5m^2，并根据不同卧室数目及居住人数规定2～5间卧室的住宅需要对应的面积为46～88m^2。

1970年以后，欧洲社会住宅面积标准开始细化。表4-16列举了欧洲各国社会住宅的面积标准。这一时期住宅面积提高不大，以三室一厅套型为例，面积多在90m^{2}上下浮动。①1980年代，西欧各国住宅平均套内使用面积已达到80m^{2}以上，2000年，该数字普遍处于90～115m^{2}之间。②

早在1945年梁思成就提出了住宅区设计中保护居民身心健康所必需的几个基本原则，包括：规定人或建筑面积之比例，以保障充分的阳光与空气；在住宅之内，要使每一个居民的寝室与工作室分离；提出“一人一床”的口号等。新中国成立以后，随着国民经济的发展，结合人们对居住的要求，我国住宅面积的标准时起时落，总体上由低到高地发展。我国自新中国成立以来长期使用“人均居住面积”③这个指标来衡量居民的住房水平并以此控制职工的住宅面积定额。

---

① 陈珊，黄一如. 欧洲社会住宅面积标准演变过程浅析[J]. 城市建筑，2010（1）.

② 张杰，裯文浩，邵磊. 现代西方城市居住标准研究[J]. 世界建筑，2008（2）.

③ 居住面积，即居室的面积，是指住房面积中除去门厅、过道、厨房、卫生间等辅助面积后剩下的面积。这一指标有不科学之处，不能反映住房条件的改善。“使用面积”是指房屋内墙线以内的全部面积，等于住宅居住面积与住宅辅助面积之和。采用“使用面积”的概念，能够更加准确和实际地反映住房情况，也符合目前国际上通用的统计方法。由于没有考虑公摊，人均使用面积不适应住房建设和市场交换。“建筑面积”这一指标将使用面积、有效面积都计算在内，也包括了分摊的公共面积。

张庆仲[①]分析了新中国成立60年来住宅面积标准的演变。改革开放前，我国处于计划经济体制时期，为了控制造价和快速发展城市住宅，国家广泛推行了住宅标准设计。20世纪50年代，提倡合理设计、不合理地使用和分配，住宅面积标准控制在人均居住面积4、6、9m²。

1957年，国家建委拟定的《民用建筑设计参考标准》中规定的住宅面积标准中，平均每户建筑面积为46～53m²，总平均为49.5m²，居住面积应占52%。1964年，开展设计革命以后，基本建设一切从简。1966年，国家建委转发建筑工程部《关于住宅、宿舍建筑标准的意见》，明确规定平均每户建筑面积32m²，居住面积18m²，平均每人居住面积不大于4m²。1978年，按国家建委的《关于厂矿企业职工住宅、宿舍建筑标准的几点意见》，每户平均建筑面积一般不超过42m²。如采用大板、大模等新型结构，可按45m²设计。省直以上机关、大专院校和科研、设计单位的住宅，标准可以略高，但每户平均建筑面积不得超过50m²。

1982年4月，国务院发布《关于城市出售住宅试点问题的批复》，拉开了我国城市住宅商品化的序幕，带动了房地产业的兴起。商品住宅几乎不受国家住宅面积标准的限制，全国各地超住宅面积标准建设的现象比较普遍。为了扭转住宅面积标准失控的建设局面，国家有关部门又颁布了相关的规定。表4-17列举了我国1983年以后的有关住宅面积标准的相关规定。我国的住宅设计标准中对住宅的基本居住空间的尺度进行了规定（表4-18）。

欧洲各国社会住宅的面积指标　　表4-16

国家	套内面积（m²）	户均人数	房间面积标准
比利时	—	2.2（2002年）	每个房间最小居住面积6.5m²
德国	—	—	居住的房间净面积最小10m²；如有几个房间，有一个房间允许6m²
英国	59～93（2004年）	2.0	—
荷兰	68～90（2004年）	1.9	至少一个房间11m²，最小房间5m²，宽度2.4m
法国	71（2002年平均面积）	2.6	各个房间平均居住面积9m²，每个房间都不小于7m²
挪威	53.9～83.6	—	每个房间最小体积15m³：顶棚高度最小2.4m，房间面积最小6.2m²
瑞典	47～96	1.7	每个房间最小面积：起居室20m²；能放下两张床的卧室12m²；单人卧室7m²；储藏室：二室一套6m²，三室一套7m²，四室一套8m²

① 张庆仲. 中国60年住宅面积标准的演变与思考[M]//刘燕辉主编. 中国住房60年往事回眸（1949～2009）. 北京：中国建筑工业出版社，2009.

续表

国家	套内面积（m^2）	户均人数	房间面积标准
丹麦	70～110	1.8	每个房间最小面积：起居室20m^2；能放下两张床的卧室10m^2；储藏室：3m^2；顶棚最小高度2.5m

资料来源：陈珊，黄一如．欧洲社会住宅面积标准演变过程浅析[J]．城市建筑，2010（1）．

基本居住空间的尺度要求　　表4-17

基本空间名称	《住宅设计标准》DGJ 08—20—2007
卧室	使用面积不应小于：主卧室12m^2，双人卧室10m^2，单人卧室6m^2
起居室	使用面积不应小于：中、小套12m^2，大套14m^2
厨房	使用面积不应小于：小套4.0m^2，中套5.0m^2，大套5.5m^2
卫生间	至少一间的使用面积不应小于3.5m^2
储藏室	中、小壁橱不小于0.6m×0.8m，大套1.5m^2

资料来源：《住宅设计标准》DGJ 08—20—2007．

我国1983年以后的住宅面积标准　　表4-18

	一类住宅	二类住宅	三类住宅	四类住宅
1983年，国务院颁布《关于严格控制城镇住宅标准的规定》	平均每户建筑面积42～45m^2	平均每户建筑面积45～50m^2	平均每户建筑面积60～70m^2	平均每户建筑面积80～90m^2
1986年，国家计委批准发布《住宅建筑设计规范》	住宅套型分为小套、中套、大套 每套使用面积：小套18～26m^2、中套30～36m^2、大套45～48m^2，相当于每套建筑面积：小套26～37m^2、中套42～50m^2、大套63～67m^2			
1996年，《2000年小康型城乡住宅科技产业工程、城市示范小区规划设计导则》	平均每户建筑面积55～65m^2	平均每户建筑面积70～80m^2	平均每户建筑面积85～95m^2	平均每户建筑面积100～120m^2
1999年，建设部发布国家标准《住宅设计规范》	使用面积34m^2	使用面积45m^2	使用面积56m^2	使用面积68m^2
2003年，国土资源部发布《关于清理各类园区用地，加强土地供应调整的紧急通知》	规定今后5年内，停止别墅用地供应			
2006年，建设部发布《关于落实新建住房结构比例要求的若干意见》	自2006年6月1日起，各城市年度新审批、新开工的商品住房总面积中，套型面积90m^2以下住房（含经济适用房）面积所占比重必须达到70%以上			

资料来源：张庆仲．中国60年住宅面积标准的演变与思考[M]//刘燕辉主编．中国住房60年往事回眸（1949～2009）．北京：中国建筑工业出版社，2010．

3. 容积率

容积率是控制性详细规划中的重要指标，直接决定了具体地块的开发强度。容积率的高低与地块区位、用地性质、地块规模、地块形状、周边情况等因素相关。表4–19系统总结了项目用地密度控制的影响因素及表征变量。表4–20列举了常用的容积率指标的确定方法。表4–21为我国各城市对容积率的规定。

我国居住区规划建设中目前存在的问题和倾向，主要是提高密度以最大可能地提高经济效益，而不顾居住区环境质量。因此，《城市居住区规划设计规范》GB 50180中提出了住宅建筑面积净密度[①]最大值的控制指标。可以按居住户数或人口规模属于哪一级别的规模，选用最高值的住宅用地的比例，总用地乘以住宅用地比例可以求得住宅用地是多少，根据住宅建筑面积净密度控制指标乘以住宅用地，就可以计算出住宅建筑面积的数值。住宅建筑面积净密度最大值的确定依据：一是不同层数住宅在不同建筑气候区所能达到的最大值；二是考虑居住区基本环境质量要求，高层住宅的指标则主要是根据环境容量确定；三是考虑其他的综合因素，一般来说，交通条件好、地块规模小、周边地块条件好，则容易做到较高。住宅面积净密度直接反映住宅用地上的建筑量和人口量。住宅建筑面积净密度过大，即住宅用地上的环境容量过大，也就是说建房过多、住人过挤，就会影响居住区环境质量——包括空间环境效果和生态环境状况。从表4–22可以看出住宅建筑面积净密度不得超过每公顷3.5万m^2。

密度影响因素及表征变量　　表4–19

要素类型	影响要素	规划解读	可采用的规划表征变量
基准要素（一般和全局的影响要素）	服务条件	反映服务能力、集聚经济程度、土地收益，一般越靠近中心密度越高	与服务中心的距离
	交通条件	反映地区的可达性，影响居住密度、就业密度，一般交通条件越好密度越高	与城市干道、轨道线的距离，公交线路密度、微观层面的地块相邻道路的数量
	环境条件	公共绿地、公共空间、自然景观等环境条件越好，密度越高	与公共绿地、公共空间、自然景观的距离
修正要素（特殊和局部的影响要素）	生态要求	特殊生态地区为保护生态功能，对城市开发提出要求，一般为限制性要求	生态控制范围内的用途限制、密度限制、高度限制等具体要求

① 住宅建筑面积净密度是指每公顷住宅用地上拥有的住宅建筑面积（万m^2/hm^2），是决定居住区居住密度的重要指标。

续表

要素类型	影响要素	规划解读	可采用的规划表征变量
修正要素（特殊和局部的影响要素）	安全要求	特殊地区或设施由于安全原因，影响城市开发，一般为限制性要求	安全防护控制范围内的用途限制、密度限制、高度限制等具体要求
	美学要求	为达到塑造城市景观的要求，从美学角度对城市的建设形态可提出具体的指引性或限制性要求	城市设计提出的有关节点、轮廓、走廊、带、高度分区等美学指引与控制要求
扩展要素（个别的影响因素）	—	其他对密度产生影响的特殊情况	根据实际情况整理具体要求

资料来源：深圳市城市规划设计研究院，同济大学城市规划系联合编制．深圳经济特区密度分区研究[Z].

容积率指标确定方法　表4–20

方法	描述
1．类比法	通过分析比较与项目性质、类型、规模相类似的控制性详细规划项目案例，选择确定相关控制指标，如容积率、建筑密度、绿化率等
2．典型实验法	有目标的形态规划，再根据经验指标数据，选择相关控制指标，两者权衡
3．经济测算法	地块的不同容积率有着不同的产出效益，经济测算法就是根据土地、房屋搬迁、建设等价格和费用的市场信息，在对开发项目进行成本—效益分析的基础上，确定一个合理的容积率，使开发商能获得合适的利润回报，保证项目的顺利实施
4．环境容量推算法	基于环境容量的可行性来制定控制指标，即根据建筑条件、道路交通设施、市政设施、公共服务设施的状况以及可能的发展规模和需求，按照规划人均标准推算出可容纳的人口规模以及相应的容积率等各项指标
5．人口推算法	根据总体规划或分区规划对控制性详细规划范围内的人口容量以及城市功能的规定，提出人口密度和居住密度的要求；按照各个地块的居住用地的面积，推算出各地块的居住人口数；再根据规划近期内的人均居住用地和人均居住建筑面积等，就可以推算出某地块的容积率、建筑密度、建筑高度等控制指标。此法资料收集简单，计算方法简易，但是对上级规划依赖性强，对新出现的情况适应性不强，且只适用于以居住为主的地块

各城市容积率的有关规定　表4–21

城市	容积率的相关规定
上海	低层容积率0.3～0.4，内环以内高层居住建筑容积率最高控制为2.5
广州	低层容积0.8～1.0，居住组团容积率最高控制为2.9
深圳	低层容积率0.3～1.0，居住组团容积率最高控制为3.2
哈尔滨	新区高层住宅的容积率不超过4.5，旧城区不超过4.2
长沙	将长沙市区划分为四级密度区，密度一区：2.5～3.5；密度二区：2.0～3.0；密度三区：1.5～2.8；密度四区：1.5～2.4

续表

城市	容积率的相关规定
郑州	多层、高层的居住建筑：旧城改造地区：一类地区（二环以内）1.7～3.5；二类地区（二环、三环）2.0～3.0；规划新区（三环以外）：三类地区（临30m及30m以下道路地区）2.0
杭州	4～6层1.9，7～11层2.4，12～18层3.0，19层（含）以上3.5
青岛	中高层1.8，高层3.0
福州	一类地区：15000≤S<20000的住宅建筑，中高层，高层2.5～3.8； 二类地区：15000≤S<20000的住宅建筑，中高层，高层2.4～3.4
成都	中心城三环路以内：多层、高层1.8～4.0

资料来源：作者根据廖正昕．北京居住用地节地标准研究[J]．北京规划建设，2008（3）等相关资料整理．

值得注意的是，居住区的毛容积率[①]取值有一个合理的区间，不可能盲目增大。如果提高住宅用地的净容积率，由于居住人口的增多，公建配套用地比例也要提高，住宅用地比例则会相应下降，毛容积率的增加比较有限。有研究表明，即使全部建设高层建筑，居住区毛容积率要超过1.8也是很不容易的。[②]

住宅建筑面积净密度最大值控制指标（万m^2/hm^2）　　表4-22

住宅层数	建筑气候区划		
	Ⅰ、Ⅱ、Ⅵ、Ⅶ	Ⅲ、Ⅴ	Ⅳ
低层	1.10	1.20	1.30
多层	1.70	1.80	1.90
中高层	2.00	2.20	2.40
高层	3.50	3.50	3.50

资料来源：《城市居住区规划设计规范》GB 50180—1993（2002年版）．

4. 建筑密度

建筑密度是指规划地块内各类建筑基地面积占该地块用地面积的比例。

① 作为用地的建设容量指标，在使用或评价容积率时须注意地块面积的净度。对于居住区来说，居住区容积率与住宅用地容积率往往差别很大。一般居住用地中公共服务设施用地的容积率高于住宅用地容积率。假设某大型居住社区，住宅用地约占40%，公建用地约占30%，住宅用地平均容积率为1.65，公建用地平均容积率为2.0，则毛容积率为1.26，可以看出，毛容积率与净容积率，数值上有较大的不同（居住区容积率=住宅用地容积率×住宅用地占居住区总用地的比例+公建用地容积率×公建用地占居住区总用地的比例）。

② 白德懋．居住区规划与环境设计[M]．北京：中国建筑工业出版社，1993．

表4-23为《城市居住区规划设计规范》GB 50180—1993（2002年版）中规定的住宅建筑净密度最大值控制指标。

住宅建筑净密度最大值控制指标（%） 表4-23

住宅层数	建筑气候区划		
	Ⅰ、Ⅱ、Ⅵ、Ⅶ	Ⅲ、Ⅴ	Ⅵ
低层	35	40	43
多层	28	30	32
中高层	25	28	30
高层	20	20	22

资料来源：《城市居住区规划设计规范》GB 50180—1993（2002年版）。

控制建筑密度，实际上是控制空地率。空地的用途，一个是作为交通，一个是作为场地，一个是用作自然平衡，如作为商业建筑所需要的道路、场地等，作为居住建筑所需要的小区环境等。对于整个城市来说，这种密度的分配，表现为城市是均质的发展，还是有疏有密的发展。不同时代的建筑有不同的肌理特征，这种肌理特征可以用建筑密度和层数来表达。

建筑密度与容积率有一定的对应关系。从理论上说，同样的容积率，建筑密度越高，说明建筑的平均层数越低①。在一定的建筑密度条件下，容积率与地块的平均层数成正比。当容积率作为控制土地利用机制来运转时，就存在楼层与空地之间的替换关系。

在平均每户建筑面积指标和其他指标确定的情况下，居住人口密度提高，相应提高的只是建筑面积，建筑密度不一定提高。在层数提高的情况下，人口密度提高，建筑密度反倒会降低。例如，北京旧城内的平房区，居住密度一般为500多人/hm^2；如果居住密度提高到1000人/hm^2，平均层数提高到12层，建筑密度下降到15%以下。

容积率与建筑密度两项指标结合基本限定了建筑的空间形态。由于规划对容积率和建筑密度的限定，使得住宅空间的多样性受到制约。对于居住区的规划设计来说，地块容积率和建筑密度指标确定了，房地产商再结合市场对户型的需求量，总的建筑量和大致的空间形态就确定下来了。李振宇②提到："许多次遇到欧

① 建筑平均层数=容积率/建筑密度。

② Alain Bertaud, Stephen Malpezzit. The Spatial Distribution of Population in 48 World Cities: Implications for Economies in Transition[Z], 2003.

美的专家同行问：为什么中国不建造一些低层高密度的住宅建筑？我思来想去，这样回答：首先，中国目前的开发强度很大，建筑密度（容积率）很高，达到2.5或者3.0，所以必须建高层才行；其次，中国的城市规划规定很严，建筑密度必须小于30%，绿地率必须大于30%，所以低层高密度是行不通的。”建筑师刘亚波[①]质疑：“我们不禁要问，在中国国策要求城市人口平均密度要达到每平方公里1.5万～2万人，也就是居住区密度要达到每平方公里4万～5万人的情形下，城市居住区的密度指标就不能疏密有致，高低有态吗？”

4.4 内在特质——社会文化

段进认为：“现代人与生存空间的这种复杂关系，使我们容易产生这样的判断，即：空间本身不再重要，空间的形态与模式只是社会与经济的各种活动在地域上的投影。这个判断受到普遍的认同。”但是这种观点也带来了严重的后果：研究者认为“空间的结构与形态是社会与经济发展的空间化；人类的行为是经济理性和单维的，而不是文化和环境的。”[②]事实上，就居住密度来看，人类的居住行为既是文化和环境的，同时文化和环境对居住行为也产生作用。

20世纪30年代沃思（L.Wirth）的城市社会学经典之作——《作为一种生活方式的城市性》，它采用城市—乡村类型学方法，以人口数量、居住密度、居民以及群体生活的异质性为自变量，城市生活方式，包括以人与人之间的社会行为、人与组织之间的社会行为、组织与组织之间的互动形式为因变量，从生态、组织、个性及态度等三个角度描述了城市生活方式（城市性）。20世纪70～80年代，马克思主义地理学派提出了社会空间统一体的思想，其核心理论认为，社会结构和空间结构辩证统一地交互作用并相互依存。一方面，人创造、调整城市空间，同时他们生活工作的空间又是他们存在的物质、社会基础。邻里、社区可改变、创造、保持居民的价值观、态度和行为；另一方面，价值观、态度和行为这些派生之物也不可避免地影响邻里和社区。社会空间统一体的思想为城市居民生活方式和行为场所之间的关联建立了理论基础。[③]

城市空间不仅是规划技术手段干预的结果，也是社会关系的产物。经济因素使人们趋向于集中，人体本身的生理因素使人们趋于离散；而社会因素和美学因素，则使人与人、建筑与建筑之间处于最佳的状态。社会文化对于居住密度的影

① 刘亚波，王安氡，王彤．设计理想城市[M]．南昌：江西科学技术出版社，2008.

② 张勇强．城市空间发展自组织与城市规划[M]．南京：东南大学出版社，2006.

③ 王兴中等．中国城市生活空间结构研究[M]．北京：科学出版社，2004.

响主要体现在通过文化习惯以及家庭结构影响住宅形式。

4.4.1 文化习惯

美国作家詹姆斯·特拉菲尔在《未来城》一书中这样描述他喜爱的居住环境：

我喜爱大都市，我在芝加哥蓝领区长大……我在另外三个大都会区住过：波士顿、旧金山、华盛顿，还常常去纽约。我深深了解都市生活的迷人之处：能够发现新奇的餐厅，能在早餐桌上读到最好的报纸，每晚都有歌剧和音乐会可以选择……

我也喜爱小镇。过去20年来，我和太太都在她娘家的小镇避暑。那是位于蒙大拿的Red Lodge镇，人口只有1000人，面积5500ft^2。我很欣赏小镇居民建立人际网络的殷勤，让人觉得很有归属感。我了解小镇生活的迷人之处；签支票从来不需要出示身份证；走到大街一趟，至少要和五六个人聊聊天；永远不必锁家里大门或车门。

我还喜欢乡村。1970年代，我在弗吉尼亚的Bluemdge山买了一个荒废的农庄，亲手盖了间屋子，养养蜜蜂、种种蔬菜，也算加入了回归土地的运动。因此，我也很能体会乡居生活，接近大自然产生的归属感，以及自己亲手工作中产生的满足感。

奇怪得很，这段乡居经验反而使我更难容忍批评都市的人。每当我听到有人或者看到文章赞扬乡居生活多么美好，我总会怀疑他们是否曾在零度以下的夜里检查水管，或是曾经不靠电力生活上一个礼拜。

我也喜欢郊区。从1987年起，我就一直住在华盛顿城外一个典型的郊区里。我喜欢宁静的街道，两旁有茂密的老树，开车20min就能到达餐厅和戏院。我也知道可以把孩子送到邻居家里，而不必顾虑他们的安全。我了解为什么郊区会成为多数美国人聚居的地方，也猜想未来一段时间仍然会这样。

从这段文字中可以看出：大都市、小镇、乡村和郊区具有不同的人口规模和居住密度，这种不同密度的环境带给人们不同的生活体验，并决定着人们的生活方式。

殷冬明[①]认为不同的容积率决定了人群内部彼此间的平均距离。他认为极低容积率（小于0.05）带来的是人对空间的占有感；容积率居于0.05～0.7之间时，仍然

① 殷东明．常规知识范畴中的容积率指标谱系解读[J]．北京规划建设，2005（5）．

是一个较完整的自然环境，但带上了轻微的自然环境，社会关系也带有相对淳朴的自然趣味；容积率居于0.7 ~ 1.5之间时，个人空间的狭小让人们彼此之间的信赖度减小；而当容积率大于3时，人们对外界，包括环境和人群产生了抵触，这种关注只能通过把关注从外界转向人的精神内部来解决。

拉普卜特认为城市形体环境的本质在于空间的组织方式，而不是表层的形状、材料等物质方面。而文化、心理、礼仪、宗教信仰和生活方式在其中扮演了重要角色。不同的物质生活空间带来不同的生活体验并形成不同的居住文化。如上海传统里弄住宅高密度的居住空间锤炼出上海人忍辱负重、委曲求全和精打细算的性格。而不同的文化背景也具有不同的居住习惯，从而具有不同的居住密度特征。亚洲人比欧洲人能接受较高的居住密度，所以亚洲城市的居住密度普遍高于欧洲城市。亚洲地区包括中国、新加坡等，居民一直有喜欢热闹环境的传统，而欧美国家崇尚独立的生活，以独立、半独立的居住为主。不同的居住密度也反映出不同的社会关系。正是由于西方人与人之间的社会关系较之于中国松散，因而，其居住生活方式及其形态，居住空间分布也呈现较中国更松散的态势。①

Bertaud认为，城市的密度与文化有相当的关系，因为城市的密度很大程度上取决于房地产市场，从而取决于消费者在交通时间和居住面积之间的权衡。个人的需要和意愿是居住形态形成和演化的原动力。不同的年龄、性别、职业、受教育水平和社会经济地位等，是个体的人作为居住形态的主体所具有的不同特点，并进一步通过差异化的居住需求、生活方式、经济支付能力等作用于居住形态。

另一方面，居住具有社会属性，因而不同的社会阶层具有不同的居住品质，表现不同的密度特征。社会的等级制度反映到住居中就形成了等级居住。一个城市人口规模越大，其社会阶层的分异就越明显，同时社会阶层的两级分化现象就越严重，反映在城市居住区的空间分异就越明显。很多欧洲小镇的居住建筑的高度、质量、外观和居住密度等诸方面都具有很大程度上的相似性，因为其社会结构具有相当程度的“均匀”性。

前文已经论述区位是影响土地价格及城市密度的最主要因素。但是，在不同的文化中，决定区位价值的因素是有差异的。在我国，如医院（特别对于中老年人）、特色景观（形成所谓的“景观房”）、名校（即“学区房”）、地铁站等对居民的住宅选址具有重要的影响，从而使得毗邻这类设施的土地具有了区位优势，从而具有较高的土地价格。

---

① 戴颂华．中西居住形态比较——源流・交融・演[M]．上海：同济大学出版社，2008．

4.4.2 家庭结构

家庭是社会的细胞，作为家庭空间载体的住宅自然成为城市或聚落的细胞。不论是中国还是西方，居住生活方式及形态都经历过血缘关系的家庭与家族、地缘关系的村社、业缘关系的行会乃至社会组织等各个阶段。

中国的家长制是聚族而居的聚落形态形成和发展的主要的内在根源之一。各个时代人与人之间的血亲关系、婚姻关系、亲属间的关系、长幼关系等及其产生的结果和抽象出的秩序，正是住居空间关系的原则。丁俊清[①]从历史角度出发，提出了我国人群结合的三缘（血缘、地缘、职缘）理论和人伦、空间活动模式的五场理论，找到了居住文化与古代五服图组成中国社会族群团体和社会结构，规划出中国特有的个人—家庭—家族—宗族—村落—氏族—村落星座式居住图示。我国的人口就是在这个规律支配下不断地生聚组合，由个人而家庭，由家庭而宗族、氏族、村落、郡望，经几千几万年演变，衍化出几千个村落，出现了中国乡镇的基本面貌。

在封建时代，约定俗成的分家制度是调控空间重组的重要力量。士绅阶层的分家频率是较低的、广阔的田产、丰厚的收入使他们更多地维持着数代共居的居住形式。小农阶层的分家频率较高，家庭小型化趋向非常明显。

产业化的发展使得农业社会的家庭共同作业逐渐失去必要性，人口由农村转移到城市。城市由于人口密度高，居住空间狭小，因此带来大家庭的崩溃和核心家庭的产生。现代家庭单元户[②]人口构成以2口、3口、4口人为主体，平均家庭户人口在3～3.5人以内。城市家庭结构的缩小有助于居住人口分布分散。现代家庭的出现促进了职住分离的现象和集合住宅形式出现，住宅的功能只限定食宿、消费和养育。

早婚、离婚率上升、年轻人外出寻找受教育和就业机会、养老方式的改变等都会造成家庭平均人口的下降。随着社会的发展，家庭规模有逐渐缩小的趋势。英国环境部1996年发布的《家庭增长：我们将住在哪里？》[③]（Household Growth：Where Shall We Live?）白皮书指出：英国现在大部分单身住宅而非家庭住宅的数量在增长。1995年调查显示出有28%的住房是单身住宅，而且比例还在增长，有孩子的家庭住宅反而只占24%。日本研究21世纪的生活方式和居住形式推测，未来十年家庭组成形式的多样化表现为：独立夫妇家庭、两代人家庭、独身家庭、

---

① 丁俊清．中国居住文化[M]．上海：同济大学出版社，1997.

② 家庭户是指以家庭成员关系为主，居住一处共同生活的人组成的户。

③ Doe．Household Growth：Where Shall We Live[M]?London：DoE，1996.

中老年单身家庭增加，从而对住宅的需求量猛增，居住单位也从传统家庭向个人和集合体发展。[①]我国1990年第四次人口普查，大陆30个省、自治区、直辖市共有家庭户27694万户，平均每个家庭户人口3.96人，2010年第六次人口普查，31个省、自治区、直辖市共有家庭户40152万户，平均每个家庭户的人口为3.10人，比2000年减少0.34人。家庭户规模继续缩小，主要的原因是我国生育水平不断下降、迁移流动人口增加、年轻人婚后独立居住等。家庭规模的缩小意味着如果人口总数不减，对住房基本单位的需求将大量增加。同时，家庭规模的大小对套均面积也有影响。

4.5　空间因素——住区形态

居住形态与居住密度问题的讨论，主要集中在住宅层数和组合形式与居住密度的关系上。

4.5.1　住宅层数

增加住宅的层数可以达到用地的经济。随着住宅层数的增加，单位面积上所分担的占地面积减少，住区的容积率上升。不同的住宅层数具有不同的容积率和建筑密度特征。

高层住宅具有基底面积小、容积率高、节地效果显著的优点。高容积率居住区降低建筑密度最有效的措施就是发展高层住宅。[②]也有学者认为高层是节约用地的一个途径，但不是唯一和最好的途径，建议“多层高密度取代高层高密度”、“少建高层，改进多层，利用天井，内迁厨厕，加大进深，缩小面宽，节约投资，节省用地”[③]。

表4-24列举了不同类型建筑容积率及建筑密度的合理值域。

不同类型建筑容积率及建筑密度的合理值域　　表4-24

建筑形态	住宅小区容积率	建筑密度
独立别墅	≤0.3	以12%～35%为宜
双拼别墅	0.4 ~ 0.5	

① 日本住宅开发项目（HJ）课题组．21世纪型住宅模式[M]．陈滨，范悦译．北京：机械工业出版社，2006.

② 聂兰生，邹颖，舒平．21 世纪中国大城市居住形态解析[M]．天津：天津大学出版社，2004.

③ 张开济．多层和高层之争——有关高密度住宅建设的争论[J]．建筑学报，1990（11）.

续表

建筑形态	住宅小区容积率	建筑密度
联排别墅	0.6～0.8	以17.5%～50%为宜
叠加别墅（3～4层）	0.8～1.0	—
花园洋房（4～5层）	1.0～1.2	—
多层（6～7层）	1.2～2.0	以15%～25%为宜
小高层（8～11层）	1.6～2.2	以10%～23%为宜
中高层（12～18层）	2.2～2.8	—
高层（19～33层）	2.8～4.5	以7%～18%为宜
超高层（34层以上）	3.0，4.0，5.0	以6%～15%为宜

资料来源：根据杨松筠，陈韦．对我国住宅合理密度的初探[J]．城市规划，2009（3）等资料整理．

荷兰代尔夫特工业大学建筑学院规划系城市更新与管理专业教授罗斯曼教授（Prof. Jürgen Rosemann）说："我们老讲高层居住密度高了（能提供更多住房），但经过我们测算，实际上低层高密度的规划能产生与高层建筑同样的效果。在低层高密度相同的密度情况下，能够发展出更好的空间，更好的为行人提供的空间。""只有办公建筑用高层形式可能效率比较好。而对于住宅，6～7层的高度是比较合适的，再高土地的利用率反而下降了。有专门的算法，六七层的建筑密度是最高的。"道萨迪亚斯指出，20世纪以来，城市的密度正在逐步下降，其原因是高层建筑的大量建造和汽车的不断增多，使城市用地增长比人口增长快。道氏认为，与平常人们所接受的观点相反，高层建筑不仅不能增加密度，反而会降低密度，同时降低人们的生活质量。

近百年来我国城市住宅从传统形式逐步发展到以集合住宅为主的多样化的形式。19世纪末20世纪初，传统的单层居住组团和合院形式逐渐发生转变，出现了许多新的城市住宅类型。如出现于1900年前后的独门独户的高级住宅，适应城市密集人口居住需要、布局紧凑、用地省的联户住宅，二三层高的外廊式楼房围合而成的居住大院，以及适用于地价昂贵和人口密集地区的高层公寓等。20世纪30年代末期，我国的城市居住出现了砖石砌造的多层组团一统天下的局面。1949年后，全国大中城市和工矿企业的新建住宅一律采用标准化的多层集合住宅，出现了大量的行列式的5～7层住宅。受建造形式和建筑材料的制约，长期以来，6层砖混楼是遍及全国城市的住宅的主要形式。在过去的50年里，住宅建设几乎被清一色的多层住宅所占据。另外，为增加密度，还引进了高层塔楼和公寓建筑。近十年来我国住宅建筑的层数发展呈现由低向高逐渐增长的总趋势。一些大中城市普遍发展中高层（7～9层）住宅，以提高居住密度，节约用地。在一些大城市，近年来高层住宅发展较快，其层数也由十几层发展到二十几层。表4–25列举了我国城市不同住宅层数对容积率的影响。由表可见，除广州外，其他城市容积率均随着住宅层数的增加而增大。住宅层数从10层提高到16层时增长最为明显，从6层提高到10层时增加最少。广州市住宅层数从10层提高到16层时，容积率反而降低。

不同层数对容积率的影响　表4–25

层数（层）	广州	成都	郑州	济南	北京	沈阳
6	2.63	2.14	1.90	1.63	1.56	1.49
10	3.00	2.34	2.04	1.71	1.63	1.55
16	2.43	2.59	2.23	1.84	1.74	1.65
20	2.70	2.69	2.30	1.89	1.78	1.69

资料来源：王保福，田子超，赵志江．提高居住建筑容积率之途径[J]．城市规划汇刊，1993（1）．

4.5.2　组合形式

除了住宅层数以外，住宅单体的进深和面宽、住宅的组合形式等对居住密度也产生影响作用。一般认为住宅进深在11m以下时，每增加1m，每公顷可增加建筑面积1000m^{2}左右；在11m以上时，效果相应减少。面宽加大，住宅长度就相应加大。住宅长度在30～60m时，每增加10m，每公顷可增加建筑面积700～1000m^{2}左右，在60m以上时效果不显著。

表4–26比较了上海市四个不同街坊类型的居住密度值。比较可得，周边式比行列式具有较高的建筑密度和人口密度。剑桥大学在1960年代中期通过几何形态比较与数学模型分析相结合的方式，提出了比现代主义所提倡的高层建筑和开敞空间更有效的利用土地的住宅类型。其中，被认为是最成功的形式包括：庭院式、内天井式和周边式。

另外，莱斯利・马丁和莱昂内尔・马奇通过对独立式、并联式和庭院式三种住宅类型的图示比较，发现在建筑进深和层数相等的情况下，庭院式住宅的容积率可以达到点式住宅的5倍和并联条式住宅的1.67倍。而在另一项比较研究中发现：如果把纽约市中心区域的建筑形式全部变为庭院式布局，在保证容积率不变的前提下，建筑平均层数可由现有的21层减少到7层。

陈昌勇对几种提高居住密度的方法进行了量化评价，指出了各种方法的效能、优缺点和适用范围（表4–27）。由表可见，提高层数在中高层以下能有效地提高密度，多重围合可以大幅度提高密度。

居住密度比较表　表4-26

区位	城区		郊区	
实例名称	三角地	同济新村	安亭新镇	奥林匹克花园
街坊类型	小型多层周边式	行列式	小型多层周边式	行列式
建筑密度（%）	57	25	28	23
人口密度（人/hm^2）	700	500	360	300

提高居住密度的方法评价　表4-27

类型	效能	优点	缺点	适用范围
增加层数	在中高层以下能有效提高密度	能有效地提高密度	成本随层数增加。高层对儿童健康、老年人活动不利	适用范围广，高层住宅宜用于经济发达地区
增加进深或户数	超过一定层数才能有效提高密度，低层住宅时无意义	不增加造价，方法简单	变化范围不大，提高密度效率不高，易引起采光、通风问题	在对视线要求、日照要求高的地区慎用
单一围合	在小地块时，能有效提高居住密度	不增加造价，空间氛围好	存在通风、西晒问题	适用于北方寒冷城市，南方地区宜半围合
多重围合	能大幅度提高密度	层数不高时能实现高密度	存在通风、西晒问题	低层住宅容易实现，高层难以实现

资料来源：陈昌勇．几种提高居住密度方法的量化评价[J]．城市规划，2010（5）．

4.6 聚居演化——密度生成

《城市的生长》集中了伯吉斯城市形态学和动力学的洞见，即使没有正规的规划，城市形态也具有它自身的生长逻辑。城市密度此涨彼落的过程如潮汐一般，虽变化万千，却有内在的规律性。本节从聚居过程和演变阶段两个方面来剖析居住密度的生成规律。

4.6.1 聚居过程

住居形成聚落，聚落演化为城市。聚落空间的生长通过区位竞争，形成生长点，各种要素围绕生长点，在聚集与扩散两种作用下不断演化。

聚居的空间增长遵循区位择优的原则。由于自然资源的空间分布存在差异，各聚居点必然竞争与其发展相适应的优质区位从而形成相对有序、稳定的空间结构。《人居环境科学导论》一书中有对聚居系统的形成过程进行了描述。在聚居系统形成的最初阶段，人类总是选择最有利的地方作为他们的聚居地。或者是功能上有利，即对生活和生产方便和有利的地方；或者是安全上有利，即易于防守的地方。第一个聚居地建成之后，后来的定居者就会选择一个次好的位置建立新的聚居，如果后来者对先定居者怀有敌意或戒心，便会从安全的角度考虑，在离第一个聚居较远的地方定居，这样便产生出若干类型的聚居系统。

同样，聚居的内部各功能空间的选址也遵循区位择优的原则。如商业多集中在交通便利、利于商品运输和交换的地段，居住则趋向于风水吉地。每次建造行为都是位置择优的结果。随着聚落规模的增长，建成环境发生变化，优质地段相对于聚落整体的位置也在变化。

不同类型空间对优质区位的竞争与占有决定生长点的产生。当一定数量的空间类型群集于某一区位点，并对该点内某些特定的资源有着共同的需求时，生长点就生成了。生长点的产生带动周围的发展，在达到均衡的同时又孕育新的增长点。新的生长点带来的优势在吸引其他空间类型加入的同时也阻止同类空间的迁进，由于竞争作用和阿利氏效应，形成相对于生长点的扩散运动。通过区位竞争聚落空间围绕生长点，以一种连续和蛙跳相结合的方式不断生长。其结果是中心区成为最昂贵和最赚钱的地方，每一块可以利用的土地都会最大限度地被开发；建筑越来越高，密度越来越大。所以，即便未工业化时期的规模较小的人类聚居也会高密度发展。从这个意义上甚至可以说，任何人类聚居都是在当时的经济技术等条件允许下的最高密度。

生长点的生长过程也是住居向聚落、聚落向城市的演化过程，一旦生长点演化形成城市，城市作为各种功能的集合体，又在新的层次上作为新的原点，开始了凝聚和扩散的过程。城市生长的内在机制是空间相对于生长点的集聚与扩散。[①] 社会经济在空间上的“极化”（Polarization，即社会经济活动向某一点的聚集）与“扩散”（Diffusion，即社会经济要素从极核向外围扩散渗透）是城市形态发展的两个基本演化过程。图4–9描述了城市形态的生长过程。

聚集是城市生长中相对于生长点的向心聚合的倾向。具体表现为人口、经济、文化、科技等社会要素聚集，以及道路、建筑物等物质要素的聚集。聚集不是简单的数量叠加，量的聚集产生质的飞跃。城市的效率和优越性在于聚集，聚集是城市空间的基本特征。何兴刚[②]认为市场性、集聚性和开放性是城市的本质特

① 张宇星．城市形态生长的要素与过程[J]．新建筑，1995（1）．

② 何兴刚．城市开发区的理论与实践[M]．西安：陕西人民出版社，1995．

征。城市的社会和经济活动既需要也能够容纳高密度的人口，空间集中是经济集中的反映。西方城市经济理论指出，城市发展的主要原动力是城市经济的空间集聚效应（agglomeration）。巴西和美国的案例显示，与密集城市中心的距离增加一倍，生产率就降低15%，距离从280km增至550km，利润将降低6%。

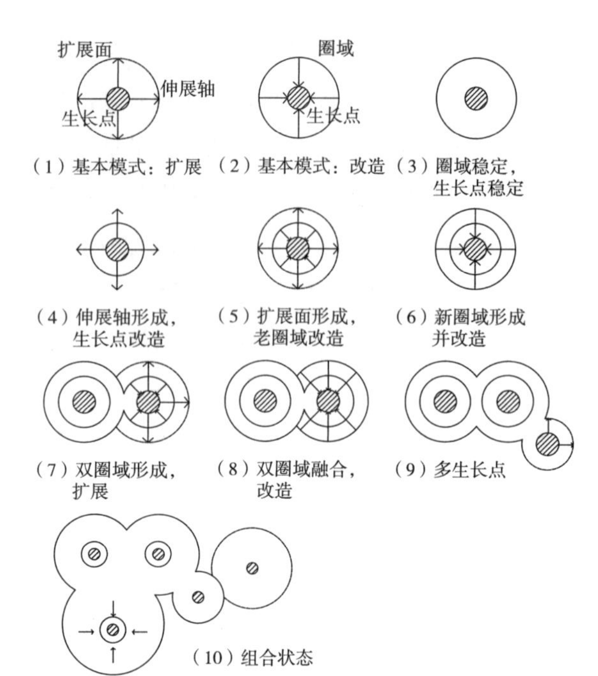

图4–9 城市形态生长模式示意

（资料来源：张宇星．城市形态生长的要素与过程[J]．新建筑，1995（1）．）

集聚经济表现在城市经济效益与城市规模之间具有正相关关系。城市市场规模（劳动力和消费市场）越大，交易成本和运输成本越低，经济就越繁荣，劳动力市场表现出规模递增规律。①韦伯的工业区位论将聚集作用分为两种形态：一是由经营规模的扩大而产生的生产聚集，称为规模经济；二是由多种企业在空间上集中产生的聚集，通过企业间的协作、分工和基础设施共同利用实现，称为聚集经济。城市规模越大，其吸纳就业的能力就越强，社会效益越明显。城市规模越大，其教育、文化、医疗、科技等事业部门的产出越多，效率越高。法国经济学家维得马尔根据瑞士的资料，得出了反映城市国民收入总额y和人口规模x之间的线性关系的公式：

$$y=230.97+498.1\lg x \tag{4–4}$$

在新古典经济学里，市场规模是由人口规模和人均收入定义的。市场规模是由一定交易半径内居民的数量和可支配收入的乘积决定的。“内涵”的市场规模同消费效率有关。所谓消费效率就是用同样的收入可以消费的物品和服务的数量：消费效率和交易半径的引入使得人口密度成为经济学中有意义的分析对象。在新经济地理学的核心—边缘模型中，循环累积因果关系包括两种：一种是与需求有

① 在新古典经济学里，市场规模是由人口规模和人均收入定义的。在引入空间后，市场的边界就必须同时引入交易半径。消费效率和交易半径的引入使得人口密度成为经济学中有意义的分析对象。空间上的集聚就成为消费效率高低的关键。人口密度成为决定“内涵”的市场规模以及就业水平的至关重要的一个变量。

关的市场接近效应，当企业向核心区集聚时，制造者消费的转移导致生产活动的转移，核心区就业增加，这反过来又进一步刺激消费支出的转移。第二种是与成本有关的生活成本效应，当人口向核心区集聚时，生产活动的转移降低了核心区的价格指数，从而提高了核心区的实际工资水平，将会进一步激励人口和生产的转移，提高核心区的产业份额。因此，空间上的集聚就成为消费效率高低的关键。人口密度成为决定"内涵"的市场规模以及就业水平的至关重要的一个变量。

当然，空间的集聚效应也有一定的限度。当其超过一定的饱和状态后，就会转化为一种不经济，此时企业会自发向城市边缘区和外部迁移，表现为城市的扩张过程。人口集聚既有效益也有成本。一旦效益低于成本，人口就不会继续聚集。从土地报酬规律来看，聚集效应也存在一个合理的容量问题。通常表现为先递增后递减的规律。第一阶段变量资源少，固定资源（土地）多，两者的配比不够均匀。虽然平均报酬和总报酬都递增，但是报酬收益并不高，不是合理的资源利用和生产阶段。第二阶段，投入的变量与固定资源的配合比例，在数量上较为接近。边际产量和平均产量均随变量资源的递增而下降，但仍是正值，且每次增加的投入收入资源都带来了总报酬的增加。第三阶段的资源配合比例，变量资源过多，超出土地的承受力，土地的边际产量、平均及总报酬都全面下降。也就是说，对于单位土地来说，存在一个合理的生产资源投放总量问题。对应地存在一个合理的空间和活动的总量问题。

城市扩张的动因主要有①：区域经济的发展促使城市间相互依赖的关系形成，从而对城市内部空间要素分布产生向外的拉动力；市中心高昂的土地费用、交通拥堵和环境品质下降产生的离心力；信息技术的进步使产业的空间选择性提高；居住追求更好的生活质量。当然，还有一些其他因素也导致了分散，比如远离竞争对手的愿望、地价差、生态环境效应等。城市土地扩展不一定是始终向外的，有时也会指向横侧或内侧，在综合地价、环境、设施水平等因素后，在某一段时间段内，城市是呈螺旋状扩展的。

陈顺清②将城市增长的动力分成向心力、离心力和摩擦力三种力量的相互作用。向心力是指对厂商、家庭产生集聚的力量。离心力是指对厂商、家庭向外扩散的力量。摩擦力是指阻碍厂商、家庭产生集聚或扩散运动的力量。市场经济中的城市依次将出现向心力驱动的城市增长，离心力驱动的郊区化增长，向心力、离心力、摩擦力相互作用的网络化增长的阶段。在向心力驱动的增长时期，即城

① 高峰．城市演化与居民分布的复杂问题研究[D]．吉林：吉林大学博士论文，2006.

② 陈顺清．城市增长与土地增值[M]．北京：科学出版社，2000.

市化高速发展时期，工业化是主要的向心力来源，规模经济是主要因素。到了离心力驱动的郊区化增长时期，办公、商业的集聚是主要的向心力来源。到了网络化增长时期，知识创造是社会经济发展的源泉，节省人流、物流、能源流和信息流是主要的向心力因素，同时也是离心力因素。在城市增长的过程中，居住空间的调整和扩展主要受到三种因素影响：自然景观的吸引力、交通干线的吸引力和现有城市中心的吸引力。

在聚居形成的过程中，聚居建设活动遵循以下五条原则：①交往机会最大原则；②联系费用（能源、时间和花费）最省原则；③安全性最优原则；④人与其他要素间关系最优原则；⑤前四项原则所组成的体系最优原则。聚落的空间形态在这五项原则下形成疏密有致的状态。以古代城市为例，人们为了获得尽可能多的交往机会，希望城市的规模越大越好；而当城市规模达到一定的程度时，由于交通方式的限制，有可能违背第二个原则，因而需要在这对矛盾中找到一个平衡点，并尽可能提高城市的密度，使人们尽可能接近；但是根据第三个原则，人们出于对私密性和安全性的考虑，需要保持一定的距离，这就限制了城市的密度不能过高。[①]

对聚居过程的分析可以解释在一定的历史时期内，聚居密度为何具有一定程度的稳定性。在特定的环境资源、经济技术以及社会文化的背景下，聚居的密度具有较稳定的特征。反之，也可以通过密度特征来对聚落的经济社会文化进行分析和研究。

在城市生长过程中还存在城市功能区的空间替代。姚士谋、帅江平[②]认为：城市用地扩展的原动力是城市职能的发展与调整，并指出了波与波动、极化与扩散、延展与跳跃三种基本的扩展方式。革新推动了城市新功能的产生，新功能具有较高的土地产出率，使之在城市中心空间竞争的过程中，对旧有功能区具有很强的取代能力，如商业区对居住区和工业区的替代，金融贸易等商务区对零售商业的替代等。在城市功能区的空间分布上表现在居住用地不断向外水平推移。图4-10显示了工业化时期城市扩张过程中城市功能用地的推移和调整过程。伦敦从上个世纪下半叶开始，中心区3km半径范围内居住密度不断下降。香港从第二次世界大战前至20世纪70年代，商业区的建筑层数从8层提高到25层以上的同时，迅速向居住区扩展，而居住区，特别是工业用地，则急剧向外推移。南京、苏州、无锡、常州等城市在新中国成立后，工业用地和居住用地随距离分布的峰值，都具有明显的外推现象。

---

① C.A.Doxiadis. Athropopolis, City for Human Development[M]. Athens Publishing Center.

② 姚士谋，帅江平．城市用地与城市增长——以东南沿海城市为例[M]．合肥：中国科学技术出版社，1995.

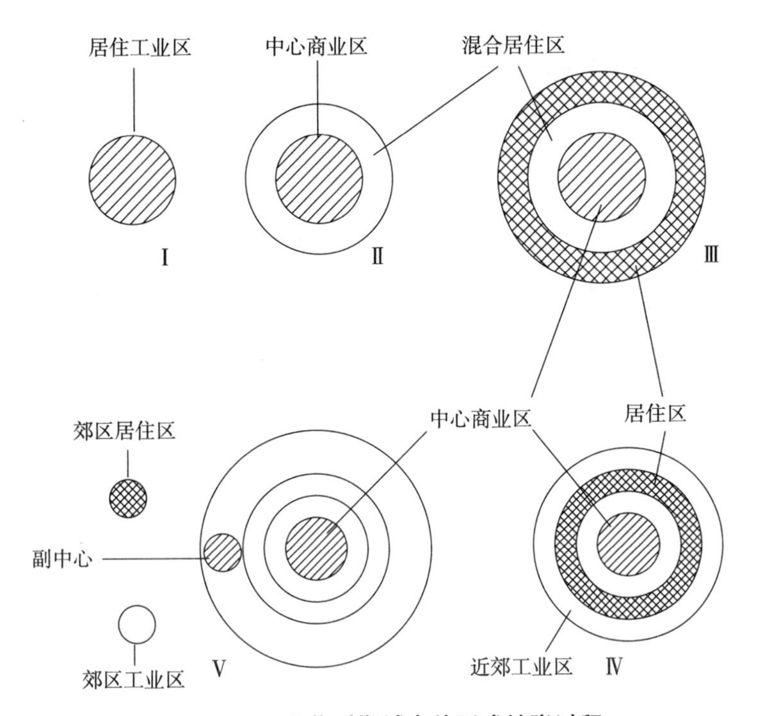

图4–10　工业化时期城市外延式扩张过程

（资料来源：周春山．城市空间结构与形态[M]．北京：科学出版社，2007．）

薛东前[①]对西安市的研究结果表明：经济发展引起郊区化，产业结构调整带来工业用地扩展，人口扩散导致居住用地外推。产业结构升级和郊区化导致城市人口的扩散，这两方面都会引起土地利用面积、土地利用强度和土地利用结构的变化。市区人口的增长直接带来居住用地的扩大，成为城市土地扩展的主要形式。居住用地的扩大又引起公共建筑、公共绿地、城市道路等用地类型的增加。

城市土地扩展从要素建设、要素转移到功能形成和结构变化要经过多次反复，是螺旋式上升过程（表4–28）。人类的居住环境是永远不断变化的，因此居住密度永远处于动态变化之中。居住建筑与居住人口的分布都受历史因素的巨大影响，任何一个时期的居住密度的分布状态，都是对历史的继承和变革。普通的住宅寿命，一般不会超过百年，而当城市遇到战争、自然灾害的重创时，寿命还会更短。在欧洲，人们认为房屋使用45年的平均年限最为合适。因此，通常经过几十年至多上百年一个周期，城市的住宅建设会迎来一个大高潮。住宅同居住其间的人们，随着岁月的流逝不断更替演化。下面将具体分析城市在聚集和扩散作用下演化的阶段和密度特征。

① 薛东前．城市土地扩展与约束机制——以西安市为例[J]．自然资源学报，2002（11）．

土地扩展的要素结构特点 **表4–28**

扩展门类	扩展要素	扩展特征	扩展时间（年）	持续反应（年）	可逆性
要素建设	工业建设	中速	3 ~ 5	50 ~ 100	不可逆
	民用建设		2 ~ 3		
	交通建设		5 ~ 10		
要素转移	人口迁移	快速	1 ~ 5	1 ~ 50	可逆
	文化扩散	中速	1 ~ 10	50 ~ 100	不可逆
	技术转移	快速	3 ~ 5		可逆
	资金流通	快速	小于1		
功能形成	工业区	慢速	5 ~ 10	50 ~ 100	不可逆
	商业区		5 ~ 15	50 ~ 100	
	居住区		5 ~ 10	30 ~ 50	
	文教区		5 ~ 15	50 ~ 100	
结构变化	产业结构	慢速	5 ~ 10	20 ~ 30	可逆
	人口结构		5 ~ 10	10 ~ 20	
	技术结构		10 ~ 20	20 ~ 30	
	用地结构		10 ~ 20	50 ~ 100	

资料来源：薛东前. 城市土地扩展规律和约束机制——以西安市为例[J]. 自然资源学报，2002（11）.

4.6.2 演变阶段

聚集与扩散的组合方式导致了城市形态与结构阶段性特征的出现。1984年，彼得·霍尔（Peter Hall）提出了著名的城市演变模型。该模型把城市演变分为6个阶段（表4–29）。霍尔的城市演变模型反映了市场经济体制下世界大都市发展的一般规律。在霍尔的模型中，前三个阶段是城市化阶段，此时中心市的人口高速增长，城市发展以向心集聚为主；第四阶段中心市人口增长速度低于郊区，是离心扩散的初始阶段，出现了郊区化的前兆；第五阶段中心市人口出现负增长，人口向郊区迁移，为典型的郊区化阶段；第六阶段为逆城市化阶段，大都市区人口开始外迁。进入1980年代后，一些大都市区的人口又开始恢复增长，出现了城市发展中的第四阶段，即再城市化阶段。[①]其原因一是这些城市中的国际移民增长较为

① 世界城市发展理论一般将城市化进程划分为前城市化（Pre–urbanization）、集中城市化（Urbanization）、郊区化（Suburbanization）、逆城市化（Counter–urbanization）和再城市化（Re–urbanization）等多个阶段。

迅速，二是这些城市采取了大规模的都市更新来恢复城市中心地区的活力。

城市化的不同阶段居住密度具有不同特征。工业革命以前，城市的发展呈自然态势，城市通常是集中居住。初期工业化时期，随着城市人口的增加，城区范围不断扩大，城市的人口密度升高。由于城市高速发展和人口爆炸使得城市来不及适应急速的变化。高度密集的发展模式带来的问题，如尺度不宜人、危害公共健康和安全等逐步显现。

城市演变的阶段划分　表4–29

	阶段划分	人口分布特点
城市化	流失中的集中	中小城市体系吸引人口的能力较弱，中心市吸引部分周围郊区和农村地区迁出的人口外，还有人口迁往大城市
	绝对集中	工业化遍及大多数城市，各都市区的人口规模都在绝对增加，人口主要向中心市集中
	相对集中	城市化高度发展阶段，都市区人口增长迅速，中心市的增长速度高于郊区
郊区化	相对分散	尽管中心城人口仍有增长，但郊区人口的增长速度已经超过了中心城，中心城在整个都市区人口中的比重开始下降
	绝对分散	都市区内人口流动的主要方向发生了逆转，即在都市区人口继续增长的过程中，中心城的离心分散力量超过了向心集聚力量，人口从中心向郊区迁移，人口绝对数量下降
逆城市化	流失中的分散	大都市区的人口大量外迁，除一部分被周围郊区吸收外，另一部分则向非都市区迁移，标志着城市完全进入逆城市化阶段

资料来源：高向东．中外大城市人口郊区化比较研究．人口与经济．2004（1）.

20世纪50年代以后，大多数发达国家都经历了以下几个阶段。第一阶段是以集聚为主的城市化阶段，在极化效应的作用下，人口、产业、资本、技术不断向城市集中，城市规模迅速扩张；城市的各种功能用地高度集中于城市建成区。第二阶段是集聚与扩散并行的大都市形成阶段，人口向城市中心区集聚之后，进一步的人口集聚导致城市中心区居住环境恶化。而由于基础设施的郊区化以及人们追求低密度的独立住宅和汽车的广泛使用等原因，许多大城市出现了城区人口、就业岗位和工商业等从大城市的中心城区向郊区迁移的现象。城市中上阶层人口迁居市郊或外围地带，市中心的人口密度下降。控制和管理职能则向中心区集中，中心城市和与其有密切联系的郊区构成了统一的大都市区。第三阶段是以扩散为主的大都市区发展阶段，城市空间扩展和人口分散的趋势日益加强，城市化地带的形成甚至使得中心城市的人口绝对数也有下降。城市在整体向外蔓延的同时又出现相对的集中，腹地区域的城镇开始承担中心城市的部分功能，郊区出现

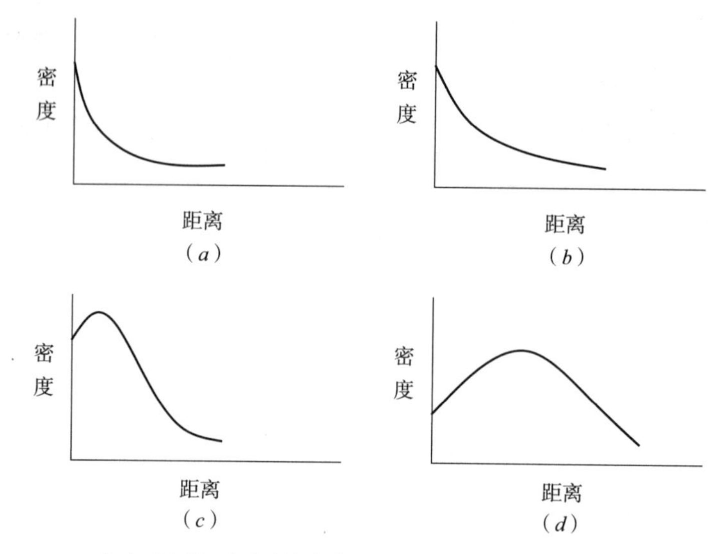

（a）青年期；（b）壮年初期；（c）壮年后期；（d）老年期

图4-11　西方国家城市人口密度发展的过程

诸如外围城市、边缘城市等亚中心，城市都市区形成。在城市发展的过程中，随着城市规模扩大，城市居民收入增加和通勤费用减少，人口密度的斜率逐渐变缓。图4-11描述了西方国家的城市人口密度在各个发展阶段的变化状况。

居住活动与产业活动相反，人们追求更开阔的居住空间的愿望促使人口向郊区分散。郊区化是20世纪城市空间扩展的主要形态。自近代交通出现以来，世界各国的城市空间多表现为以扩散为主的郊区化的趋势，可以简单地将发达国家的郊区化分为以下三种模式：

一是美国发展模式，主要特征是城市向郊区扩散，城市中心区衰落。世界各国城市的居住郊区化进程和时间并不一致，美国住宅郊区化扩展开始于1920年代，1950年代达到高潮。自20世纪50年代以来，郊区占城市的60%，全国50%的人口住在城市郊区。北美城市用地充分，生活方式和价值观共同促进了远离城市中心居住的喜好，以分散和独立房屋为特点的郊区居住成为一种流行模式。居住呈低层低密度蔓延，城市不断向外扩张。在郊区化特别是远域郊区化的发展过程中，远郊区范围甚至出现了"外围城市"（Outer City）、"郊区城市"（Surburban City）、"边缘城市"（Edge City）等。

二是日本发展模式，主要特征是城市多级中心发展。以东京为例，二战以后，东京单中心城市结构完全解体，形成一个都市中心，3～4个副都心和更多的副都心的多级城市中心系统。随着日本经济进入高速发展时期，城市人口急剧增加，住宅需求压力使得居住用地向郊区扩展。由于土地资源匮乏，城市的扩张只能依赖大容量铁路交通系统，从而形成低层高密度的人口郊迁。城市规模的膨胀促使人口高密度区不断扩展。日本在统计中将人口密度超过4000人/km^{2}的地区定义为人口集中地区，1960年该地域占东京都总面积的31%，人口占90%；1995年分别增加到40%和98%。人口和城市化区域呈同心圆状向外扩展，形成世界最大的城市聚集体。从市区到郊区的人口密度差大幅度减小，市中心出现人口空洞化现象。

三是欧洲模式，主要代表是在霍华德的花园城市理论基础上演变而成的英国新城模式，新城模式实际上表现为对城市中心区人口的疏解和城市居住的郊区化。二战结束后，英国提出了用“从城市区域角度出发，通过开发城市远郊地区的新城分散大城市压力”的“卫星城”的规划思想来进行战后的城市重建，历来密集、紧凑的城市模式开始转向城市扩张和郊区化。到1970年代中期，英国先后建立了33个新城，到1990年代初，英国的城市人口的23%居住在新城内。新城建设的理念包括：用绿带分割城市，控制城市的无序蔓延；实现自我平衡，包括人口规模、居住密度、就业数量、服务设施、年龄构成和社会阶层等方面。从第一代新城到第三代新城，建设的规模逐渐变大，社区的建筑密度提高。[①]以伦敦为例，城市的外围建立了一系列的新城，城市的人口空间分布上依次经历了由内伦敦→外伦敦→伦敦地区→伦敦区域的空间扩散过程。市区人口由1939年的873万，递减到1990年的680万，人口密度自中心向外衰减的半径也不断扩大。法国巴黎的南北两线共建设了6个新城，形成了2个新城带。但是由于新城功能发展的不均衡，在某种程度上成了卧城。巴黎1960年代后期共有320万个居住单元，其中200万个位于郊区。

2007联合国世界人口发展报告称，发展中国家的郊区化似乎更加复杂。由于普遍的贫困和不平等，汽车文化及其对城市文明的深远影响来得较晚；与此同时，公共交通和基础设施的相对不稳定，妨碍了较为富裕者大量搬往郊区。如拉丁美洲，城市化过程迅速而不稳定，各个城市在最快速的城市增长期事实上在向上发展，而不是向外发展。发展中国家的城市的增长是动态、多元化和无序的。与发达国家的郊区化不同，城市增长的过程主要发生在乡村和城市之间的过渡地带，这一过程被称为“周边城市化”。城市周边地区缺乏对用地的明确监管和行政权，同时这里有各种各样的经济活动。全球化鼓励了生产和分销的规模经济，从而鼓励大的设施占据大块的土地。这些条件结合起来促进了城市周边的发展。

在城市向外围的扩展中，住宅扩散起着十分重要的作用。在发达国家，由于

---

① 张婕，赵民. 新城运动的演进及西安市意义——重读Peter Hall 的《新城——英国的经验》[J]. 国外城市规划，2002，17（5）.

生活水平较高，人们追求带庭院的独户住宅。西方国家的城市郊区化经历了包括居住郊区化、工业郊区化、商业郊区化和办公郊区化在内的四次浪潮，其中居住郊区化出现最早，持续时间最长。居住郊区化是发达国家或地区城市居住区变化的共同趋势，在城市化后期具有一定的必然性。

随着信息技术对生产的影响加深，产生了一种新的不同于传统中心地模式的地域空间组合，即网络城市。它是基于快速交通和信息通信网络的新型的城市集合形态。它以空间上和功能上强烈的生产过程分散化为特征。对于未来城市的形态，梁鹤年①在《城市理想与理想城市》一文中谈到：彼得·霍尔对于城市未来的看法：中心集聚仍然将存在，并且会与信息高速公路互补地共存下去。“城市集聚到了尽头的预言只不过是一种夸大的说辞”。在他看来，通信技术的发展虽然降低了人类联系通勤的成本，但同时也大大刺激了人类经济活动中进行直接交往的欲望和面对面的需要，集聚效应大于分散效应。与萨森的看法相同，他认为控制型的经济跨国公司集团需要集聚以实现信息的高效调控，以信息制造、传递和消费为特征的新服务业需要方便可达的劳动力，这些都是空间集聚存在的源泉。源泉既存，中心城市的生命即在。但空间的发展永远存在竞争，技术进步同样带来城市、社会和经济活动的此消彼长。远程通勤、远程工作等会使多中心边缘城市的开发成为可能，传统城市中心将依靠历史基础与之长期竞争，而新文化产业的时空分离性将决定这场竞争的结果：不同层次的商业中心、边缘城市、远距离边缘城市和专业化的城市（以体育、会展、主题公园等为核心）将构造新的富于活力的多中心城市。

4.7 小结

本章包括两方面的内容，一是分析影响居住密度的相关因素，二是研究聚居密度演化的过程。对居住密度相关因素的分析从五个方面展开。

自然环境是居住密度形成的基础条件。自然环境影响地区的经济发展，进而影响人口分布，从而影响居住密度。与人口分布直接相关的是耕地资源。人均土地资源的多少决定了国家或区域的城市用地模式。气候影响土地的肥沃，从而对人口聚居产生作用。不同纬度地区具有不同的日照条件，使得建筑密度存在差异。

经济的发展和技术的进步是居住密度发展演化的动力。人口密度随着物质生产方式的进步而增长。城市人均用地显著地受两个因素影响，即人均土地资源和

① 梁鹤年. 经济·土地·城市研究思路与方法[M]. 北京：商务印书馆，2008.

国家经济发展水平（人均GDP），且后者的影响更大。人口密度与经济发展的关系并不是简单的正相关关系。当经济水平提高到一定程度时，经济发展对人口数量增长和人口密度提高的促进作用也会趋于缓和。经济水平也影响城市密度梯度的变化。收入的增加、交通花费的下降和人口快速增长均趋向于导致更强烈的递减密度梯度。随着经济水平的提高，人们的生活水平改善，住宅消费占消费型支出的比重增加，人均居住面积提高。

交通技术的进步改变了城市结构和土地利用形态。不同的土地利用形态决定了不同的交通发生量和交通吸引量，在一定程度上决定了交通结构和形式。交通技术的发展影响人们出行的距离，从而决定了城市的规模。不同的交通技术条件下城市表现出不同的类型和密度特征。可达性影响城市居民的通勤时间和成本，进而影响土地价格和土地利用。交通的发展也需要一定的居住密度作支撑。

城市的空间密度代表了资本的密度。在有土地市场的国家里，城市密度的分布特征遵循市场经济的规律。人口在城市空间中的区位分布是由房地产市场的价值规律决定的。区位条件越是优越，土地价格就越高，相应的开发强度就越大。在有土地市场的城市里，城市密度分布和土地价格的关系与理论模型预测的结果相当吻合。土地有偿使用和房地产开发在我国城市用地结构中的作用越来越明显，从而对城市密度的调整与分布起到主导作用。房地产市场的发展水平直接影响居住建筑的生产总量，从而对居住密度产生影响。

与居住密度生成相关的规划内容包括两大部分：一是住房需求预测，二是城市土地使用控制。城市规划对土地使用强度的控制分别体现在城市总体规划、城市分区规划或区划、以及控制性详细规划中。具体的控制指标包括人均用地面积、每户住宅面积、容积率和建筑密度。

不同的物质生活空间带来不同的生活体验并形成不同的居住文化；而不同的文化背景也具有不同的居住习惯，从而具有不同的居住密度特征。不同的社会阶层具有不同的居住品质，表现出不同的密度特征。家庭是社会的细胞，作为家庭空间载体的住宅自然成为城市或聚落的细胞。家庭结构对居住密度产生影响。

居住形态与居住密度问题的讨论，主要集中在住宅层数和组合形式与居住密度的关系上。提高层数在中高层以下能有效地提高密度，多重围合可以大幅度提高密度。

聚落空间的生长通过区位竞争，形成生长点，各种要素围绕生长点，在聚集与扩散两种作用下不断演化。不同类型空间对优质区位的竞争与占有决定生长点的产生。通过区位竞争，聚落空间围绕生长点，以一种连续和蛙跳相结合的方式不断生长。最终每一块土地都会最大限度地被开发。

城市发展的主要原动力是城市经济的空间集聚效应。集聚经济表现在城市经济效益与城市规模之间具有正相关关系。人口密度成为决定“内涵”的市场规模以及就业水平的至关重要的一个变量。人口集聚既有效益也有成本。一旦效益低于成本，人口就不会继续聚集。在城市增长的过程中，居住空间的调整和扩展主要受到三种因素影响：自然景观的吸引力、交通干线的吸引力和现有城市中心的吸引力。在城市生长过程中还存在城市功能区的空间替代。革新推动了城市新功能的产生，新功能具有较高的土地产出率，使之在城市中心空间竞争的过程中，对旧有功能区具有很强的取代能力，在城市功能区的空间分布上表现在居住用地不断向外水平推移。城市土地扩展从要素建设、要素转移到功能形成和结构变化要经过多次反复，是螺旋式上升过程。

聚集与扩散的组合方式导致了城市形态与结构阶段性特征的出现。20世纪50年代以后，大多数发达国家都经历了以集聚为主的城市化阶段，集聚与扩散并行的大都市形成阶段和以扩散为主的大都市区发展阶段。郊区化是20世纪城市空间扩展的主要形态。未来网络城市将有别于传统城市，但中心集聚仍然将存在，并且会与信息高速公路互补地共存下去。不同层次的商业中心、边缘城市、远距离边缘城市和专业化的城市（以体育、会展、主题公园等为核心）将构造新的富于活力的多中心城市。

第 5 章　居住密度的宜居策略

卡斯特尔指出，现代城市已不再是传统意义上的生产和交换中心，而是生产力再生产和集体性消费过程的中心。随着经济的发展和人们生活水平的提高，城市空间逐步从生产性向生活性转变。现代的城市竞争正演变为广义的居住环境的竞争，以“宜居”为代表的生活性概念开始深入人心。

关键的几个问题是：第一，怎样的密度是宜居的？第二，现在的密度有什么问题？第三，我们应该怎么做？本章的三个小节——宜居理念、非宜居密度、宜居策略对这三个问题作出了回答。

5.1　宜居理念

随着人们对生活质量的关注，对宜居城市的评价日趋关注。1961年WHO总结了满足人类基本生活要求的条件，提出了居住环境的基本理念，即“安全性、健康性、便利性、舒适性”。从1970年代开始，宜居城市的研究更多地关注居民的生活质量以及影响居住区的综合因素。美国宜居概念的提出是在20世纪70年代，美国PCL对“宜居城市”的定义较为全面，包括城市环境能激励和充分发挥个人在脑力、体力和精神方面的潜能，具有良好的教育、工作机会、住房和公共交通、空气清新和安全；鼓励人与自然和谐发展，保护自然资源和节约能源消耗，具有高质量的物质、社会经济和文化环境；充分利用气候、地理、人文、历史等特质，通过规划设计能在城市物质环境营造中加以有效表达；在城市发展、规划和建设项目中，鼓励和便于公共参与，有利于机会和选择的多样化、平等或平衡，如新与旧、大与小、闹与静、公共与私有。

国内关于居住环境评价的研究始于1990年代。吴良镛是国内最早进行人居环境的理论和实证研究的学者，他认为“人居环境评价标准的建立，目前仍然是一项艰巨工作，需漫长的过程”。2006年，由建设部批准立项、中国城市科学研究会组织专家编写的《宜居城市科学评价指标体系》已编制完成，这是中国首个由官方有关部门组织编写的权威性“宜居城市”评价标准。评价指标体系共分为六个方面：社会文明度、经济富裕度、环境优美度、资源承载度、生活便利度和公共安全度。每个方面又包括若干子项和指标，如环境优美度中包括生态环境、人文环境、城市景观等三个子项，而生态环境子项又包括空气质量、城市绿化覆盖率等十个指标。

城市发展的目标是在变化的，宜居密度因此也是一个动态变化的标准。虽然宜居密度不存在绝对的标准值，但存在一个界限；过高或过低的居住密度都不是宜居的。参照宜居城市的评价指标体系，分析居住密度对城市环境和生活的影响，本书提出了身心健康、促进交往、社会公平、生活质量、环境资源和经济高效六个方面的尺度。

5.1.1 身心健康

中医讲究药食同源，实际上药与环境也是同源的。居住环境是人们长期生活的场所，一个适宜的居住环境对人的身心健康具有十分重要的意义。而密度是居住环境中一个重要的指标。宜居密度首先应该能确保居住者的身心健康。

19世纪中叶以来很多调查发现城市住房过密地区各种传染病流行，以及这些地区死亡率过高。许多来自社会学的实证调查研究表明，婴儿死亡率、结核病死亡率、精神病都与过密的居住环境有关。由于居住拥挤带来的公共卫生问题最突出地表现在工业革命早期的城市中。城市住房的发展跟不上人口的聚集速度，因此城市贫民区出现了住房过密、人口密度过高的情形。居住的高密度带来了严重的公共卫生问题，从而引起了人们对住房密度与健康问题的关注，英国的公共卫生改革就是在这样的情况下进行的。

芒福德更详细地叙述了在工业革命后城市出现的因为贫穷和拥挤的原因导致疾病的情况：“在过分拥挤的房子里格外能通过呼吸和接触传染。在这些新的拥挤地区内，各种生理上的疾病，都在竞相侵袭人们。贫穷和恶劣的环境使人们的身体日趋恶化；由于缺少阳光，骨头的结构和器官变得畸形，孩童得了佝偻病；恶劣的伙食使内分泌失调；因为缺少最起码的用水和卫生，皮肤病很多；污物和粪便到处都是，使天花、伤寒、猩红热、化脓性喉炎流行；饮食恶劣，缺少阳光，加上住房拥挤，肺病蔓延；更不用说各种职业病了。不论在哪里，如果在乡村与城市之间，在中产阶级区与穷人区之间，在低密度区与高密度区之间，两相作个比较，发病率和死亡率高的，常常在后者。在新建的经济公寓中，过分拥挤已经成为普遍标准。这些情况证实了同一时期内人们已知道的英国婴孩死亡率情况，那是1820年以后婴孩死亡率上升很快，而首当其冲是城市。”这样极端的情况在今天的城市贫民区中仍然存在。当然不可忽视的一点是拥挤和贫困往往相联系。

居住密度过高对健康的危害表现在人口密度增加带来的有害微生物的增多。人口密度高的区域有害微生物密度一般越大，生活垃圾的排放量也很大，易造成细菌大量繁殖并通过风雨冲刷后在空气中传播。人口的增加使得城市住房的需求很大，结果导致绿化面积急剧减少。绿化面积的减少带来空气质量的降低和有害微生物的增多。表5-1研究了重庆市各代表区域人口密度与细菌密度的数值，由表可见，人口密度大的区域细菌及霉菌的平均密度也较大。1982年日本环境厅的调查结果证实，人口密度高的城市哮喘患病率亦高（表5-2）。原因是城市中密闭结构的建筑物较多，室内温暖、高湿状态，易致尘螨和真菌的浓度升高。由于疾病的传播、扩散通过物理接触进行，更高的人口密度成为病原体的储藏所。

人口密度与细菌密度　表5-1

地区	人口密度（人/km²）	细菌平均密度（CFU/m³）		霉菌平均密度（CFU/m³）	
		平均值	标准偏差	平均值	标准偏差
市区	34461	5609.5	6654.6	3078.2	999.2
北碚	1048	3359.7	5603.2	4388.5	3064.8
合川	612	3248.2	4556.8	1325.2	1328.9
渝北	513	1235.5	2274.6	1495.4	934.4

资料来源：丁社光. 重庆市空气微生物污染调查[J]. 重庆工商大学学报（自然科学版），2003（3）.

人口密度与哮喘病患病率（成人）　表5-2

人口密度（人/km²）	调查对象（例）	现在有哮喘样症状	哮喘症状缓解
50000地区	12023	1.0	0.7
1000以上地区	8239	0.8	0.5
1000以下地区	2009	0.4	0.5
合计	22271	0.8	0.6

生态学理论认为生态系统的种群密度必须处在一个合适的范围内，密度太高必然导致激烈的种内竞争。挪威科学家约翰·卡宏做过老鼠的生活空间被过度拥挤的试验，发现老鼠在被剥夺空间后出现同性恋、不孕、流产、拒绝抚养甚至杀死幼子、攻击性增强等行为，这种由于剥夺空间而产生的行为扭曲称为行为异变。

据科学家观察，人类被剥夺空间时也会出现行为异变。高密度的拥挤环境被环境心理学家普遍认为对人的情绪产生消极的影响，它影响了人的情感反应和生理唤醒水平，肾上腺素浓度升高，压力增大。有研究表明，当个人空间的尺度缩小到人均面积8～10m²时，就会出现过度刺激、自我控制丧失，疾病和犯罪的发生率加倍。据日本国立精神卫生研究所1972～1974年在铃鹿市的调查，人口激增地区的居民应激过高，患身心症的人数，使用药物的频度比人口稀疏地区显著增高。[①]Booth和Walsh1973年的调查认为，最高的青少年犯罪率总是出现在人口密度最大的区域。

与拥挤相反的情况是密度过低。当个人空间的人均面积在14m²以上时人的孤独感增加，精神上出现问题，疾病与犯罪的发生率有轻微上升。[②]这似乎可以解释为什么北欧的自杀率远较其他地区高。

居住密度与身心健康相关的另一个重要方面是私密性。私密性是居住活动的基本心理需求，家庭成员是否拥有私密空间决定了其生活的质量。世界卫生组织的住房健康专家委员会指出："为住户提供安全、结构坚固、合理维护和独立自主的住房单元，是健康的居住环境的基石之一。每个住房单元至少应提供充分的房间数、建筑面积和体积，确保起居和卧室不过度拥挤，房间的分割要求除夫妻以外的异性青少年和成年人分室居住"。

西方发达国家对拥挤的定义多是从满足家庭成员的私密性出发的。由于人均房间数多（如法国人均房间数为4），对拥挤的定义较为严格。调查数据显示，在欧盟的约5亿人口中，18%的人居住条件过于拥挤。法国国家统计局及经济研究所认为不能为一家提供一个住所，不能为19岁的人提供一个房间以及不能为两个同性别的孩子提供一个房间的住房均为拥挤住房。[③]加拿大联邦统计局认为只要居住的人数超过房间数时，就应算作是拥挤的住房。在欧盟，一对夫妻或年满18岁的成年单身人士没有单独的房间，两名以上未成年人合住一个房间，均被认为居住条件过于拥挤。英国的研究人员一般认为20户/hm²是隐私保护的边际点。超过20户/hm²，噪声和缺少私密性引起的损失就会出现，设计过程就变得很难并且昂贵。[④]

---

① 连长贵．人口密集的致病作用[J]．外国心理学，1983.

② 李滨泉，李桂文．在可持续发展的紧缩城市中对建筑密度的追寻——阅读MVRDV[J]．华中建筑，2005（5）.

③ （意）让·欧仁·阿韦尔．居住与住房[M]．北京：商务印书馆，1996.

④ Cullingworth J. B. Town and Country Planning in England and Wales: The Changing Scene [M]. London: George Allen&Unwin Ltd., 1969.

如果将与身心健康要求相关的居住密度指标的极值作为区间，宜居密度必须是这个区间范围的数值。1979年，查宾和凯瑟尔（Chapin and Kaiser）按美国“公共健康协会”推荐的标准提出了居住密度标准（表5-3）。

居住密度标准　　**表5-3**

住宅类型		净密度（套/hm^2）理想值	净密度（套/hm^2）最大值
单户独立住宅		12	18
半独立住宅		25	30
排式住宅		40	48
多户住宅	二层	60	75
多户住宅	三层	100	115
多户住宅	六层	160	190
多户住宅	九层	190	215
多户住宅	十三层	215	240

5.1.2　促进交往

人们来到城市是为了追求更好的生活，城市为人们提供更多就业与交往的机会。《华沙宣言》中说：“人类居住建筑的设计应提供这样一个生活环境，既能保持个人、家庭、社会的特点，有足够的手段保持互相不受干扰，又能进行面对面的交往……”。宜居密度是能够促进交往的密度，更具体的说是宜居密度能够增加人们就业与交往的机会。什么样的密度是促进交往的密度？这个问题很难从正面回答，但是可以从反面来说，什么样的密度妨碍了交往。

与这一问题相关的重要方面是规模。在这一点上，古代城市可以给我们一些启示。古代城市的发展都没有突破步行可达和听觉所及的范围。柏拉图曾将其理想的城市人口规模限定为一个演说者的声音能波及的市民总数；还有一个更普遍的限定标准，即每逢季节性礼仪活动都聚集到同一个圣界来参拜的人口数量。中世纪的伦敦城以能听到圣玛丽教堂的钟声为界。一座城市的许可规模在一定意义上是随其联络的速度和有效范围而变化的。古代城市由于联系水平低下而具有天然的规模障碍，从而保持了合理的促进交往的城市人口规模。19世纪以后城市规模随交通和通信技术的发展而不断扩大。城市从社会学上来讲成为规模较大、人口密集和异质的永久定居场所。马克思·韦伯指出，居民数量和密度的增加会导致个体间缺乏互相了解，而这通常是邻里间应有的关系。沃思认为都市的人口规模、人口密度和异质性导致了都市特有的生活方式。一旦共同体的居民数量超过几百人，成员间彼此熟识的可能性必然减少，加上都市人的自由流动性大，使得都市人际交往与农村相比显得浅陌。社会学将都市生活方式的显著特征描述为：次级关系取代初级关系、血缘关系纽带弱化、家庭的社会意义衰落、邻里关系消失以及社会团结的传统基础破坏。“身体距离最近而心的距离最远”是城市人的写照，也是城市空间表面紧凑却实际疏离的面相。城市的建筑密度在不断提高，人们的居住空间在不断扩展，而人与人的面对面的交流却在减少。

城市人口规模的扩大在现在看来是一个不可逆转的趋势，而抛弃大城市显然是舍本逐末的做法。对规模问题的重视应该体现在居住社区的规模上。人们以家庭为中心，形成与自身社会地位相符的社会活动空间与城市活动空间。城市中不同属性社群大部分时间的生活行为都在与自身意义密切相关、以家庭为中心的“感知邻里区”完成。[①]对感知邻里区的规模进行研究，并对其进行指导或控制，是建设促进交往的宜居密度的一个关键点。宜居的邻里区的规模应当符合两项要求：一是保证能够形成一定的规模效应，二是保证成员间具有一定的亲和力。根据北美的经验，亚历山大（Alexander）将街区单元总建筑面积的上限定为9290m^2。

人与人之间在空间上既相互吸引，又相互排斥。当人们相距过远或互相隔离时，就会产生相互接近和交往的愿望；而当人们过分接近时又会相互排斥，产生对私密性的要求。因此，人们之间的空间关系并非“越近越好”，而是越接近最佳距离越好。住居是人的身体像的投射物，即“住居是被人所占有的一个领域，是人自身空间的第二种形式”。对居民心理起作用的是环境的感知密度，而不是实际密度。Amos Rapoport认为物理密度（physical density）、感知密度（perceived density）、感情密度（affective density）三者必须区分开来。居民并不感知物理密度，而是根据环境中不同的暗示，阅读而被感知，这些暗示导向感情密度，如过度拥挤的感觉，被社会孤立的感觉等。[②]人口密度过大，人际交往中相互排斥的心理就变得强烈。宜居密度不能单纯地考虑物理环境，还应回归到居住的主体的复杂需要。这需要做进一步的研究工作。

Habib Chaudhury[③]等对两个大都市地区的八个不同的人口密度和收入水平的街

---

① 张开济．多层和高层之争——有关高密度住宅建设的争论[J]．建筑学报，1990（11）．

② P. G. Flachsbart. Residential Site Planning and Perceived Densities[J]. Journal of the Urban Planning and Development Division, 1979（11）.

③ Habib Chaudhury, Atiya Mahmood, Yvonne L. Michael，Michael Campo，Kara Hay. The Influence of Neighborhood Residential Density，Physical and Social Environments on Older Adults' Physical Activity：An Exploratory Study in Two Metropolitan Areas[J]. Journal of Aging Studies，2012（26）.

区进行了研究。结果表明高密度街区的居民有更多的交通拥挤和私人安全问题。在代际交流和私人交通方面，不同密度街区也有不同的表现。Dennis McCarthy通过对某一项目中14层住户和3层住户的比较，证实了相比而言高层建筑中的居民在社会交往中的积极性较差，决断力更弱。

道萨迪亚斯认为大城市的中心区作为高密度居住区，居住用地占到30%～50%，大概每英亩300人，最少每英亩80人，与传统城市如雅典相当。这样的居住密度不利于人类的全面发展，在此密度下儿童很难正常成长，这里主要适合于单身，无儿女的夫妇，游客和临时居民。如果居住密度过低，也将阻碍人们的交往，一定的人口密度是人们保持社会交往的前提。人们往往关注城市中心区密度过高的情况，容易忽视在城市郊区发生的居住密度过低的情况。1961年，简·雅各布斯（Jane Jacobs）在其专著《美国大城市死与生》（The Death and Life of American Metropolitan）中指出，维持一定的居住密度是保持城市活力的必要条件之一。住宅的有效密度是城市促进多样性的一个必要条件。住宅密度应该高到能够最大程度地促进地区潜在多样性的需要。有助于人们频繁交往和活动的环境才会产生一切人所需要和向往的价值。在紧凑地区，人们出行的距离，包括就业、上学等所有重要的出行内容，都控制在最小距离内。人口的集中使设施、利益、联系的多样性成为可能。对于一个紧凑型社会来说，餐馆、专卖店、服务业等次生活动更易维持，而这些活动一旦没有大量的客户群就非常容易衰败。是否保持或抛弃一定的发展紧凑度或邻里度，这对丰富和多样化的城市生活的创造至关重要。[①]

5.1.3　社会公平

世界性的住宅问题有三个方面的含义：一是住宅数量短缺，即住宅数量的供求不平衡；二是住宅质量不符合居民对现代化生活的要求；三是住宅分配上苦乐不均。[②]住宅分配的苦乐不均表现在部分区域、部分人占有较多的居住资源，居住密度低；而部分区域、部分人却不得不忍受拥挤，居住密度高。居住密度反映人对空间的占有情况，从而很大程度上体现了社会财富的分配。

纵观人类的居住历史，权势阶层总是占有大量的住宅资源，并往往具有良好的区位。而居住的拥挤则常常与贫穷相联系。居住分异现象在某种程度上表现为

---

① （英）尼格尔·泰勒．1945年后西方城市规划理论的流变[M]．李白玉，陈负译．北京：中国建筑工业出版社，2006．

② 张翔．上海市人口迁居与住宅布局发展[J]．城市规划汇刊，2000（5）．

居住密度的分异。密度差异大是财富和权益差异大的表现。更平均的密度是更和谐的社会的一种表现。一些西方国家常常是出于私有财产的保值的原因进行密度分区，但这往往造成了社会对立，引发了许多社会问题。居住分异的现象越来越引起重视。宜居密度的理念应该建立在社会公平的基础上，提倡通过国家的住宅政策来最大限度地减少因人们的收入、权力等差异带来的社会不平等。

从世界范围来看，随着城市人口急剧膨胀，住房问题十分突出。世界上多数大城市都有贫民窟和棚户区，尤以发展中国家的大城市为明显。这里房屋破旧，住房拥挤，缺乏或根本没有社会服务。估计目前世界范围内有1亿人没有任何形式的住所，城市人口1/3以上住在不合格的房屋中，40%的城市居民得不到安全的饮水和适当的环境卫生。2007联合国世界人口发展报告指出：各国政府曾尝试了两种战略来限制城市贫民住区的快速增长：一是将人保留在农村地区或移居到新农业区的不切实际的计划；二是监管城市用地，以驱逐或断绝水和卫生设施等基本服务的办法为支持，后一种方法使用得更加频繁。历史和最近的经验都表明，城市移徙不可能被阻止，甚至连显著减缓都不可能。由于惧怕吸引更多的移徙者而抵制移徙和拒绝帮助城市贫民只会增加贫困和环境恶化。大部分城市增长，不论是来自移徙还是来自自然增长，增长的部分都是贫民。但贫民既拥有在城市的权利，也可以作出重大贡献。一旦决策者接受了城市增长的不可避免性，他们就可以更好地满足贫民的需求。最关键的领域之一是住所。如人居署多年来明确表示的那样，城市贫民面临的许多困难，多多少少与住房的质量、位置和安全有关。过度拥挤、基础设施和服务的不足、使用期限没有保障、来自自然和人为灾害的风险、在行使公民权方面受到排外、远离就业和创收机会是相互联系的。城市贫困的核心问题是住所：通过改善该领域的政策可以极大地改善人们的生活。政府对于弱势群体的居住问题应予以努力，以实现人人有合适的住房。

由于随着户籍制度的逐步松动，我国城市尤其是大中城市的人口快速膨胀，而城市规模和住宅建设却因土地供应的限制无法相应扩张，加之城市的规划布局和功能分区不尽合理，造成市中心的土地和住房价格居高不下，使大部分家庭无法负担居住费用，只能选择价格较低的城市边缘居住区。城市的中心城区出现了高密度的传统街坊社区和高价格大面积的商品房社区，城市边缘区出现了社会上层居住的低密度别墅区和弱势群体居住的移民区和贫民区。居民社会阶层两级分化现象突显。以价格为分配标准的房产开发市场带来居住分异，居住水平的差异也体现在人口密度分布的差异上。通常，密度高的居住水平较低，密度低则居住水平较高。房价成为调节人口密度和要素资源分配的界线。人口的社会经济特征（经济地位、种族、职业等）决定了他们占有房地产资源的能力。

如果按照2000年上海家庭户规模2.8人/户计算，上海2000年户均建筑面积应该为66m²。然而实际情况是，2000年上海市区人均建筑面积140m²以上的家庭占12.5%，这部分家庭拥有市区29.7%的房屋资源，这部分的房屋资源相当于上海市区户均建筑面积53m²以下家庭拥有的全部房屋资源总和，然而这部分家庭却占了总数的56.4%。

另外，住宅空置的现象得到越来越多的社会关注。大量的住宅闲置是一种巨大的资源浪费，与大批买不起住房的居民形成对照，突显了社会公平问题。这从侧面说明贫富差距的悬殊使得少数人掌握了大量财富，让不少人的住房水平“被平均”。以上海为例，1997年的所有住房的空置率估计为39%，而浦东地区的空置率竟高达60%。黄绳①建议应该作两项调查统计：一是城市居民人均拥有住房面积；二是城市住宅闲置面积。同时，逐步推出城市定居居民享用城市住房面积（包括土地使用面积）的免税或低税指标。高指标使用者、囤房者、房地产开发商均需承受梯度高税养房。其意义在于控制土地资源的人均超容量享用，从而限制个人对城市资源过度的私有占用和浪费。

2007年，党的十七大将“住有所居”作为住房制度改革的总目标提出。“住有所居”是和联合国“人人享有适当的住房”的目标联系在一起的。“适当”的含义是，穷人的房子不能太简，富人的房子也不能太奢。我国已经走过严重“房荒”和住房危机，现在处于经济快速发展和人民生活水平不断提高的阶段，大量城市人群的住房需求正处在脱困期向改善期的转变过程中。②在我国住宅建设大发展的今天，只有保持住房的社会公平才能实现居住密度的宜居化。

5.1.4 生活质量

J.K.Galbraith在1958年提出生活质量的概念以来，各国经济学家和社会学家从主观和客观两方面对其评价指标体系进行了较为深入的研究。对客观评价指标的选择已基本达成共识，认为生活质量主要体现在人口聚集程度、收入水平、住房条件、医疗条件、受教育水平和环境条件上。可见居住密度对生活质量也有直接的影响。

容积率的高低在一定程度上可以反映出居住环境的舒适度，但两者之间并非一个简单的线性比例关系，容积率低，舒适度并不一定高。即使容积率相同的两个项目，也可能因为建筑类型相差很大，所形成的住区环境在舒适度上相差很远。

---

① 黄绳．永续和谐：快速城镇化背景下的住宅与人居环境建设[C]．第六届中国城市住宅研讨会论文集．

② 陈淮．顶层设计：住有所居，适得其所[J]．财经国家周刊，2012（5）．

我国城市人口密度较高的地区往往是城市基础设施和公共资源较为完善的城市中心区。在城市土地再开发的过程中，由于中心区土地的高地价，使得在城市中心区开发的居住区多为高端社区。这使得人口密度较高的城市中心区具有较高的生活质量。王伟武①选取人口密度、住宅用地基准地价和大专以上学历人口比重为社会经济环境指标，建设用地比重、NDVI和地表温度为生物物理环境指标，定量评价了杭州城市生活质量的空间分布状况。研究表明，城市中心区（上城区、下城区及西湖风景名胜区）仍然是人口高度集中的区域，且生活质量明显高于城市郊区。

蒋竞、丁沃沃②对南京的一些居住区进行了实地调研，在此基础上对居住密度如何影响生活质量进行了阐述。在整体密度几乎相同的情况下，居民对居住质量的满意程度有着较大的差别。但是，通过对密度指标的细分，发现居民对居住质量满意度的差别，来自于密度各项指标的变化。绿地和公共空间率、楼宇平均间距以及楼栋平均进深影响着居住质量，户均面积与最终满意度的平均值曲线基本吻合。

特别提出的是，没有证据显示，低密度住区就具有高的生活质量。这是因为生活质量不仅仅与生活空间的大小相关，还与诸多的城市配套设施相联系。而且，也并不存在居住空间越大，生活质量越高的规律。

5.1.5 环境资源

生物种群内部的个体间的关系即为种内关系。蒲公英之间，红鱼之间，人与人之间都是这种关系。一定时间内，当种群个体数目增加时，就必定会出现临近个体之间的相互影响，此即密度效应（density effect）。生物种群对密度效应反映不一，有的随密度增加而死亡率增加，有的则死亡率不变，有的甚至死亡率出现下降。就是同一个物种，在不同条件下也可能出现这几种情况。关于植物的物种内的密度效应，目前有两个基本规律：①最后产量恒定法则：在一定范围内，当条件相同时，不管一个种群密度如何，最后产量总是基本一样的。即，物种个体平均重量W与密度d的乘积是个常数Ki 。出现此规律的原因在于高密度下物种间的竞争空间、食物资源更加激烈，物种个体变小了。物种个体数量的增加以个体重量的减小为代价，从而维持着这种自然的平衡。②自疏法则：密度增加，种内竞

① 王伟武. 杭州城市生活质量的定量评价[J]. 地理学报，2005（1）.

② 蒋竞，丁沃沃. 从居住密度的角度研究城市的居住质量[J]. 现代城市研究，2004（7）.

争增加，这不仅影响到植物个体大小、重量，也关系到植物的存活率，所以就有植物自疏现象的发生。一个物种在环境限制中数量增长的变化和它的密度呈相反的关系。出现这一情况是因为可用资源相当固定，所以种群数量的增长受到自我限制。

生物种群的密度效应对我们或有启发。对于人类来说，环境和可用资源从来都不是固定的，而是随着技术革新不断地扩展。人类聚居和自然生物体之间最大的区别在于人类聚居是自然力量与自觉的力量共同作用的产物，它的进化过程可以在人类的引导下不断调整改变。在人类获取能源的手段有限时，人口的增长和分布对环境的依赖性大，表现在人口增长缓慢以及人口分布受环境制约。此时人类社会同生物种群类似，具有自我调整的密度效应。近代以来，蒸汽动力和电力的运用扩大了人类的生存能力。表现在人口数量的增长以及人口分布的范围扩张。这样的情形下，资源这条约束线变得不再明显。但是作为资源，它总是被耗损的，既然是被耗损的，也就总是稀缺的。人口的长期持续的增长和可用资源之间是无法协调的，而人类的需求是永无止境的。亚里士多德在2300多年前就写道："人类的贪婪是不可能满足的"。如果对此问题不加以重视，后果是很危险的。

与这一问题首先相关的是人口增长问题。人口因素是引起土地变化的一个主要原因。人口的增长速度越快，土地利用变化越快。据有关专家研究表明，一个"平均人"每昼夜食物消费量为3600大卡，每增加1人需要0.08hm^{2}土地用于住房、交通、通信、供电和堆放废物等用地和需要0. 4hm^{2}耕地用以生产粮食。2007年，世界人口达到67亿，每年增加7500万。人口增长与自然资源之间的矛盾，引发了世界粮食消费不足、缺水、能源短缺等问题，从而影响了世界人口的可持续发展。科学家在环境人口容量的基础上，又提出了人口合理容量的概念。所谓人口的合理容量，是指按照合理的生活方式，保障健康的生活水平，同时又不妨碍未来人口生活质量的前提下，一个国家或地区最适宜的人口数量。尽管人口合理容量是一个理想的、难以确定精确数值的"虚数"，但是它对于制定一个地区或一个国家的人口战略和人口政策有着重要的意义，进而影响区域的经济社会发展战略。有关研究表明，根据能源负载，中国人口最好不超过12.6亿；按土地资源，中国人口最好不超过10亿；按淡水资源，中国人口只有4.5亿最好。中国2010年有13.39亿人口。相对于能源负载来看，人口压力很大。

第二个问题是人口密集的城市和人口分散的农村两者相比，何者对资源环境的保护更为有利？"若世界人口更加分散，会占据的宝贵土地是更多还是更少？人口分散是否会释放出最好的农业用地？是否有助于避免侵害脆弱的生态系统？"——大部分国家的答案将是"不！"一定的人口密集度是有益的。保护农村生态系统最终需要将人口集中到非初级产业活动，和人口稠密的地区。从人口学的角度来说，密集居住比农村更具有可持续吸收大量人口的能力。城市使得不到陆地面积3%的土地上聚集了地球上一半的人口。另外，城市因为抑制家庭的繁衍而对生育率降低也有促进。所以说，城市集中未必会使环境问题恶化，环境恶化的主要原因是不可持续的生产和消费方式，以及城市管理上的不足。

对于城市来说，与资源环境相关的方面主要体现在城市土地的使用方式（包括土地使用性质和土地使用强度）上。当前城市发展表明，自然的衰退和自然演进过程的破坏同城市空间的无节制的蔓延是分不开的，这种无节制的空间扩展过程是土地的非集约化利用的结果。它主要体现在：第一，城市发展无视自然环境承载能力和自然演进的限制，城市区域的面积无限扩大，造成自然土地的大量侵蚀；第二，现有城市内部空间发展潜力没有得到充分挖掘，造成建成区的密度分配不合理，土地浪费严重，城市空间扩展的效率丧失；第三，随着城市向外不断扩展，城市内部的环境不断衰落，建成区的吸引力和公众对内城的信心不断下降。

2000年到2050年，我国城镇用地还需增加6.1万km^2，其中占用耕地6400万亩。现代城市土地利用已成为名副其实的百年大计。依托土地投入的资金、物力、人力愈来愈巨大，时间愈益深延。这就要求有愈来愈长远的预见性。一个考虑未来的可持续发展的城市密度控制将有利于城市发展与自然资源的和谐共处。按照世界人口在本世纪末达到100亿计算，与2010年相比，将增加30亿。人均居住面积按照最低的生理标准7m^2计算，不考虑整体居住水平提高的因素，到本世纪末，将需要增加居住面积210亿m^2。按照居住面积占住宅面积的50%计算，将增加住宅建筑面积420亿m^2。住宅建筑毛密度按1计算，将增加居住用地4.2万km^2，相当于人类聚居区建成区域面积的1%。居住用地开发强度的引导值或许站在全球视野的基础上，更加具有全面性。据美国的调查显示，如果每1英亩（约0.4hm^2）增加4～7个单位密度的话，那么未来20年将减少以往自然土地的消耗量的一半。1962年英国公共住宅建设署发布了《高密度住宅区建设》的公告，对人口密度与住宅用地情况作了详尽分析，其中，对每千人用地的量化比较最能直接反映出提高住宅居住密度的现实意义（表5-4）。

城市土地扩张对于资源环境的作用只是一部分而已。事实上，全球城市扩张所占有的土地远远小于生产粮食、建筑材料或采矿等消费资源所占有的土地。城市对于环境的影响更大一部分是城市日常生活对资源的需求。从居住活动来看，越来越多的人居住在超大规模的人工营建环境中，以巨大的能源消耗为基础，形成高消费的生活方式，尤其是对住房、燃料、照明、水、交通和通信服务的消费，作为提高生活水平的标志。

安置1000居民的用地量分析　表5-4

人口毛密度	人口净密度	住宅用地量	总用地量	随密度增加而节约的用地量
人/英亩（人/hm²）	人/英亩（人/hm²）	英亩（hm²）	英亩（hm²）	英亩（hm²）
20（50）	24（59）	42（16.99）	50（20.234）	—
30（74）	40（99）	25（10.177）	33（13.334）	17（6.880）
40（99）	59（146）	17（6.880）	25（10.1177）	8（3.237）
50（124）	83（205）	12（4.856）	20（8.093）	5（2.033）
60（149）	115（285）	8.6（3.439）	16.6（6.667）	3.4（1.414）
70（173）	159（394）	6.3（2.658）	14.3（5.766）	3.3（0.911）
80（198）	222（550）	4.5（1.820）	12.5（5.059）	1.8（0.607）

城市密度分布与城市日常能源消耗有直接的关系。20世纪80年代由纽曼（Newman）和肯沃西（Kenworth）的一项研究发现人口密度和人均的石油消耗存在着密切的关系：随着人口密度的提高，人均能耗呈下降趋势。香港特区政府规划署的《二十一世纪可持续发展的研究》表明：1995年，香港人均CO_2的排放量为6.5t。而美国为20.7t，德国为10.3t，日本为9.0t。Jonathan Norman①等比较了不同居住密度下的能源使用和温室气体排放，研究表明，低密度郊区化的发展模式的人均能耗和温室气体排放是高密度紧凑型发展的2.0～2.5倍。Jamie Tratalos②等人通过对英国5个城市的研究，确定了城市密度与其生态环境指标之间的关系，包括碳固定、绿地率等作为相关因子的研究，得出其与这些因子均呈一定负相关的结论："环保学家通常反对郊区化所带来的城市密度的降低。他们认为紧凑的城市更具有可持续性，因为它们可以减少通勤路程，从而使用更少的能源，并减少空气污染。"③

将城市活动分为居住活动和就业活动以及日常通勤活动，居住活动与居住密度相关，就业活动与就业密度相关，而城市的日常通勤与居住和就业的相互关系有关。一定的密度才能保障城市基础设施的使用效率，明显的反例是与低密度相联系的私人交通的发展。建立在汽车轮子上的低密度城市其最显著的问题是"城

① Jonathan Norman, Heather L. Maclean, M. ASCE, Christopher A. Kennedy. Comparing High and Low Residential Density: Life-Cycle Analysis of Energy Use and Greenhouse Gas Emission[J]. Journal of Urban Planning and Development, 2006.

② Jamie Tratalos, Richard A. Fuller, Philip H. Warren, Richard G. Davies, Kevin J. Gaston. Urban Form, Biodiversity Potential and Ecosystem Services[J]. Landscape and Urban Planning, 2007.

③ 孟锴. 建国以来我国城市土地利用状况及其演变趋势[J]. 青岛科技大学学报，2007（9）.

市足迹”的大大扩展，这在发达国家的城市中已经显示出来。对交通的调查研究表明：随着密度的增加，人均驾车出行的距离减少，并且对公交系统的依赖性加大，而选择私家车的几率变少。

5.1.6 经济高效

前文已经论述，在有土地市场的国家里，城市密度的分布特征遵循市场经济的规律，那么城市通过开发强度的控制确保土地价值得到充分的实现（利润最大化）和公共设施得到有效的利用（福利最大化）。区位条件越是优越，土地价格就越高，相应的开发强度就越大。从经济效益的角度来判断居住密度是否过高或是过低，可以由密度是否与房地产价格相一致、是否能使城市土地资源发挥最大效应、能否使城市基础设施以最小的投资达到最大的受益等来衡量。具体的指标可以包括：土地经济密度，单位市地总产值，工业用地产出率以及人均GDP空间分布梯度。

随着房地产市场的形成，控制性详细规划已逐渐由“原来的空间设计的纯技术工作框架”转变为“政府管理城市空间资源、土地资源和房地产（市场）的一种公共政策”。在控制性详细规划中，需要控制容积率的下限以确保政府投入的回报率。曹曙、吴世伟[①]探讨了如何在控制性详细规划中进行合理、有效的经济利益评估，从而制定合理的规划指标。计算分区规划容积率下限的公式为：

$$\text{规划容积率下限}=\frac{110\%\text{的政府总投入资金}}{\text{总用地面积}\times\left(\frac{\text{平均售价}}{1+\text{毛利润率}}-140.8\%\text{建安造价}\right)} \quad (5\text{-}1)$$

5.2 非宜居密度

现在的密度有什么问题？论文从居住密度生成中的不合理的现象（商业利益主导、规划缺乏依据、发展速度过快）以及由此而产生的城市和城市居住区中存在的与居住密度相关的不合理的现象（高密度与拥挤、低密度与蔓延、套均面积过大）作出回答。

① 曹曙，吴世伟．控制性详细规划中经济要素作用的探讨[C]．和谐城市规划——2007 中国城市规划年会论文集．

5.2.1 商业利益主导

在完全竞争的房地产市场，容积率影响土地价格、工商业生产成本、房屋建设成本和政府收入。楼面地价即房屋单位建筑面积平均分摊的土地价格，楼面地价与容积率的关系式如下：

$$楼面地价=\frac{单位土地出让价格}{容积率} \tag{5-2}$$

当单位土地出让价格一定时，容积率越大，楼面地价则越小，对开发者有利；当楼面地价一定时，容积率越大，单位土地出让价格则越高，对土地出让者有利。所以，两者都希望提高容积率。但是容积率过高会形成过度开发，城市环境与整体效益的持续发展能力下降，长远上来看得不偿失。容积率具有经济性、社会性和环境性，不同的容积率数值代表了不同的土地收益、人口容纳能力以及环境质量（表5–5）。在现实中，城市土地的开发行为具体地表现为政府、开发者和规划师三者对于容积率的博弈上。政府、开发者和规划师从不同的立场出发，对于容积率的数值有不同的期望（表5–6）。

容积率对地价影响遵循“报酬递增递减规律”。即在一定的条件下，土地收益会随着土地投资的增加而出现由递增到递减的特点。[①]根据经济学中边际收益（成本）递减（增）的原理可知，房地产项目的利润是随规模而变化的。当处于开发的最佳容积率时，房地产商能获得最大的利润，也愿意支付最多数量的地价，土地价值可以得到最大限度的体现。也就是说从经济收益角度看，房地产开发存在着一个最佳容积率。需要解决的关键的问题是容积率的上升在多大程度上能增大收益。首先，容积率影响单方造价。随着容积率的增加，房屋面积增大，开始时由于基础工程费及地基处理费的分摊，单方造价降低；当层数达到一定值时，就需要加固基础、增加电梯、加强抗震等，单方造价由下降转为上升。其次，容积率影响单方售价。单方售价随容积率增大造成建筑环境质量的下降而呈递减趋势，消费者对于不同的容积率有不同的市场接受单价。简单地说，拥挤则单价便宜但总量多，稀疏则单价昂贵但总量少。

容积率对地价的作用程度与城市规模成正相关关系。这是因为大城市的土地集约化利用程度高，地价总体水平高，楼面地价占房屋单方开发成本比例高，通过降低楼面地价来降低房屋单方开发成本效果明显，而小城市房屋开发单方成本主要受房屋单方造价影响，通过降低楼面地价降低房屋开发单方成本效果不明

① 任英．控制性详细规划中容积率指标确定的探讨[J]．科技情报开发与经济，2009，19（24）．

显，而且房屋层数达到一定数值后若继续增加层数会增加单方工程造价。容积率对地价的影响程度在同一城市表现为从中心向外围逐渐减弱。由于城市中心区位条件优越，土地利用集约程度高，土地稀缺，容积率对地价的影响程度较大。在其他地区则随着土地利用收益、土地需求量及其稀缺程度降低，容积率对地价的作用程度随之下降。容积率对不同类型地价的影响程度由强到弱依次为商业、住宅、工业用地。商业用地对区位条件反应最敏感，只能布局在少量交通条件优越的区域；住宅用地对区位条件反应的敏感程度比商业用途弱，但比工业用地强；工业用地一般分布在城市外围，受区位条件影响最不敏感，在很多情况下没有容积率的限制。

容积率的特性 表5-5

经济性	楼面地价=单位土地出让价格/容积率	容积率代表了土地收益	经济容积率的定义是指在某一合理空间范围内房地产总投资利润率大于房地产基准总投资利润率的利润率区间对应的容积率区间
社会性	容积率=人均住宅建筑面积×居住人口密度	容积率代表城市容纳人口的能力	从生态学角度设定特定区域城市满足可持续发展的最低容积率
环境性	容积率=建筑密度×建筑物层数	“高容积率、低密度”意味着高层建筑	容积率过高导致交通拥堵、设施不足、环境质量下降

政府、开发者及规划师对容积率的倾向 表5-6

考察对象	关心顺序	对容积率的倾向	目的
政府（土地出让者）	单位土地出让价格、容积率	↑	土地出让中获得较好的收益
开发者	容积率、建筑面积、楼面地价	↑	从开发中获得最大的利润
规划师	建筑密度、容积率、建筑层数	↓	提高城市环境质量与整体效益以满足环境、空间条件、基础设施承载力及土地市场供求关系

资料来源：陈顺清. 城市增长与土地增值[M]. 北京：科学出版社，2000.

市场经济中房地产开发的根本目的是实现经济利益的最大化，这就不可避免地出现了开发商为追求经济利益，将提高容积率作为获取超额利润的一种有效手段。

在城市中心区因为地价高，只能采用高容积率才能降低楼板地价。因为地价高而要建高层，因为建高层所以地价高，这样循环往复，城市中心区的密度将高居不下。同时，由于过于追求单位面积上的楼面数量，造成大进深、大体量、高密度的建筑出现。这种高容积率的住宅区不符合人们健康、舒适的居住需求，并带来交通拥挤、管理混乱、社区服务设施匮乏等问题。另外，城市用地是由许多地块组合起来的，如果地块容积率不合理，比如都超高一些，加起来可能会突破整片地区的合理环境容量，人口密度增高，交通流量增大，超过容纳能力，侵占公共设施和绿地，增加了基础设施的负荷，城市的整体效益下降，环境质量恶化。

芒福德在《城市发展史》中的一段话精辟地概括了商业利益主导下城市土地开发的规律。“新的商业精神的特点，一方面是强调正规和可以计算，另一方面又强调投机冒险和大胆扩展，这些特点在新的城市扩展方面是他们理想的表达场所。假如一个城市的规划设计，除商业外，与人类的其他需要和活动无须发生关系，那么，城市的布局形式也许倒简单了。因为，对于商人来说，理想的城市应该设计得可以最迅速地分成可以买和卖的标准的货币单位。这种可以买卖的基本单位不再是邻里或者区，而是一块一块的建筑地块，它的价值可以按沿街的英尺数来定，这种办法，对长方形沿街宽度狭而进深大的地块，最有利可图。城市土地像劳动力一样，现在也变成了一种商品。他们就考虑一种功能作用，就是日益强化土地利用率，以满足日益扩大的商业活动的需要，并提高土地价格。任何规划，如果不能规定出最大的土地覆盖，并根据计划中的功能和生活标准规定出最大限度的居住密度；若不能根据绿地和交通需要规定出建筑物的高度和容积，那么这样的规划无异于一纸空文，徒有其表：一切都要服从于革新和替换的时间顺序。”

芒福德继续提醒道：“密度太高过分拥挤的一个规划，从眼前看，不一定带来最大的利润；从长远看，也不一定是完满而吸引人的，不能保证长时间的资本家的剥削利润。”“交通网的过分发展，增加了市中心的拥挤，目的是增加利润。在诸如纽约的第五大道一带那些造价高昂的住宅，盖得几乎是背靠背的，像下等的贫民窟一样。资本主义企业，由于财迷心窍，做过了头，也会弄巧成拙。空间的生产都是为了产生最大的获利的机会，这种原则下的机械式的增长扩展到头来走进了死胡同。”在商品经济原则下，地价与土地的用途和建筑密度成正比，即“地价”等于“最高使用价值”。但商品经济“价高者得”的原则，不能正确反映社会的需要和长远目标。商业利益主导的居住密度存在诸多的隐患。

陈昌勇①研究了广州居住密度现状及其应对策略，指出郊区居住密度过低，用地规模过大，整体效率不高，具有城市蔓延的特征。内城区建筑密度过高、用

---

① 陈昌勇. 广州居住密度现状及其应对策略[C]. 第五届中国城市住宅研讨会论文集. 中国香港，2005.

地狭小、居住质量下降。郊区过低密度发展源于地价的低廉，城市中心过度拥挤则和投资回报紧密联系在一起。从广州的密度分布里看，房地产市场的影响力过于强大，有必要对居住密度进行一定的规划调控。以西安为例，目前住区的容积率普遍偏高。多层为主的住区平均容积率为1.94，小高层、高层住区为主的住区平均容积率为3.24，高层为主的住区平均容积率高达10.97。按照国家标准的平均值，多层为主的住区平均容积率应为1.95，小高层、高层住区应为2.95，高层住区则不应该高于3.50。[①]重庆主城区的居住小区建设普遍存在容积率过高现象。特别是渝中区，在所调查的对象中，有50%的小区楼盘的容积率超过了10。[②]北京市在2008年出台的《北京市城市建设节约用地标准》中，对北京市居住、工业用地规划标准作出了详细规定。标准将北京一般商品房居住用地容积率限定在1.6～2.8范围内。据了解，北京市在建大多数普通商品房项目容积率都在2.6～3.4之间。约40%的在建项目住宅容积率在3以上。深圳容积率控制总是突破上限，导致配套缺乏、看病难、上学难以及交通拥挤等问题。

我国土地制度改革以后，政府成为经营城市土地的主体，城市政府可能蜕变为利用行政权利谋取自身利益最大化的利益集团。为了促进城市经济增长和城市发展，政府和控制资源的市场势力结盟，忽视社区的利益。在与城市规划的关系上，为了吸引投资，市政府可能要求减少城市规划的管理作用。与此同时，又希望发挥规划的设计功能，交给规划师更多的设计项目，让规划转向纯粹的物质发展规划，而减少规划在资源分配，尤其是土地资源分配中的作用。

在实行城市土地出让、转让和房地产开发机制的情况下，容积率往往成为城市政府、规划师和开发者之间谈判的一项主要杠杆。这使得容积率的确定有一定的弹性。在实际的规划管理工程中，常常出现容积率变动的情况。朱介鸣[③]通过调查发现：1/3的项目完成后的规划参数与选址意见书规定不符，政府迎合开发商的要求提高开发密度（表5-7）。原因是城市改造由开发商和市场所推动，而不是由政府的政策所引导。城市土地的高密度导致土地改造的高成本，许多高密度旧居住区改造的市场条件因此不成熟。为推动改造，开发商与政府协商经常导致土地规划要点的修改。

经住房和城乡建设部、监察部研究，2010年，容积率问题专项治理要结合工程建设领域的突出问题，规范城乡规划管理工作，重点抓好对调整容积率指标、改变土地用途的房地产开发项目的清理检查工作。

---

① 赵艳．高容积率之下的城市住区规划与设计研究[D]．西安：长安大学硕士学位论文，2009.

② 袁重芳等．重庆居住小区建筑容积率研究分析及改善措施[J]．重庆建筑大学学报，2008（2）.

③ 朱介鸣．市场经济下的中国城市规划[M]．北京：中国建筑工业出版社，2009.

为提高容积率而讨价还价的案例　表5–7

案例	容积率		
	选址意见书	建设工程规划许可证	竣工后
B08	7.0	9.4	—
B25	6.0	8.6	8.6
D18	6.5	6.57	6.9
D31	5.5	6.4	6.75
E11	1.0	2.3	—
H04	6.0	6.0	6.2
H17	3.5	3.7	4.2
H31	5.0	5.3	—

资料来源：朱介鸣．市场经济下的中国城市规划[M]．北京：中国建筑工业出版社，2009．

5.2.2　规划缺乏依据

规划缺乏依据可以从两个方面来分析：其一是在具体的规划设计中，存在很大的主观性，其二是规划体系缺乏科学性。

李江云[①]指出：在居住区的规划中，规划人员常常是通过对已有的规划或建设实践进行归纳，或者通过排房子试验来获得可行的数字，以居住区建设开发为例，通常，技术人员会采用建筑总量，选取合理的户均面积、户均人口，得出一个人口折算值，并以其作为开发控制的主要参数。这样就存在着两方面的问题：其一，指标的确定在很大程度上是根据当地城市规划技术管理规定和规划师自身的经验和设想而定的，基本没有经过项目的实施情况的严格检验；[②]其二，户均建筑面积、人口数量不被重视，成为规划管理中的重要的自由裁量权所在。其结果是：其一，指标控制的科学性很欠缺；其二，开发商存在很大的自由度。住宅的开发建设很大程度上依赖于市场行为而忽视了城市的整体和长远利益。如果没有强制性规定，开发商可以在同样的容积率下，根据利润最大化的原则来决定住宅的户型配比。为了促进城市经济增长和城市发展，政府迎合开发商而忽视社区的利益的事情时有发生。在与城市规划的关系上，为了吸引投资，政府可能要求减少城市规划的管理作用，包括简化规划审批手续，下放规划决策权，按投资商的

① 李江云．居住人口密度和规划控制思考[C]．规划50 年——2006 中国城市规划年会论文集：详细规划与住区建设．

② 韩华．加强控制性详细规划指标体系的科学性研究[J]．规划师，2006，9（22）．

要求修改规划等。

段进[①]对我国规划体制中容积率的确定过程进行了分析，他指出目前容积率的确定大概以两种方法为主，一个是形态推延法，这是凭经验，做完形体设计之后反算指标。这从逻辑性上来讲是非常差的。但是当前大多数地方恰恰用的就是这种方法。还有就是进行大量的调查，对于环境容量作全面的调查，建立了一个数据库，在这个基础上，进行容量分配。应该说这个方法更科学，因为它作了大量的调查分析。他指出容积率的确定不仅是景观的问题，还要经济地分析。包括土地价值、区位等不同性质土地的使用要求。要研究土地利用的规律是什么，包括现在产权的问题、不同利益的博弈权衡的问题都要在指标里面表达出来，这都需要专业人员作深入的研究。这对当前我国广大地区的规划院来说，确实存在技术人员的困难。

由第4章的分析可知，我国规划体制对于住宅开发强度的控制，首先是预测人口与住宅需求量，然后按照国家给定的用地指标，算出需要多少用地量，再根据各区位可用地量的多少像切蛋糕一样把需要安排的人口与住房分配下去。这种带有计划色彩的规划思路在实际运用中遇到了挑战。由于在市场经济体制下的人口流动和聚集情况更为复杂，这种简单的“以人定地”的单线思路显得缺乏灵活性。另外，由于规划期较长，往往在规划期未到时，城市人口就已经突破预测值的现象时有发生。这样居住密度的控制在实际运用中就失去了科学性。

一般来说，城市规划法规只能控制建筑密度，无法直接控制人口密度。因为建筑密度直接影响城市住房市场，而人口密度正取决于城市住房市场。因此，规划法规虽然不能直接控制城市人口密度，但是能够通过控制建筑密度间接影响城市人口密度。目前，很多土地使用法规试图通过减少土地使用量和（或）限制容积率来降低密度，即通过控制建筑面积来达到控制人口密度的目的，但事实上却造成了人口密度不降反升。

5.2.3 发展速度过快

中国经过30年的经济高速发展，城市正在经历人类历史上未曾有过的，规模如此之大，速度如此惊人的空间和社会巨变。中国的城市化水平从1980年的19%跃升至2010年的47%，预计至2025年将达到59%，我国用了45年的时间使城市化水平增长了40%。相比而言，英国从26%上升到70%用了90年时间，美国从25.7%提

① 段进. 控制性详细规划：问题和应对[J]. 城市规划，2008（12）.

高到75.2%，用了120年时间。

发展速度过快带来的问题是发展质量的低下。城市化快速扩张带来的问题是为了满足激增的住房需求而兴建了大量低质量的住房。住房和城乡建设部政策研究中心主任陈淮表示，我国的住房质量不高，在未来15～20年里，现有的160亿m^{2}住宅有大部分要拆了重建。英文《中国日报》曾报道，中国住建部副部长在今年3月召开的第六届国际绿色建筑与建筑节能大会上表示，中国是世界上每年新建建筑量最大的国家，每年20亿m^{2}新建面积，相当于消耗了全世界40%的水泥和钢材，却只能持续25～30年。而发达国家的平均建筑寿命远远超过中国，例如，英国的建筑寿命达到了132年，美国达到74年。这样一种粗放的增长方式于长远来看是低效的。表5-8列举了2009～2030年我国城镇新建住宅面积的预测值。

城镇新建住宅面积预测（亿m^2） 表5-8

年份	城镇新建住宅面积	城镇净新建住宅面积	折旧量
2011年	9.11	7.05	2.06
2015年	11.25	8.76	2.49
2020年	13.16	10.11	3.05
2025年	15.02	11.37	3.66
2030年	16.55	12.26	4.29
2011～2030年平均增速	3.5%	2.9%	5.5%

资料来源：国家统计局.

5.2.4 高密度与拥挤

高密度带来拥挤。其具体的含义是人口密度相对建筑密度（包括公共设施）过高带来的生活品质下降。表现在人均可使用空间的不足以及人口密度过高带来的公共设施不足等。

对于个人居住行为来说，一定体积的居住空间是最基本的要求。据有关测算，达到基本的空气、阳光和睡眠空间，至少需要居住面积2.9m^2；为了存放食品、衣物和其他生活必需品，进行吃穿等简单形式的活动和劳务活动，人均最低标准为5m^2。考虑性别差异、年龄差异和健康差异，人均居住面积生理标准下限为7m^2。当这些基本需求满足后，还须满足工作、学习、娱乐、交往等发展需求，人均居住水平要增加到15m^2。我国大城市居民长期承受居住面积狭小的痛苦。新中国成立初期，城镇人均居住面积只有4.5m^2，只能满足最基本的居住活动。新中国成立后倡导实行先生产后生活，住宅建设长期处于欠账状态。1978年时人均居住面积只有3.6m^2。改革开放以后，我国的住宅建设取得了巨大的成就。2009年，我国城市人均住宅建筑面积达到31.30m^2，但是，由于城市中居民的居住条件差异较大，仍然有很大数量的城市居民居住面积不足。另外，城市中还有大量的流动人口，由于收入较低，他们不得不群租在一起。据上海市消防部门对闸北区、浦东新区、闵行区、普陀区的一项调查发现1/3以上的小区存在群租现象。最近几年建成的许多楼盘，每个至少有10%的房子被群租。时下出现的“蜗居”、“蚁族”现象也是现实居住状况的真实反映。

人口密度过高带来生活品质的下降还包括公共设施以及可拥有和使用的室外空间的缺乏，交通拥挤以及就业机会减少。这对经济发展和居民生活都是突出的限制性因素。《宜居城市蓝皮书（北京）》通过对1.1万余人的问卷调查发现，居住人口密度极大的北京市天通苑在多项指标上均位列倒数第一。

人口高度密集的居住方式还存在巨大的风险。在高密度和巨型人口的大城市，人口活动的累加效应十分突出。SARS证明，人口稠密的巨型城市在突发事件面前是非常脆弱的。香港为了顺应爆发“SARS”之后，市民对改善居住环境和降低居住密度的要求，建议采用较低的密度发展，将大部分市区和新发展区的地积比率（即容积率）分别由8倍和6.5倍降低至5倍。

我国传统上就是一个人口高密度的社会。由于历史原因，我国城市建成区人口密度一直较高。1980年，我国城市建成区人口密度为19360人/km^2，1990年增加到25304人/km^2。1990年之后开始下降；2009年我国城市建成区的人口密度为9221人/km^2。一般认为[①]，比较适当的市区人口密度为每平方公里几千人至1万人，中国的城镇大部分都在这一水平以上。加之，我国城市的人口密度梯度很大，因此城市中心区的人口密度更大。上海中心区的人口密度达到4万人/km^2，而北京、天津、广州也均在2万人/km^{2}以上。

在我国城市中心区的旧区更新项目中，存在着所谓“市区小地块”模式。国家对小地块的容积率并没有详细规定，因此，市区小地块住区的容积率往往做得很高。开发商为了追求更多的经济利益，使建筑高度尽可能地拔高；容积率往往超出规范很多倍。过多的小地块容易造成城市某个区域的容积率过大，对区域内的基础设施、交通等带来很大的压力。

我国中心区密度过高和外围区密度较低，是历史原因和市场因素原因。针对这种局面，上海已经作出回应，计划疏散中心城区人口向郊区发展。上海市规划

---

① 城镇规划框架[Z]. 第四次国际现代建筑大会.

局局长毛介在接受记者采访时说，上海虽然中心城区居住密度高，但从总面积与总人口看，密度却比东京等地区低，未来，中心城区人口疏导将与周边市镇建设等计划结合起来。

同样，在廉租房和安居工程中也存在居住密度过高的情况。廉租房是指政府以租金补贴或实物配租的方式，向符合城镇居民最低生活保障标准且住房困难的家庭提供社会保障性质的住房。“低标准建设”模式主要是为了满足城市中低收入家庭最基本的住房需求，因此易导致高容积率、高密度住区的出现。

我国城市发展中另一个高密度的典型代表是“城中村”。由于城市规模的不断扩大，使得许多原有的郊区村落进入到城区范围。政府为了减少城市化压力，原农村居住用地、村民集体关系等就地保留，没有纳入新的城市体制，形成城乡土地二元结构的地域实体。曾锐、唐国安[①]对深圳福田村进行了分析，指出城中村居住空间普遍存在人口高密度、建筑高密度、居住空间高密度和空间行为高密度的特征（图5-1）。

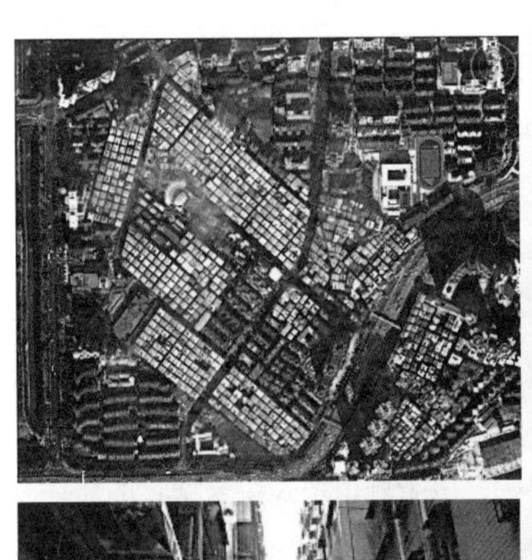

1	3
2	

1—深圳福田村区域图；
2—临街商业；
3—相隔数米的窗户

图5-1　深圳福田村

（资料来源：曾锐，唐国安．拥挤空间中的居住行为分析——以深圳城中村为例[J]．中外建筑，2011（6）．）

① 曾锐，唐国安．拥挤空间中的居住行为分析——以深圳城中村为例[J]．中外建筑，2011（6）．

表5-9列举了深圳福田村居住密度的相关指标。由于没有规划的制约，容积率高达3.12，建筑密度高达60%～80%。城中村大约只有10%的土地用于公共设施、绿化和空地。城中村村民通过提供出租房屋，扮演城市廉价生活区的角色。由于村民对土地利用最大化的追求，大量的外来人口聚集在有限的用地面积和建筑空间中，带来了城中村高密度的居住特征。形成“城中村”的根本原因是土地资源稀缺的情况下，村民追求土地收益最大化而又不受负面“外在性”损害。政府作为市场竞争中仲裁第三方的缺位是城市环境恶化的根本原因。

深圳福田村居住密度相关指标 表5-9

总人口	4万，其中村民2000人，外来人口比例94.2%
本村用地面积	26.02hm^2
人口密度	1590人/hm^2
私宅建筑面积	69.5万m^2
建筑平均层数	7、8层，高的达到15层以上
建筑密度	60%～80%
容积率	3.12

资料来源：曾锐，唐国安．拥挤空间中的居住行为分析——以深圳城中村为例[J]．中外建筑，2011（6）．

高密度和拥挤的现象与政府管理失当是有关系的。集聚效应随时间不断叠加形成中心城区的高密度，而中心城区的集聚程度越高，要求政府治理投入就越大，于是就形成这样一个循环，即“人口集中—加大公共投入—吸引力增强—人口进一步集中”。[①]在城市的特殊发展区域，由于城市增长带来增长的居住需求，而政府缺乏引导和管理，也同样会造成高密度与拥挤现象的发生。

5.2.5 低密度与蔓延

低密度与蔓延表现在城市人口密度较低、城市建成区人口密度下降以及城市用地弹性系数过大。住宅郊区化的低密度发展方式是城市蔓延现象的主要原因之一。

国土资源部咨询研究中心副主任刘文甲表示[②]，目前，我国城市人均建设用地已达130多m^2，远远高于发达国家的人均82.4m^2，总量更是已达世界第一。国家

① 吴文钰，高向东．中国城市人口密度分布模型研究进展及展望[J]．地理科学进展，2010（8）．

② 经济参考报，2006-03-14．

统计局《关于统计上划分城乡的规定（1999年试行）》指出，在《中国城市统计年鉴》中，扣除市辖县以后，219个设区市（纯市辖区）人口密度的平均值为1246.42人/km^2。国家发改委秘书长杨伟民在“十二五”城镇化发展高层论坛上表示，当前我国城镇发展存在低密度和分散化的倾向。与城市中心区以及部分城市区域居住密度过高相对应的是，城市的外延扩展过程中存在着开发强度过低的现象。这使得我国城市建成区的人口密度是不断下降的。丁成日[①]认为我国城市的密度并不高，我国城市应走集约化发展的道路，即人口密度、建筑密度、建筑高度应与亚洲国家的发展相对应。

国家土地管理局利用卫星遥感技术对北京等31个人口超过100万的城市的用地规模进行分析表明，这31个城市主城区占地面积已由1986年的3266.7km^{2}扩大到1996年的4906.1km^2，增长了50.1%。这31个特大城市的用地增长弹性系数达到2.29。据统计，仅20世纪90年代中期以来的十多年时间里，全国仅338个地级以上城市市区面积就从1.6万km^{2}增加到了2.5万km^2，增加了60%。同期，上述城市的市区人口（含农民工）从2.7亿增加到3亿左右，仅增加了10%左右。市区面积增加的速度是市区面积增加速度的6倍。[②]我国城市用地规模增加的速度大大超出人口规模增加的速度，这说明城市的发展存在着蔓延现象。论文第3章对城市密度的研究表明城市建成区面积的增长对比于人口增长来说，处于非理性的快速增长状态。

城市蔓延现象带来的一个直接后果是对耕地的占有。根据国土资源部2004年对18个省、35个城市、196个市区县的土地利用动态遥感检测测算，35个城市新增建设用地45万亩，其中占用耕地32.5万亩，也就是说城市的发展有三分之二以上是在利用外延占用耕地。截至2004年年底，全国城镇规划范围内共有闲置土地、空闲土地和批而未供的土地将近400万亩，相当于现有城镇用地总量的17.8%。有研究对我国未来城市扩展面积及对耕地的可能占用数量初步预测的结果显示，我国城市扩展将呈现继续加快的趋势，扩展面积和速度与过去近30年的整体水平相比都有一定的增长。原有规模较大的城市扩展速度较快。31个省会级城市2004年到2015年扩展过程占用耕地数量高于过去近30年的平均水平，我国城市扩展对耕地资源造成的威胁可能进一步加大。同世界各地相比，迄今30多年来中国耕地的减少尤为突出。期内耕地总面积下降的约有40个国家，其中中国的减少量高居首位。同期内世界人均占有耕地数下降1/3，中国则下降了1/2。今后中国的耕地面积也很难大量增加。后备耕地资源奇缺，是中国面临的一个十分严重的问题。目

---

① 丁成日. 土地政策和城市住房发展[J]. 城市发展研究，2002，9（2）.

② 黎兴强. 住房建设规划——编制理论与技术体系研究[M]. 北京：光明日报出版社，2010.

前，一般认为世界耕地总面积还可以增加1倍，数量达十几亿公顷。相比之下，中国耕地的增长潜力可说是微乎其微，与人口不断膨胀的形势形成极大的反差。

“中国城镇化要解决的迫切问题就是提高土地利用效率。一方面，我国土地非常紧缺。另一方面，一些开发区的土地浪费十分严重。”同济大学副校长伍江教授指出。有研究表明①，四大因素“吃掉”中国土地，它们是各类园区开发失控、过多的高速公路网、独立工矿用地模式粗放以及居住密度下降。通过前文的分析可以发现我国城市居住人口密度持续降低，并且随着经济发展和居住郊区化，居住人口密度还将继续呈现下降趋势。

我国的住宅郊区化始于20世纪80年代。随着国民经济的迅速增长，城市化水平也随着城市人口的自然增长和农村人口的向城市大规模转移而迅速提高，在城市化发展进程中，我国尤其是大中城市的居住区建设向城市边缘发展的趋势愈加明显。在房地产开发商占据城市建设的主导地位的情况下，城市向郊区蔓延成为近年来国内大城市发展无法阻挡的趋势。在住宅郊区化的进程中，政府大批量地批出土地，却没有对容积率作出相应控制，导致土地资源利用效率低下。现阶段大城市边缘大规模的城市住宅建设是以较低的容积率、高于国家标准许多的人均用地指标为前提的，良好的居住环境建立在牺牲国家对城市规模的控制和浪费有限耕地的基础上。

低密度住宅建设量在住宅建设中所占比重不是很大，但是由于这类项目对环境要求高，容积率一般很低，占用土地资源的规模相当可观。以北京市别墅项目为例，别墅项目年均占用土地在400hm^{2}以上。未来20年，如果居住郊区化侧重于低密度、大面积的居住模式，则低密度住宅很可能成为名副其实的“富人区”。②近年来，除了西郊虹桥地区承袭了历史上本来就适宜建造花园住宅这一优势外，上海已形成8个花园住宅的集中区域。其中，闵行莘庄地区、沪松公路沿线、松江九亭地区、嘉定南翔地区、浦东地区以及闵行顾戴路一线和青浦318国道沿线均已建设了少则十来个、多则二十几个花园住宅小区。有些花园住宅小区占地几百亩，建设几百幢别墅，规模蔚为壮观。单个花园住宅小区的规模也越来越大，甚至出现了占地千余亩的大型花园住宅楼盘。

另外，在公共建筑的开发中，同样也存在过于拥挤和过于稀疏的两种不良倾向。我国近年来兴起的许多行政中心，往往面积很大，造成了很大的浪费。对公共建筑密度的控制，也应该以“宜居”为目标，既防止过高的密度，也要避免过低的密度。

---

① http://finance.people.com.cn/GB/1037/4846375.html.

② 谢岳来．我国郊区低密度住宅开发建设策略探讨[J]．城市开发，2004（1）.

5.2.6　套均面积过大

住宅套均面积的大幅增加是人均居住用地大幅增加的潜在诱因，套均面积过大显然是对有限资源的巨大浪费。

新中国成立后我国城市住宅面积受国家标准的控制。人均居住面积和套均建筑面积的标准都比较低。当控制标准取消后，住宅建设以房地产开发为主体，住宅户型面积迎合市场需求迅速增长。2000 ~ 2009年我国房地产开发住宅套均面积（住宅竣工面积与住宅竣工套数之比）总体呈上升趋势，2000年为96.3m^2/套，2009年上升到107.5m^2/套。建设部最新统计数字显示①，2006年1 ~ 9月，全国40个重点城市批准预售的商品住房套均建筑面积113m^2，有11个城市套均建筑面积超过120m^2，套型建筑面积90m^{2}以下的住房面积占总批准预售面积比重仅为20%，套型建筑面积144m^{2}以上的住房面积占总批准预售面积比重超过1/4。郑州市房管局的统计资料显示②，2004年郑州市商品房住宅套均面积为112.3m^2，多层住宅套均面积为113.6m^2。南京市2004年全市上市和销售住宅套均建筑面积分别为119m^{2}和117m^2。③有数据显示，上海中心城内环内60m^{2}以下住宅占45%左右，比例较大。住房制度改革后，市场供应的大面积住宅（90m^{2}以上）比重较大，据统计，2000年后竣工的住宅中，90m^{2}以下的住宅户数比例仅为27.3%。④2005年年底，内环线以内商品住房的套均面积为142m^2，内外环间的套均面积为124m^2，而外环以外的套均面积为134m^{2}左右。⑤2000 ~ 2003年，上海新建的高价位住宅中，110m^{2}的大户型占了68.9%。⑥上海新建商品住宅单元面积已明显高于中国香港与新加坡，户均占用土地面积更成倍于该两地。

黄一如、贺永对上海住区套密度的研究表明，上海地区住区套密度在过去的10余年中（1995 ~ 2007年）总体呈略微下降趋势。这主要是因为在1998后的住宅供应走向完全市场化后，国家对住宅的套型面积指标及各功能空间面积指标只作下限的标准要求，而不再作上限要求，住宅的套型建筑面积越来越大，在同等面积的用地条件下住区的套密度自然呈下降趋势。

---

① 江苏商报，2006-12-01.

② 郑州楼市调查报告[N]. 经济视点报，2006-07-13.

③ 南京楼市进入价格缓涨期[N]. 新华日报，2005-01-10.

④ 简艳. 上海市大型居住区社区规划设计有关指标的探讨[J]. 上海城市规划，2009（6）.

⑤ 王鹏. 控制性详细规划指标体系初探[J]. 山东建筑工程学院学报，1991，6（2）.

⑥ 施金亮，唐艳琳. 上海住宅建设设计发展现状与对策[J]. 上海房地，2006（3）.

1990年建设部中国建筑技术发展研究中心和日本国际协力事业团共同对中国的城市小康居住目标进行了研究，提出了一个多元多层次的小康居住目标（表5-10）。由表可见，达到小康居住理想目标的每套建筑面积为70m²。目前，我国城市的家庭人口趋于小型化，核心家庭成为家庭结构的主要类型。这样结构的普通家庭采用两室一厅或两室两厅，建筑面积在75～80m²左右的住宅，人均使用面积可以达到18m²以上，就能获得较高的居住舒适度。

中国小康居住目标建议 **表5-10**

项目	最低目标	一般目标	理想目标
性质	温饱型向小康型过渡的住宅类型，每户基本具备睡眠、进餐、炊事、个人清洁卫生等空间	小康型住宅类型（即国际通称的文明型住宅），每户有一套起居、进餐、睡眠、炊事、个人清洁卫生以及储藏等空间	高水平的小康型住宅类型，每户有一套起居、进餐、炊事、个人清洁卫生、储藏空间外，还有独立的学习工作空间
生理分室标准	8岁以下子女可与父母同室； 18岁以下子女可复数同室； 15岁以上子女性别分室	6岁以下子女可与父母同室； 18岁以下子女可复数同室； 15岁以上子女性别分室； 18岁以上子女确保个室	6岁以下子女可与父母同室； 15岁以下子女可复数同室； 12岁以上子女性别分室； 15岁以上子女确保个室
起居睡眠空间数标准	达到人口数减1	达到人口数减1或部分等于人口数	大部分等于人口数
面积标准	人均使用面积9m²； 人均居住面积6.5m²； 每套使用面积32m²； 每套建筑面积44m²	人均使用面积12m²； 人均居住面积8m²； 每套使用面积40m²； 每套建筑面积55m²	人均使用面积15m²； 人均居住面积11m²； 每套使用面积52m²； 每套建筑面积70m²

资料来源：田东海. 住房政策：国际经验借鉴和中国现实选择[M]. 北京：清华大学出版社，1998.

依据《城市居住区规划设计规范》GB 50180中对人均居住区用地的控制指标，可以推算出对各种住宅建筑类型的居住区（如以多层、中高层和高层住宅组成的居住区）的户均最大住宅面积标准（表5-11），计算过程如下：

人均居住区用地控制指标 × 居住小区住宅用地比例=居住小区人均住宅用地

居住小区人均住宅用地 × 3.2人/户=居住小区户均住宅用地

居住小区户均住宅用地 × 住宅面积净密度最大值=户均最大住宅建筑面积

《上海紧凑型住宅单元建筑面积指标探讨》一文对最紧凑的住宅单元建筑面积作了功能空间的分解研究，再根据不同户型功能空间的类型与数量，将各个功能空间的最小使用面积叠加得出套内最小使用面积（表5-12）。

居住小区户均最大面积标准（m^2）　表5-11

居住规模	层数	建筑气候区划		
		Ⅰ、Ⅱ、Ⅵ、Ⅶ	Ⅲ、Ⅴ	Ⅳ
居住小区	低层	98.38	99.84	100.05
	多层	99.00	97.34	98.80
	中高层	99.84	100.67	99.84
	高层	109.20	109.20	109.20

注：①住宅用地占整个小区用地的比例按照最大值65%计算；②按照平均每户3.2人计算；③目前我国大城市住宅开发多以小区为主，所以对小区的控制指标进行推算；④人均居住区用地控制指标按小区级取最大值。

上海紧凑型住宅建筑面积指标（m^2）　表5-12

	一室户	二室户	三室户
套内最小使用面积	42.85	54.87	65.51
套内最小建筑面积	53.6	68.6	81.9
套型建筑面积	57～75	72～100	85～115

注：①套内最小使用面积未计入交通使用面积。②套内最小建筑面积为套内最小使用面积除以使用系数。通过对现有市场商品住宅套型使用面积系数的统计表明，这个系数趋向一个常数0.8。③套内最小建筑面积与公摊面积指标组合得出单元式住宅的套型建筑面积。

关注现代城市问题的现代建筑师也从工业化建造方式、居住模式、社区等方面进行了大量小型住宅设计、建设的尝试。虽然这些都是在住宅危机的背景下进行的，但很多国家的实践证明，对于3～4床的核心家庭，使用面积在90m^2以下足以做出合理、适用的单元平面。

表5-13列举了欧美国家1976～2000年居住房屋的平均套内使用面积。西欧各国住宅平均套内使用面积在2000年左右时普遍处于90～115m^2的范围。我国的经济发展水平较欧美各国较低，但近年来新开发的住宅套均面积却相比不小。

欧美国家套内使用面积（m^2）　表5-13

国别	1976年各国平均套内使用面积	1990年各国平均套内使用面积	2000年各国平均套内使用面积
法国	82	105.5	110.5
德国	95（前联邦德国）	119	109.3
意大利	—	93.6	81.6
荷兰	71	101（1980年）	115.5
西班牙	82	93	94.8

续表

国别	1976年各国平均套内使用面积	1990年各国平均套内使用面积	2000年各国平均套内使用面积
瑞典	109	90	92.6
英国	70	—	—
美国	—	167	188

资料来源：张杰，禤文浩，邵磊. 现代西方城市居住标准研究[J]. 世界建筑，2008（2）.

5.3 宜居策略

在建立了宜居目标、分析了非宜居密度之后，本节从控制增长边界、调整用地结构、注重城市设计、引入生态理念、实施规划引导、开展系统研究六个方面论述宜居策略。

5.3.1 控制增长边界

从自然演进的角度来看，区域自然环境对一个城市的发展具有承载能力的限制，城市的空间扩展必须改变以往无节制的蔓延式发展方式，而在一定的限度内发展。现在我国每年城镇净新建住宅建筑面积达到6亿多m^2，而适宜城镇发展的国土面积仅为全部国土面积的19%，我们的资源条件决定了我们的发展模式不可能采取低密度蔓延的方式。前文已经论述了住宅郊区化中低密度的居住方式对耕地的侵占。从耕地和城市用地的矛盾的现实出发，基于环境的可持续发展，可以认为保持一定的居住密度对中国具有重要意义。

城市建设用地及其变化是衡量城市全面特征的主要指标之一；人口是城市规模直接的反映，决定了城市用地和基础设施的规模。城镇建设用地总规模的预测通常以人口增长和经济发展的需求以及影响土地利用的各种因素为依据。[①]从理论上来讲，人口发展数量应该小于等于土地人口承载量。土地是人类生产和生活不可缺少的物质基础。土地是一种稀缺的资源，所以土地供养人类总是有一个适度的数量。如果对人口不加以控制和管理，则会导致人类的生存竞争和资源的无序、过度利用，从而引起土地退化、环境恶化、经济贫困等一系列问题。因此，

① 城镇建设用地总规模的预测方法有：平均增长法、回归分析法、用地定额指标法，个别地区运用极限法。

在开发利用土地资源时，必须研究其土地生产力及土地人口承载力，将区域的人口数量控制在土地人口承载量之内。有学者[①]提出将“以人定地”的思想转化为“以地定规划”的思想，从土地容量和自然演进的角度出发来确定城市发展的合理规模，以增长的边界来限定城市区域的范围。如美国俄勒冈州的UGB政策通过详细的自然地理调查和生态调查来明确城市发展的边界，边界之外的土地为严格保护区，不允许发展。英国则利用城市绿带来控制城市蔓延。罗杰斯[②]对政府的建议是，不要未经规划而不规则地向郊区扩展，而应先在现有的建筑上建设，直到榨干了所有可能性才往外扩建。

可以说，人类对于空间的占有欲望是蔓延现象发生的内在动力。西方文化至今仍被长达3个世纪的扩张力量的贯性推动着：土地扩张，工业扩张，人口扩张。预计2000～2030年，发达国家的城市建筑区用地面积将增至2.5倍。Newman和Kenworthy建议分阶段增加美国的城市密度，最终平均达到3000～4000人/km^2，和2000个工作人口的城市密度，城市中心区应达到30000人/km^2，5000～6000个工作人口，城市外部应达到2000～3000人/km^2，1000～2000个工作人口。目前，一些美国城市已经提出了以限制最低密度来代替以往限制最高密度的政策来提高城市密度。有学者提出类似容积率的“容值率”指标，整体统计测算城市单位土地面积GDP，以此遏制城市对土地资源的肆意开发。我国城市面积—GDP弹性系数呈上升趋势，表明在创造非农产值等量的情况下，所需城市用地逐渐增多。各国学者从城市空间形态的计量以及城市土地利用评价等方面进行了研究。表5–14列举了学者对城市空间形态紧凑率（compact ratio）的计量方法的研究。表5–15列举了城市土地高效集约利用评价的指标体系。

紧凑率的计量方法　　**表5–14**

人物	年份	紧凑率的计量方法
Richardson	1961年	紧凑度=2 $\sqrt{\pi A}/P$，其中：A为面积，P为周长
Cole	1964年	紧凑度=城市建成区面积/该城市建成区最小外接圆面积
Gibbs	1961年	紧凑度=1.273A/L，其中：L为最长轴长度，A为城市建成区面积
Bertaud &Malpezzi	1999年	紧凑度指数为到中心商务区的平均距离与圆柱形城市中心的平均距离的比率

① 杨冬辉. 城市的空间扩展与土地自然演进[M]. 南京：东南大学出版社，2006.

② 黄剑. 我们城市的可持续未来——介绍理查德·罗杰斯的著作《一个小行星上的城市》[J]. 世界建筑，2001（11）.

续表

人物	年份	紧凑率的计量方法
Nguyen xuan thijh	2002年	提出依靠GIS光栅分析的万有引力模型的方法
傅文伟	—	城市布局分散系数=建成区范围面积/建成区用地面积 城市布局紧凑度=市区连片部分用地面积/建成区用地面积
陈彦光等	—	城市人口空间分布的特征半径$r_0=\sqrt{P_0}/(2\pi\rangle_0)$，其中：$P_0$为城市总人口，$\rangle_0$为市中心人口密度

资料来源：据方创琳，祁巍锋．紧凑城市理念与测度研究进展及思考[J]．城市规划学刊，2007（4）整理．

城市土地高效集约利用评价指标体系　　表5-15

主目标	子目标	指标
高效化	土地利用结构合理化	工业用地比重、商业服务业用地比重
	经济效益高效化	地均GDP、地价一、二级地段内工业数量占全市工业数量比、城市规模
	社会效益高效化	单位面积公共设施拥有量、人均公共设施建筑面积
	环境效益高效化	绿化率、单位面积工业废水量、单位面积废气排放量
综合化	土地利用充分化	土地利用率、房屋空置率、公共设施利用率、年建成面积中旧城改造所占比例、地下商场面积占全市商场面积比、地下停车场面积比、地下车库面积比
	土地利用紧凑化	平均建筑密度、平均容积率
	土地利用综合化	各产业用地比离差、各产业就业人口比离差

资料来源：赵鹏军，彭建．城市土地高效集约利用及其评价[J]．资源科学，2001（5）．

从国际城市化发展规律看，城市化率达到30%以上就进入了高速发展时期，而我国到2000年城市化率就已达到36.2%，由此可以得出我国目前城市化处在中期发展水平，在以后进入高级城市化发展水平的过程中，必须向着集约利用城市土地的方向发展，从扩大城市规模向提高城市综合质量转变。

新中国成立以来，全国人均城市建设用地变化呈明显的V字形。1958年人均城市建设用地为94.9m^2，到1981年降到72.7m^2，1985年回升到73m^2。1990年以后，由于开发区热和房地产热的影响，上升幅度更趋明显。1995年建设部按照城市驻地人口进行统计，设市城市人均用地为58m^2，建制镇人均用地为129m^2。应用第五次人口普查数据计算得出2000年全国600多个城市平均人均用地为82m^2（按非农业人口计算的人均用地为110m^2）。据国土资源部2006年的数据①，我国城乡建设用地

① 仇保兴．紧凑度和多样性——我国可持续发展的核心理念[J]．城市规划，2006（11）．

约24万km^2，城市人均建设用地已达130m^2。而世界上发达国家的人均城镇用地是88.2m^2，发达国家的人均城市用地是88.3m^2，我国城市人均用地面积超过了国家规定标准，大大超过世界人均用地面积。[①]随着城镇化水平的提高，人均城市建设用地规模的提高将呈逐步减缓的趋势，预计未来20年规划期内，人均城市建设用地除少数新建城市外，多数城市不可能大幅度增加或减少[②]。

《全国土地利用总体规划纲要（2006～2020年）》提出了未来15年的土地利用目标和任务（表5–16、表5–17）。在土地利用的主要调控指标中，2020年建设用地的总规模控制在37.24万km^2，其中城镇工矿用地的总规模控制在10.65万km^2。人均城镇工矿用地2020年控制在127m^2，比2010年将降低2m^2。

土地利用的主要调控指标　　表5–16

指标	2005年	2010年	2020年	指标属性
一、总量指标（万km^2）				
耕地保有量	122.08	121.20	120.33	约束性
建设用地总规模	31.92	33.74	37.24	预期性
城乡建设用地规模	23.85	24.88	26.65	约束性
城镇工矿用地规模	7.27	8.48	10.65	预期性
二、增量指标（万km^2）				
新增建设用地总量		1.95	5.85	预期性
新增建设占用农用地规模		1.56	4.60	预期性
新增建设占用耕地规模		1.00	＜3.00	约束性
三、效率指标（m^2/人）				
人均城镇工矿用地	130	129	127	约束性

资料来源：《全国土地利用总体规划纲要（2006～2020年）》.

建设用地指标　　表5–17

地区	2005年建设用地总规模	2010年建设用地总规模		2020年建设用地总规模	
		城乡建设用地规模		城乡建设用地规模	
		城镇工矿用地规模	人均城镇工矿用地	城镇工矿用地规模	人均城镇工矿用地
	万hm^2	万hm^2	m^2	万hm^2	m^2
全国	3192	848	129	1065	127
北京	32.30	16.85	120	19.70	120
上海	24.01	18.30	106	22.00	110

资料来源：《全国土地利用总体规划纲要（2006～2020年）》.

① 房地产业开发用地不存在“地荒”[N]. 经济参考报，2006–06–14.

② 城市用地分类与规划建设用地标准（2011）[S].

我国目前大部分城市容积率过低，城市用地规模过大，不能集约使用土地。未来城市人口增加，如果控制城市增长边界，人口密度则增加。而人均住宅面积随着生活水平的提高而增长，容积率呈增长的趋势。由于城市土地的供给量有限，应大力提高城市住宅用地的集约度，节约用地，走“降低建筑密度的同时提高建筑容积率”的内涵用地的道路。《国务院关于促进节约集约用地的通知》（国发〔2008〕03号），要求从严控制城市用地规模。指出城市规划要按照循序渐进、节约土地、集约发展、合理布局的原则，科学确定城市定位、功能目标和发展规模，增强城市综合承载能力。要按照节约集约用地的要求，加快城市规划相关技术标准的制定和修订。尽快出台新修订的人均用地、用地结构等城市规划控制标准，合理确定各项建设的建筑密度、容积率、绿地率，严格按国家标准进行各项市政基础设施和生态绿化建设。严禁规划建设脱离实际需要的宽马路、大广场和绿化带。“如果城市无限地蔓延开发下去，每一个城市都往外扩张，‘饼’会摊得越来越大。这种方式当然并不是导致‘城市病’的唯一因素，但是它肯定对加速‘城市病’起到很大的作用。”近日，国家发改委秘书长杨伟民在上海举行的“十二五”城镇化发展高层论坛上表示，“十二五”期间，国家将合理确定城市的开发边界，防止特大城市面积过度扩张。

5.3.2 调整用地结构

地块的合理利用，取决于两个主要条件：使用性质和开发强度。调整用地结构包括调整各类用地的比例以及各类居住用地的比例。

近20年来，我国城市用地中的居住、工业两大类用地比例出现了较大的变化。1981～2001年的20年间，居住用地的相对供应速度大于工业用地；城市居住用地比例与居住建筑面积比例均呈增长态势。2001～2008年期间，居住用地相对供应速度小于工业用地。刘盛和等人分析了北京城市土地利用扩展模式与规律，证实工业用地的高速扩张是城市用地规模超常膨胀的主要原因。李晓文等[①]研究了上海市土地扩展的特征，发现从空间分布上看，高密度城镇用地的分布范围主要围绕在上海市区周缘，分布范围明显减少，且扩展强度大部分也很低，说明这种以高密度居住区为主的城市土地利用扩展模式已基本被淘汰。另一方面，以低密度工业用地（包括部分建筑密度较低的新住宅区）为主的开发区则进一步确立其优势地位，开发区的扩展面积继续大幅度增加。以居住区为主的城镇用地扩展速

① 李晓文等. 上海城市用地扩展强度、模式及其空间分异特征[J]. 自然资源学报，2003（7）.

度在呈迅速衰减趋势；各时期新开发区的扩展强度则呈迅猛增长的趋势，说明20世纪90年代以来，上海地区以工业用地为主的新开发区建设是整个区域城市土地利用扩展的主要动因。

居住建筑面积占城市建筑总面积的比例迅速上升，而居住用地比例却持续下降。居住用地比例下降意味着居住用地增量较小，需要通过拆迁原有住区和提高容积率的方法达到增加居住建筑面积总量的目的。这是因为2002年以来，鉴于GDP考核与地方财政税收体制等原因，地方政府倾向于过量供应工业用地、减量供应居住用地；中央政府则出于耕地保护的原因，客观上限制了城市建设用地的供应总量。由于工业用地“挤压”所造成的居住用地的“客观供应不足”与土地财政所形成的“主观供应不足”。①

从长期来看，合理的用地配置应反映各类用途建筑面积的社会需求，且应呈现稳定的变化趋势。我国城市建设用地中，居住用地的比重偏低，生产用地比例过高，各类用地比例失调。城市总用地中居民生活用地一般占40%～50%，1990年欧洲各国城市居住用地比重均在45%以上。我国2000年城市居住用地比重为30%左右。中国城市规划设计研究院对委托编制总体规划的36个城市的统计显示：36个城市的居住用地比例大多保持在25%～35%之间。

人们生活水平的改善和人均居住面积的提高将直接反映在住宅建筑面积总量和其占城市建筑存量的比例上，并以居住用地比例提高的形式体现出来。边学芳②通过建立回归模型发现，随着城市化水平的提高，城市用地中居住用地是随之增加的，工业用地、仓储用地及对外交通用地则是随之减少，而且随着城市化的发展，公共设施用地也在不断增加，它同居住生活用地同时随城市规模与人口的增加而增加。据此预测，在今后的城市化加速发展过程中，城市用地中的居住用地与公共设施用地所占比例将会逐步增加，而其他工业用地等所占比例将会逐步减少。在住宅建筑技术水平一定的条件下，住宅建筑毛密度存在极限值。可以预见的是，当住宅建筑毛密度达到较高值时，人们对居住面积提高的渴求只能通过降低居住人口密度来实现，这就必然带来人均居住用地的增加。如果不增加人均城市用地的话，就必须调整城市用地结构，增加居住用地的比例。

用地结构中的另一个重要方面是通过合理的用地布局，实现居住与就业的空间平衡。目前，日本东京在努力创造一个就业和居住平衡发展的中心区，通过对中心区社区的再开发以及信息技术和教育设施的开发，加大中心城区住宅容积

---

① 蔡军等. 居住与工业用地比例变化及其引发的问题思考[J]. 现代城市研究，2011（1）.

② 边学芳等. 城市化与中国城市土地利用结构的相关分析[J]. 资源科学，2005（5）.

率，促进就业和居住的平衡发展。美国纽约预计在城市中心和11个区中心增加100多万个新的工作岗位，主张在轨道交通周围建立紧凑的、由微型城镇组成的城镇群，在主要街道或微型城镇建立步行能够到达的居住区。

另外，优化住宅用地结构也是实现宜居密度的一个重要方面。合理安排各类住宅用地是实现人人住有所居的重要保障。《国务院关于促进节约集约用地的通知》（国发〔2008〕03号）继续停止别墅类房地产开发项目的土地供应。供应住宅用地要将最低容积率限制、单位土地面积的住房建设套数和住宅建设套型等规划条件写入土地出让合同或划拨决定书，确保不低于70%的住宅用地用于廉租房、经济适用房、限价房和90m^{2}以下中小套型普通商品房的建设，防止大套型商品房多占土地。

5.3.3 注重城市设计

从城市设计的层面来实现宜居密度体现在两个方面：一是促进公共交通导向的居住密度开发；二是促进城市用地的功能混合。

研究发现，一个呈现类似“婚礼蛋糕”状的，即由中心向周边密度逐步降低的梯度分布形态将最大程度地提高轨道交通的使用率。住区密度等级划分应照顾到不同社会阶层出行方式的多样化选择，特别是基于对低收入群体享有公共交通优先选择权的考虑。同时，也要考虑私人机动车拥有者的出行方式。住区密度等级划分的核心策略就是在内核安排中低收入阶层居住，以利对公交的便捷使用，由内核向外居住密度依次递减，最外围为高收入阶层和私人机动车使用群体。我国的平均容积率虽然在不断攀升，但仍然有潜力通过提高特定节点的使用强度，使城市内不同区域的容积率存在更大的差异。

西方“紧凑城市”理论要求摒弃单一功能的开发和汽车的主导地位。其发展围绕着公共交通节点的社会和商业活动，这种邻里结构使人们能够在社区范围内工作和享受到各种便利条件，并且减少每天的车程。在大城市，交通体系能够提供高速干道，联系各个邻里中心，减少街道的拥挤和污染，增强公共空间的安全感和生机。罗杰斯认为最理想的城市应该是紧密却“地”尽其用，而且集中建设在公共交通周围。他在上海浦东概念性规划竞赛的方案中，以集中式交通为出发点，重点放在公共交通上，以行人为主。在他的设计中，城市的框架由连接主要铁路和巴士车站的一系列节点构成，节点相对集中布置以便腾出地方给露天公园、步行道路和休闲空间。办公楼和商业建筑沿主要交通干线布置。其根本意图在于建立一种满足高人口密度的城市中人们需求的都市结构。经过计算，通过功能复合化和强调公共交通，可以减少40%的小汽车需求量和相应的道路需求。6个紧凑的容纳8万人左右的邻里组团通过主要的交通网络联系在一起，每个都有各自的交通转换枢纽并有自己的特征，去中央公园、江边和邻里组团都能在10min内步行到达。通过计算，可以减少70%左右的能耗。构建这样的城市发展模型需要对人口、能源、交通、地理等，特别是当地技术和文化的综合分析。

城市用地的功能混合将会产生协同效应、衍生效应和增强效应。合理的功能混合可以实现城市土地利用的量的提高和质的提升。MVRDV在《Farmax》一书中，通过对荷兰的住宅日照法规的分析，推导出住宅与其他功能，如办公、零售、停车等相结合时，获得的容积率最大。

城市用地功能混合包括平面功能混合和垂直功能混合两种形式。我国住区由于实行公共服务设施与居住用地相配套的结构模式，大部分住区都有功能混合的情况。我国住区的功能混合属于平面功能混合，混合的程度不高。主要体现在住区功能的比例分配上，居住占主导功能，其他各项功能所占比例相当小，制约着人们短距离满足生活及工作的需求。

我国香港的用地功能组织建立在三维空间框架上，是垂直功能混合开发的典范。用地稀缺、地价高昂使得多数开发采用建筑综合体的形式。在我国香港，每一个完整的区域规划包括六种基本用途：居住、商业、娱乐、社区、公共机构和交通。混合功能开发几乎渗透到城市设计的最详细层次，成为与高密度相伴相生的香港第二大特征。这种开发方法有助于分散交通负荷，促进市政设施集约利用，刺激商业和工业企业增长，活跃城市生活。德国柏林中央商务区波茨坦广场规划的设计观念是适度混合，促进“微循环”，提高中心城区的可居住性和多样性，规定广场上的每一个基地的办公商业建筑，必须配建20%的住宅，以促进城市功能的混合。美国芝加哥CBD通过“奖励区划”鼓励办公、公寓等一体设计，增加城市活力使中心区夜间人口增加。

以公共交通为导向，促进各种功能用地的混合，实现城市土地的立体开发，降低城市土地成本，并为今后的持续发展保留足够的弹性。基于此，在规划与建筑设计领域，出现了众多的设想和探索。

建筑师理查德·罗杰斯在《一个小行星上的城市》中提出了密集城市的设想，他建议建设一个“可以容纳的城市”，在那样的城市里，大众运输工具将取代个人汽车，复合式的社区取代功能性社区，城市应尽可能地密集。建筑师对城市立体空间利用提出了诸多构想。意大利建筑师丹特·比尼构想的建造在东京湾的“超级金字塔”①，将有2004m高，占地8km^2。“超级金字塔”由8层、55个250.5m的小金

① 广西城镇建设，2008（5）.

字塔堆砌而成，每个小金字塔内都将建造一座30层高的摩天大楼。这座金字塔可容纳75万人同时居住（可以推算密度为93750人/km^2）。

MVRDV在总结前人思想的基础上，提出三维立体城市，形成高密度条件下的城市理论。它将基本生存的一切要素都囊括进来，以统计数据为基础，建立立体化生存的可能模式。MVRDV提出了一个理论上的100万人口的城市原型。他们研究了城市内的一系列功能，将城市划分为农业、森林、能源、水源、工业、居住办公、垃圾处理、休闲八个部分，按照二维平面上容积率等于1的密集度，这八个城市共将需要1800km^2。通过初略计算，而将这些人口的所有需求及对应空间放置在一个立方体之中，他们发现需要79km^{2}就可以建造一个可居住的三维城市。

日本设计师原田镇郎致力于巨构建筑和高密度建筑研究31年，在1985年就提出21世纪应该流行“亚洲型的超高层建筑”，强调利用自然资源，与大自然和谐共存。原田镇郎为中国设计的立体城市名叫“千禧未来城”（图5-2）：在1km^{2}内建四栋立体城市，10.5万人在此工作与生活，通常这么多人至少得4km^{2}土地才能容纳，这样能给大自然节省3km^{2}绿地。城的主体是四座个性不同的400m高塔，它们在离地面100～200m的部分以平台相连接，平台成为人造大地，栽花种树。各高塔底部均有三支倾斜的建筑支柱，位于倾斜支柱部分的住宅拥有开放式平台，城内生活、工作设施都十分齐全，底部是大自然和农场，城里能展望日出与日落，雨水被收集滋润城中植物，小鸟在城里筑巢，城中生态水池供多种生物生息，整座城

图5-2　原田镇郎的立体城市构想

市形成了完善的生态循环系统……立体城市提倡的是将人们生活的空间集约化，冯仑[①]认为这是中国城市的未来。

建筑师的设想虽然还没有成为现实，但是可以提供的思路是通过设计能使得在不破坏生活质量的前提下使得更高的密度成为可能。简·雅各布斯认为理想的城市密度是每公顷1000人左右。在香港九龙，密度增高到每公顷1250户住宅的高度，可是却仍然保持了城市的功能。因此，城市地区的规划和设计决定了其容纳更高密度人口的能力，一个综合考虑城市多项功能的城市设计能够实现高密度下的高舒适。

5.3.4　引入生态理念

城市土地的开发强度与生态环境具有重要的关联性。基于生态的理念进行城市土地开发强度的控制是重要的宜居策略。

沈清基[②]指出城市空间结构土地利用的生态高效性原理包括：①城市土地承载力、土地开发度和土地利用强度的关系应科学合理；②城市土地用途应有足够的多样性和土地功能的混合性；③城市土地利用应有合理的紧凑度；④城市土地利用应有合理的集约化；⑤城市土地利用应有三度空间发展特征。

1995年，美国绿色建筑委员会研发了《能源与环境设计先导》。LEED邻里开发是LEED评估体系的居住版本。以“精明增长网络”的十大原则和《新城市主义宪章》为指导。采用了双重容积率控制的办法。对于社区联系，LEED一方面要求增加单位公顷的住宅面积，一方面要求保证公共设施的数量大于10。LEED邻里开发鼓励具有使用多样性和就业机会的平衡社区。对于有居住功能的项目，在距项目1/2mi范围内，其已开发的就业数量等于或大于新项目50%的住宅数量。

在我国天津中新生态城的规划中体现了对宜居密度的探索。天津生态城总面积约31.23km^2，规划居住人口约35万，是以绿色城市为支撑的紧凑型城市布局[③]。总体空间密度较高，约为每平方公里10000人，低于天津核心城区的预计密度（2020年之前达到每平方公里12500人），但是中新天津生态城空间密度是滨海核心城市空间密度的两倍。这样的密度提供了一个充足的经济需求基础，有助于更高效地提高基础设施服务。总体的城市形态和密度分布完全支持以交通为导向的城

① http://hebei.hebnews.cn/2010-09/07/content_640543.htm.

② 沈清基. 城市空间结构生态化基本原理研究[J]. 中国人口·资源与环境，2004（6）.

③ 中新天津生态城——中国新兴生态城市案例研究技术研究报告[R]，2009.

市开发，所有人口都居住在离某种形式的公交站点400m以内的区域内。住房—就业平衡指数大于等于50%，人均公共绿地面积大于等于12m^2。中新生态新城75m^{2}的人均城市建设用地低于天津的106m^{2}以及国家标准的90～100m^2。中新生态城有六种容积率，临水和生态走廊沿线的容积率较低，地铁站与市中心的容积率较高。我国绝大多数城市总体规划中都没有规定容积率，中新生态城在总体规划中加入容积率这一概念，是有益尝试，有助于城市的有机发展，将交通运输系统的收益最大化，也有利于高密度的城市枢纽形成。

保罗·索莱里致力于解决因现代城市存在而引发的生态和社会问题。他对中国生态与城市问题的研究提出了“中国山”的构想。他指出，到2200年，约22%的人口（4亿人）将从农村迁移到城市地区，集中在国土面积6%的平原地区。实际需要的土地空间相当于2倍于中国现有的适宜土地。这不仅要求加强森林和农业密度，也要求增加具有足够密度和混合功能的城市空间。显然，所需密度将导致更高的建筑物来容纳这些混合功能。他提出了“中国山”的设想，绿山具有巨大的内部洞窟，用来容纳不同日照功能的场所，包括商业、工厂，还可以用来存储和清洁水质、冷却城市、作大仓库等。通过在现有城市周边嵌入这些新的城市山，一条“中国山脉”出现了。

5.3.5 实施规划引导

城市居住密度发展中存在的问题引起了各国政府的重视。“精明增长”是美国现代城市规划的法则。1970年代，美国俄勒冈州的波特兰和尤金等城市进行了城市增长管理。到1996年，20多年的增长管理实践导致了“精明增长”（Smart Growth）理念在美国的诞生。2000年，美国规划学会联合60家公共团体组成了“美国精明增长联盟”（Smart Growth American，SGA），提出了精明增长要实现的6个目标：①宜居的邻里小区；②通达性更佳、交通量更少；③使城市、郊区和城镇更繁荣兴旺；④互惠共赢；⑤低消费、低税收；⑥保持开放空间的开放性。

精明增长是通过土地利用规划解决城市蔓延问题的一种方法[①]；一种描述控制蔓延消极影响并为未来发展提供其他选择的概念。[②]“精明增长”把焦点放在基础设施上，强调“可持续基础设施”特别是财政上的可持续性。提出城市建设相对

① Baum H. S. Smart Growth and School Reform: What If We Talked about Race and Took Community Seriously[J]. Journal of the American Planning Association, 2004, 70（1）.

② Lee S., Leigh N. G. The Role of Inner Ring Suburbs in Metropolitan Smart Growth Strategies[J]. Journal of Planning Literature, 2005, 19（3）.

集中，形成密集型组团，单个组团的生活和就业单元应当适当地混合。

梁鹤年①分析了“精明增长”的内涵。他指出，首先，最高土地使用密度创造出最高房地产值，而最高房地产值创造最高的房地产税收，因此，对城乡政府来说是精明（从固定成本拿最高收益）。第二，最高密度使开发者赚最多（当然要假设这是不超过市场所能接受程度的密度）。第三，最高密度创造最多上层建筑面积，这样单位建筑面积的平均价格就会降低，消费者可以少花钱，或多得建筑面积，因此对消费者来说是精明。第四，最高使用密度会集中最多的经济活动（当然有其上限，例如交通拥塞），因此，对整个经济发展来说是精明。第五，最高的土地使用密度会集中最多的社会活动（当然有其上限，例如私密性的消失）。因此，对社会发展来说是精明。第六，最高的使用密度就是地尽其用，节省了土地，对环境保护来说是精明。

紧凑城市（Compact City）首先由Dantzig G.和Satty T.于1973年在其出版的专著《紧凑城市——适于居住的城市环境计划》中提出。20世纪90年代，以梅尔·希尔曼、纽曼、肯沃西为代表的西方学者开始从城市空间形态研究社区的可持续发展问题。提出了紧凑城市理论，强调土地的混合使用、较高的居住密度和步行交通友好。1990年，欧洲社区委员会（CEC）于布鲁塞尔发布绿皮书，首次公开提出回归“紧凑城市”的城市形态。

表5-18列举了学者对紧凑城市的定义。可以概括地说，紧凑城市是一种理想的可持续城市形态②；相对高密度、混合土地利用的城市模式③；一种加大建成区和居住人口密度的方法，加强城市经济、社会和文化活力，控制城市尺度、形态和结构以及居住体系，通过城市功能的浓缩寻求环境、社会和全球可持续的利益。④从城市形态分析，紧凑城市的主要特征为城市高密度、功能混用和紧凑化以及密集化。城市高密度即为人口和建筑的高密度。功能混用即为城市功能紧凑和复合，而密集化即为城市各项活动的密集化。

在我国的计划经济时期，城市规划只是政府管理的工具。具体而言，一般是计委定项目，规划部门定点定布局，城市空间布局具有强烈的计划色彩。改革开放以后，房地产开发在我国城市用地结构中的作用越来越明显，从而对城市密度

① 陈顺清．城市增长与土地增值[M]．北京：科学出版社，2000.

② EC. The Green Paper on the Urban Environment（EUR 12902 EN）. Brussels: Commission of the European Communities, 1990.

③ Burton E. Housing for an Urban Renaissance: Implication for Social Equity[J]. Housing Studies, 2003, 18（4）.

④ Burgress R. The Compact City Debate: A Global Perspective [M]//Jenks M., Burgress R., eds. Compact City: Sustainable Urban Forms for Deveioping Countries. London: Spon Press, 2000.

的调整与分布起到主导作用。城市规划的必要源于外部性的存在和提供公共物品的需要。

紧凑城市的内涵和定义 表5–18

人物	年份	对紧凑城市的定义
Breheny	1997年	促进城市的重新发展，中心区的再次兴旺；保护农田，限制农村地区的大量开发，更高的城市密度；功能混用的用地布局；优先发展公共交通，并在公共交通节点处集中城市开发等
Gordon & Richardson	1997年	紧凑是高密度的或单中心的发展模式
Calster	2001年	紧凑是集聚发展和减少每平方英里上开发用地的程度
Neuman	2005年	紧凑城市概念的提出是针对城市蔓延（urban sprawl）的
韩笋生等	2004年	紧凑城市是一种实现可持续发展的手段，即运用城市紧凑的空间发展战略，加大城市经济、社会和文化的活动强度，从而实现城市社会化、经济和环境的可持续发展
李琳	2006年	紧凑并不是一种具体的、特定的城市形态，而是一种城市发展战略

资料来源：方创琳，祁巍锋．紧凑城市理念与测度研究进展及思考[J]．城市规划学刊，2007（4）.

事实上，从前文的分析可以看出，城市密度的生成具有自身的规律，它牵涉到诸多因素，它不仅仅关系到城市的形态，更关系到诸多相关方的利益。城市密度的控制是一个综合和复杂的课题，要从根本上做出既符合经济发展要求，又满足人们生活愿望、具有可持续性的密度指导规划，城市规划应该跳出物质形态规划的思路，以最大化的公共利益为出发点，更新当前单线条、主观性和缺乏研究的规划体系。城市规划对居住密度的控制应该突出公共利益，而不应该成为利用土地开发来攫取个人利益的工具。

前文论述了我国的城市建设中存在着开发强度过低导致城镇土地扩展速度过快和开发强度过高导致城市环境质量下降这两种不良倾向。这说明我国现阶段的规划对于开发活动的控制处于弱化的状态，缺乏对城市形态发展的积极引导。

城市发展的目标是在变化的，但可以判断的是城市形态的发展是否与某一目标一致。政府要做的是在众多目标中作出权衡和决策，而城市规划需要运用城市规划的工具——土地使用控制、基础设施投资和税收等作用于城市形态，以实现城市发展的目标。基于前文宜居理念的分析，宜居密度存在一个合理的范畴。过高和过低的密度都不是宜居的环境。土地市场导致了密度梯度，规划引导化解密度梯度。更均衡的居住密度分布是民主、公平和美好的城市应具有的特征。图5–3显示了在规划引导下城市密度将更趋于均衡的趋势。

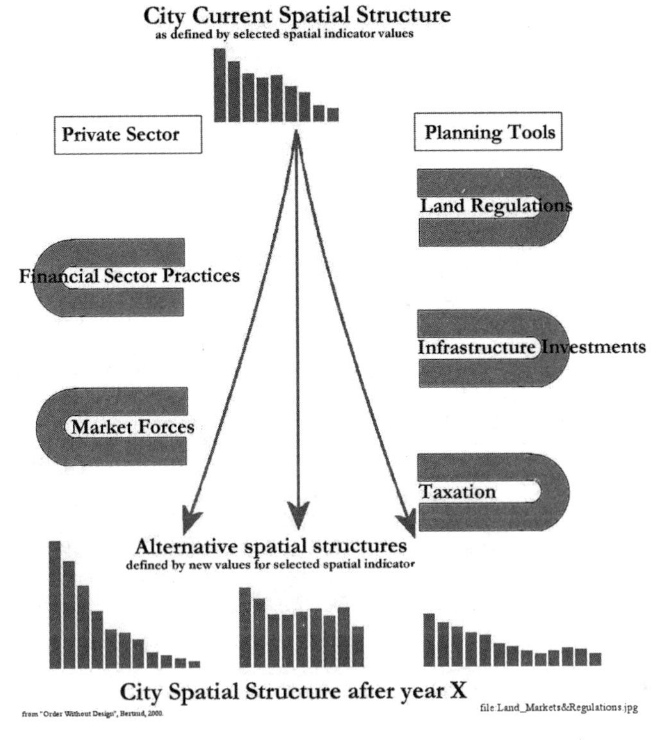

图5–3　规划管理对居住密度的作用

冯纪忠[①]在谈到规划对于居住密度的引导作用时指出："中区密些，外区松些。中间高些，外围低些。"这是糊涂概念，甚至是有害论调。上海人口密度过高是历史形成的，为了改善居住质量，确实有些要疏解一些，松动一些，但是必须明白，不是愈"松"质量愈高，居住质量如此，若指城市生活质量，也未尝不是如此。再则我国人均耕地极少，城镇居住密度宜紧不宜松。这说的是净密度。至于体育、绿化用地的设置，当然外区较有符合需要的条件，而中区对这些用地只能尽力保护和努力争取。因此，毛密度必然是内紧外松，可这是现实而不是战略，两者不可混淆。中区地价高，要充分利用，高是唯一的出路。这更是大谬。由于地价高而建高层，由于高层而地价将提高，鸡生蛋，蛋生鸡，如此往复而形成浑身带病的纽约，不就是典型？规划正是要缓和地价的极化，引导地价的平衡，何况我们土地公有，本来极为有利。

唐子来提出以城市规划原则去决定城市的土地形式和建筑密度，然后模拟一个覆盖全市的"密度网"，以谈判方式决定最先几个发展地点的地价，由于建筑密度和

① 冯纪忠．意境与空间——论规划与设计[M]．北京：东方出版社，2010．

地价成正比，所以可以利用“密度网”和已知的地价去模拟覆盖全市的“地价网”，以“地价网”去指导房地产价格的制定。根据经济发展的其他考虑去修订“地价网”。

通过前文的分析，可以总结出在规划引导中，需要掌握好几个关键性的指标。一是要控制好人均城市建设用地。我国人均城市建设用地过高带来土地资源的浪费。这需要一方面降低人均城市建设用地，一方面转变“以人定地”为“以地定规划”的规划思路，控制城市增长边界。

二是要控制好平均每户住宅面积。建设部《2000年小康型城市示范小区规划设计导则》中建议的是以70～80m^2/套和85～95m^2/套为主。建设部政策研究中心的《全面建设小康社会居住目标研究》中提出2020年城镇人均住房建筑面积35.0m^2。以户均2.6人、人均住宅面积35m^{2}计，则住宅套型面积约为91m^2。前文有对上海紧凑型住宅单元建筑面积指标的探讨，其中三室户的面积为85～115m^2。可见，90m^{2}左右的户型可以满足当前家庭的需求。但是，住宅制度的改革和住宅商品化的进展，使得住宅面积标准失去了控制意义。商品住宅中套均面积过大的现象十分突出。

三是要控制好容积率。前文分析了我国居住密度控制中存在的计划性、随意性，这使得容积率失去了科学性和权威性。容积率成了橡皮筋，沦为开发商和政府利益博弈的对象。如何调整容积率的确定机制，使得容积率控制成为规划引导实现宜居密度的有利武器，是解决当前非宜居现象的核心所在。在具体的容积率管理制度方面，国外的容积率引导手段和制度都是非强制性的，它充分利用了市场经济规律及其机制来有效地管理土地开发利用和引导城市建设，在达到维护和改善城市环境目的的前提下，基本不增加政府财政开支的压力，而且有利于促进社会各界来主动考虑和关心城市环境和建筑保护问题，提高社会整体的城市设计意识，值得我们借鉴。目前，在我国的一些城市也逐渐开始采用类似的方式和制度，这些方法顺应了市场经济的规律，也从一定程度上提高了开发商的积极性，也兼顾了政府的利益。

当然，我国居住密度的发展不可能采取西方国家的低密度，也不可能完全借用西方的规划制度。在实施规划引导的过程中，可以借鉴土地管理、基础设施建设和税收等管理手段，强调公共交通导向；打破各自为政，引导城市设计，实现功能混合；在保证一定居住密度的前提下，提高居住的舒适度，实现宜居目标。

居住密度的控制问题逐渐引起了重视。唐子来指出：我国城市的超常规发展对规划决策的理性化提出了更高的要求，城市密度分区应该成为城市规划的一项必要专题研究。自2002年起，深圳开展了密度分区的研究[①]，目的是为深圳特区的

---

① 周丽亚，邹兵．探讨多层次控制城市密度的技术方法——《深圳经济特区密度分区研究》的主要思路[J]．城市规划，2004（12）．

密度分区规划提供概念上和方法上的策略框架。该研究是国内首次以密度为对象的专项研究，以当时深圳最新的建筑普查数据和规划成果为基础，采用理论研究和案例比较研究、规范分析和实证分析结合的研究方法，通过解析特区密度分布的现状以确定密度影响因素，在确定特区适宜密度总量的基础上，利用GIS技术和数理统计方法建立密度分配的模型，并提出从宏观、中观、微观分配的密度控制原则和方法。

梁伟[①]分析了我国规划体制中对居住密度的相关控制指标，指出现行的指标体系孤立看待和审核各类密度控制指标，无法很好地控制和维护城市建设环境的宜居度。这一问题反映在规划调整程序上显得尤为突出。建设方往往提出提高建设强度的调整需求，当这一需求得到满足后并没有相应的措施来补偿由于建设强度增加对本地建设环境宜居度带来的负面影响。他提出了“绿容比”（式5-3）和“空容比”（式5-4）两个指标，将现行控规体系中孤立的管理指标结合起来形成联动规则，以清晰地表达规划主管部门对城市建设环境质量的关注。同时，将公众利益砝码与开发商个体利益放在同一个天平上形成制衡机制，有效地控制开发商对建设用地过高强度的开发倾向和对开敞空间绿地空间建设的消极态度。

绿容比=绿地率/容积率=绿地总面积/总建筑面积　（5-3）

空容比=空地率/容积率=空地总面积/总建筑面积　（5-4）

同时，他指出，由于城市建设环境质量存在客观上的差异，建设环境宜居度指标必须承认这种差异的存在。根据不同性质地区和建设标准对建设用地的环境适宜度进行分级，针对北京市中心城控制性详细规划的具体情况建议划分为四级标准（表5-19）。

建设环境宜居度指标分级定量一览　表5-19

	优秀标准（A）		优良标准（B）		一般标准（C）		基本标准（D）	
	空容比	绿容比	空容比	绿容比	空容比	绿容比	空容比	绿容比
住宅用地	≥1.0	≥0.5	0.1 ~ 0.5	0.25 ~ 0.5	0.3 ~ 0.5	0.15 ~ 0.25	0.2 ~ 0.3	0.1 ~ 0.15
公建用地	≥0.6	≥0.3	0.3 ~ 0.6	0.15 ~ 0.3	0.2 ~ 0.3	0.06 ~ 0.15	0.1 ~ 0.2	0.03 ~ 0.06

资料来源：梁伟. 控制性详细规划中建设环境宜居度控制研究——以北京中心城为例[J]. 城市规划，2006（5）.

① 梁伟. 控制性详细规划中建设环境宜居度控制研究——以北京中心城为例[J]. 城市规划，2006（5）.

5.3.6 开展系统研究

居住密度的控制问题是城市土地利用系统规划的问题之一。要解决规模巨大，结构复杂和目标多样的土地利用系统的规划问题需要使用系统分析的方法。辩证唯物主义的观点阐述了一般系统研究方法的原则本质——具体问题具体分析。最近几年，在系统科学里涌现出一个很大的新领域，即复杂巨系统的研究。实践证明，现在唯一能有效处理开放复杂巨系统（包括社会系统）的方法，就是定性定量相结合的综合集成方法。图5-4显示了开放的复杂巨系统的研究思路。

土地利用规划模型把复杂的现实世界加以抽象和必要的简化，业已开始在预测、规划和政策分析中发挥作用。把它作为一种分析工具，能够揭示那些非直觉可观察的复杂关系。在宜居密度的定量研究中，需要重点解决的是宜居密度的建模、仿真、分析和优化。包括居住密度与各影响因子之间关系模型、居住密度与宜居目标模型的建构。

建立模型需要获取居住密度的相关数据，计算机技术的发展将对居住密度的数据获取带来巨大的帮助。建筑密度信息是城市规划、土地管理和居住区环境评估等所需的一个重要指标。高分辨率（米级及以下）SAR图像数据的获取使得利用SAR图像精确提取城市建筑密度信息成为可能。李锦业等[①]提出了基于高

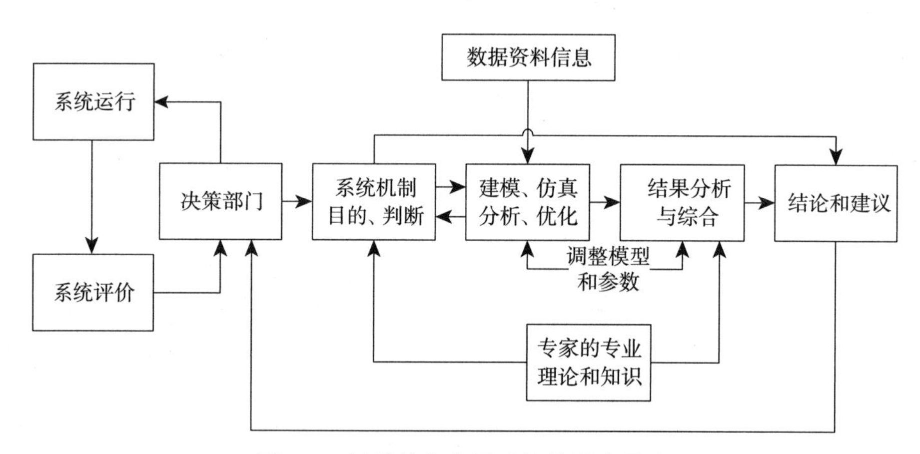

图5-4 开放的复杂巨系统的研究思路

（资料来源：钱学森. 一个科学新领域——开放的复杂巨系统及其方法论[J]. 城市发展研究，2005（5）.）

① 李锦业，张磊，吴炳方. 基于高分辨率遥感影像的城市建筑密度和容积率提取方法研究[J]. 遥感技术与应用，2007，22（3）.

分辨率遥感影像的城市建筑密度和容积率提取方法。上海市人口地理信息系统（SPGIS）以上海市人口普查资料、人口时间序列资料、产业分布基础资料、住房资料以及遥感土地利用资料等作为基本信息源，利用GIS软件PCARC/INFO，并结合其他一些分析软件和模型，为城市规划决策提供了科学依据。在充分的信息获取基础上，可以设立一个居住密度的分级架构，关注居民的生活、工作和交通的舒适，促进交往，减少城市日常能耗；满足市场对各类房屋类别的需要，关注差异化的人的需求；同时配合现有及已规划基础设施容量和环境容量所能承载的水平，鼓励使用公共交通；在土地资源有限的情况下，维持土地的使用效率；考虑城市形象的丰富性，区域的景观协调。另外，GIS的强大空间分析功能为居住环境的定量评价提供帮助。图5-5所示为基于GIS的居住环境评价方法框图。

可见，实现宜居密度的目标，需要建立在大量的系统研究和分析的基础之上。不仅需要了解居住密度的现状，还需要综合考虑宜居目标。而无论是密度的状态，还是宜居目标，又都是动态和变化的。

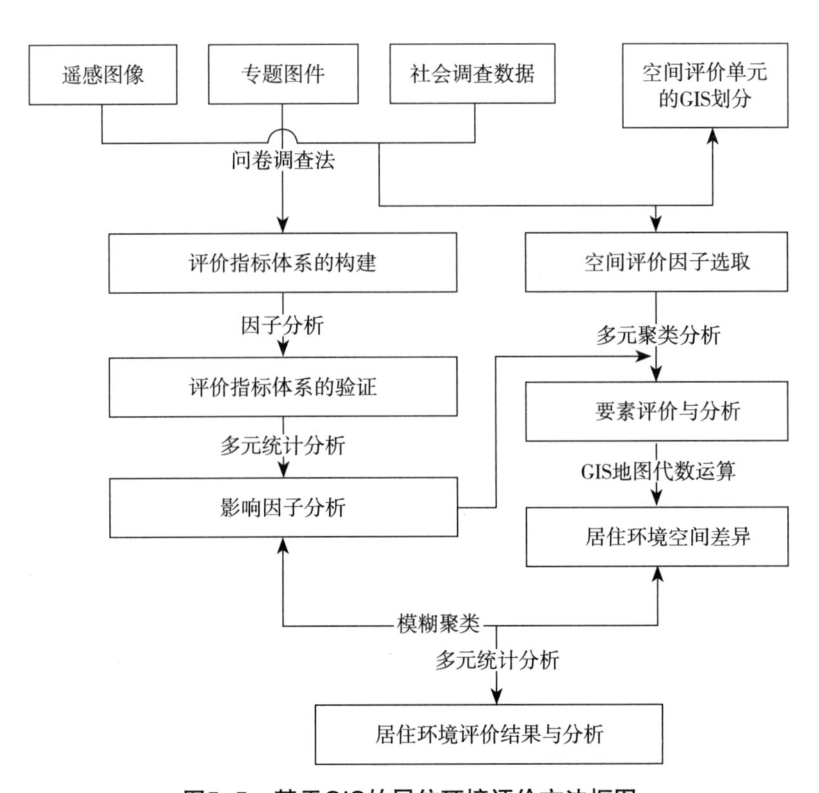

图5-5　基于GIS的居住环境评价方法框图

5.4 小结

本章首先解析了宜居的概念，将“宜居”的抽象含义分解为身心健康、促进交往、社会公平、生活质量、资源环境和经济高效六个方面。

宜居密度首先应该保证身心健康，应避免过高的居住密度对身心健康的损害。居住拥挤带来的公共卫生问题最突出地表现在工业革命早期的城市中。婴儿死亡率、结核病死亡率、精神病都与过密的居住环境有关。居住密度过高对健康的危害表现在人口密度增加带来的有害微生物的增多。高密度的拥挤环境被环境心理学家普遍认为对人的情绪产生消极的影响。密度太高产生行为异变。私密性是居住活动的基本心理需求，西方发达国家对拥挤的定义多是从满足家庭成员的私密性出发的。

适宜的居住密度促进社会交往。居民数量和密度的增加会导致个体间缺乏互相了解。宜居的邻里区的规模能够形成一定的规模效应，且保证成员间具有一定的亲和力。人们之间的空间关系并非“越近越好”，而是越接近最佳距离越好。高密度居住区不利于人类的全面发展，而同时维持一定的居住密度又是保持城市活力的必要条件之一。住宅的有效密度是城市促进多样性的一个必要条件。

适宜的居住密度兼顾社会公平。居住密度很大程度上体现了社会财富的分配。大部分城市的人口增长都来自于贫民，因此城市人口增长带来的住房问题十分突出。我国城市尤其是大中城市中心城区出现了高密度的传统街坊社区和高价格大面积的商品房社区，城市边缘区出现了社会上层居住的低密度别墅区和弱势群体居住的贫民区。居民社会阶层两极分化现象突显。另外，住宅空置的现象同样突显了社会公平问题。

居住密度影响生活质量。容积率的高低在一定程度上可以反映出居住环境的舒适度，但两者之间并非一个简单的线性比例关系。我国城市人口密度较高的地区往往是城市基础设施和公共资源较为完善的城市中心区。这使得人口密度较高的城市中心区具有较高的生活质量。居民对居住质量满意度的差别，来自于密度各项指标的变化，包括绿地和公共空间率、楼宇平均间距以及户均面积。

适宜的居住密度有益于环境资源的保护利用。蒸汽动力和电力的运用扩大了人类的生存能力，表现在人口数量的增长以及人口分布的范围扩张。土地的非集约化利用带来城市空间的无节制的蔓延，带来自然演进过程的破坏。不可持续的生产和消费方式，以及城市管理上的不足加深了环境恶化。从资源环境的角度出发，需要控制城市人口密度和城市居住就业人口分布。

本章接下来分析了住宅建设中存在的问题，包括商业利益主导、规划缺乏依据和发展速度过快，以及由此造成的非宜居密度的现象，包括高密度与拥挤、低密度与蔓延以及套均面积过大。在商品经济原则下，地价与土地的用途和建筑密度成正比，即“地价”等于“最高使用价值”。“价高者得”的原则不能正确反映社会的需要和长远目标。商业利益主导的居住密度存在诸多的隐患。容积率因此成为城市政府、规划师和开发者之间谈判的一项主要杠杆，这使得容积率有一定的弹性。

我国规划体制中，控制指标的确定在很大程度上是根据经验和设想而定的，基本没有经过项目的实施情况的严格检验。户均建筑面积、人口数量成为规划管理中重要的自由裁量权所在。简单的“以人定地”的单线思维在实际运用中失去了科学性。

在我国城市化的快速扩张进程中，为了满足激增的住房需求而兴建了大量低质量的住房，为将来的城市更新种下了隐患。

我国的城市建设中存在着开发强度过低导致城镇土地扩展速度过快和开发强度过高导致城市环境质量下降这两种不良倾向。低密度与蔓延表现在城市人口密度较低、城市建成区人口密度下降以及城市用地弹性系数过大。我国城市用地规模增加的速度大大超出人口规模增加的速度，这说明城市的发展存在着蔓延现象。城市蔓延现象带来的一个直接后果是对耕地的占有：在住宅郊区化的进程中，政府大批量地批出土地，却没有对容积率作出相应控制，导致土地资源利用效率低下。人口密度过高带来了生活品质下降：表现在人均可使用空间的不足以及人口密度过高带来的公共设施不足等。人口高度密集的居住方式还存在巨大的风险：在我国城市中心区的旧区更新项目中，“市区小地块”住区的容积率往往很高。同样在廉租房和安居工程及“城中村”中也存在居住密度过高的情况。另外，在商品住宅开发中住宅面积标准失去了控制意义，套均面积过大的现象十分突出。

本章最后基于宜居理念，针对非宜居密度的现象，提出宜居策略。包括控制增长边界、调整用地结构、注重城市设计、引入生态理念、实施规划引导和开展系统研究。

从耕地和城市用地矛盾的现实出发，可以认为保持一定的居住密度对中国具有重要意义。应该将“以人定地”的思想转化为“以地定规划”的思想，从土地容量和自然演进的角度出发来确定城市发展的合理规模，控制城市增长边界。我国目前的城市化处在中期发展水平，城市发展从扩大城市规模向提高城市综合质量转变。城市住宅建设要大力提高用地的集约度，走“降低建筑密度的同时提高建筑容积率”的内涵用地的道路。

我国城市建设用地中，居住用地的比重偏低，生产用地比例过高。人们生活水平的改善和人均居住面积的提高将直接反映在住宅建筑面积总量和其占城市建筑存量的比例上，并以居住用地比例提高的形式体现出来。如果不增加人均城市用地的话，就必须调整城市用地结构，增加居住用地的比例。同时，通过合理的用地布局，实现居住与就业的空间平衡。另外，合理安排各类住宅用地，实现人人住有所居。

从城市设计的层面来实现宜居密度体现在两个方面：一是促进公共交通导向的居住密度开发；二是促进城市用地的功能混合。以公共交通为导向，促进各种功能用地的混合，实现城市土地的立体开发，降低城市土地成本，并为今后的持续发展保留足够的弹性。基于此，在规划与建筑设计领域，出现了众多的设想和探索，包括理查德·罗杰斯提出的密集城市的设想，MVRDV提出的三维立体城市理论，原田镇郎的立体城市。

城市土地的开发强度与生态环境具有重要的关联性。基于生态的理念进行城市土地开发强度的控制是重要的宜居策略。

我国城市规划体制中对居住密度的控制存在着计划性、强制性、单线条、随意性等问题。国外的容积率引导手段和制度充分利用了市场经济规律及其机制来有效地管理土地开发利用和引导城市建设，值得借鉴。同时，也应该充分利用我国土地公有的优势，在具体的规划管理中，突出公共利益和长远利益，以减少市场导向的房地产开发带来的负面影响。在规划引导中，需要掌握好人均城市建设用地、每户住宅面积和容积率这几个关键性的指标。在实施规划引导过程中，可以借鉴土地管理、基础设施建设和税收等管理手段，强调公共交通导向；打破各自为政，引导城市设计，实现功能混合。

实现宜居密度的目标，需要建立在大量的系统研究和分析的基础之上。对于城市这一开放复杂巨系统，研究需要采取定性定量相结合的综合集成方法。在宜居密度的定量研究中，需要重点解决的是宜居密度的建模、仿真、分析和优化，包括居住密度与各影响因子之间关系模型、居住密度与宜居目标模型的建构。计算机技术的运用，包括高分辨率（米级及以下）SAR图像数据的获取、GIS的运用为宜居密度的系统研究的开展提供了支持。

第 6 章　居住密度的定量分析——以上海为例

前文分析了居住密度的历史演变、特征分析、生成机制以及宜居策略。研究的视野涵盖了从住所到普世城的范围，但研究的主要对象仍然是城市。本章以上海市为例，对居住密度这一问题作更为具体和深入的分析。本章的内容包括上海市住宅建筑的发展历程、上海市人口密度和建筑密度的特征分析、驱动因素的主成分分析以及城市规划对居住密度的控制五个方面的内容。

6.1　发展历程

首先，沿着时间的脉络，按照开埠前（13～18世纪）、开埠后至新中国成立前（1840～1949年）、新中国成立后至改革开放前（1949～1978年）、改革开放以后（1978年至今）四个历史阶段梳理上海住宅建筑的发展过程，重点关注与居住密度相关的方面。

6.1.1　开埠前

上海在南宋时期已形成市镇，元初（1292年）正式设立上海县，明末时已具有相当的规模。《利玛窦中国札记》第五卷第18章“郭居静神父和徐宝禄在上海”中提到了明代上海城市的规模和人口数量：“城的四周有两英里长的城墙，郊区的房屋和城内的一样多，共有四万家，通常都以炉灶数来计算。中国人的城市有这么大量的人数，听了不必大惊小怪，因为即使乡村也是人口过分拥挤。城市周围是一片平坦的高地，看起来与其说是农村，不如说是一座大花园城市，塔和农村小屋、农田一望无际。在这一片外围有两万多户人家，与城市和近郊人口加在一起共达三十多万人，都属同一片城市管理”。按照利玛窦的记述，可推算当时上海城的面积约0.825km²，人口密度约每平方公里12万人。

开埠前的上海是典型的江南水乡面貌。1841年，上海人口41万，其中居住在县城和城区附近的人口约为23万，在全国城市中居第12位。一般民居多为砖木结构、低矮平房，三开间或五开间，中间为客堂，两旁为厢房。人们聚族而居，住宅随着家庭人口增长沿中轴线前后增建，形成二进深或三进深。

1842年8月，中英签订《南京条约》，上海成为“五口通商”城市之一，同年11月17日，上海开埠。开埠后的上海因地利与政策之便，在科技文化和工商业等诸多方面领中国之先。城市也随之发生急剧的变化，一跃成为近代中国乃至远东最大的城市。在这样的历史背景下，上海住宅建设开启了近代化的历程。李振宇[①]将上海自1840年来居住建筑的发展划分为七个阶段，本文按照此划分方法进行论述。

6.1.2 开埠后至新中国成立前

开埠后至新中国成立前的上海住宅发展划分为以下三个阶段。

第一阶段为租界的形成和里弄住宅的兴起阶段（1840~1914年）。

开埠后，上海城市人口随着经济的繁荣迅速增长，1880年时突破百万，到清末的1910年时达到130万人，远远超过北京而成为中国第一大城。19世纪后期人口膨胀以及租借扩张带来了前所未有的住房需求，出现了以盈利为目的，成片建造、分户出租或出售的住房建造形式。早期以木板房建造的出租给中国人居住的房屋，采取联排式的布局。这种建造方式不同于传统的自给自足的住宅建造，是中国现代城市住宅房地产业的雏形。

1870年以后，租界当局取缔了简易木板里弄房屋，开始建造石库门式里弄住宅，如兴仁里，稍后有绵阳里、吉祥街、敦仁里。人口的激增使租界内建房出租成为利润极大的行业，最早出现的老式里弄住宅多建在租界地区，随后在华界也大大发展。较早的老式石库门房屋吸收了欧洲联列式住宅的形式，单体脱胎于传统的三合院、四合院住宅，在结构和形式上带有鲜明的中国传统建筑特色。一般每幢为2层，居住面积有100~200m²，比较适合于大家庭，占地少，造价低。一战前后上海家庭结构总体上发生了变化，旧式里弄渐趋式微。这种住宅目前在上海已很鲜见。

19世纪末20世纪初是里弄住宅的盛建时期，钱家弄、孝友里、曹家弄、何家

① 李振宇. 城市·住宅·城市——柏林与上海住宅建筑发展比较[M]. 南京：东南大学出版社，2004.

弄、亲义里、乔家里、姚家里、刘家弄等都在此期间建成。法租界扩张前后，一些房地产商在越界道路两侧开发里弄住宅，永盛里、建业里、新民村、广元里等相继建成。每条里弄的规模，少则十幢左右，多则可达数百幢。新闸路斯文里是最大的旧式里弄，由700幢石库门房子组成。该时期也建造了一批园林住宅，目前保存下来的只有丁香花园一处。

第二阶段为里弄住宅的成熟和房地产投机的鼎盛时期（1914～1937年）。

1911年辛亥革命以后，上海作为对外贸易的港口城市，同时由于租界的特殊地位，得到了很快的发展。1936年，全市人口381万。公共租界的人口密度最高，22.60km^{2}的范围内居住着118. 9万人，人口密度达每平方公里52255人。除旧城区、旧租界地区畸形发展以外，在闸北、南市、沪西、浦东一带也逐渐发展成为城市区和平民居住区。

20世纪20、30年代是上海近代住宅建设的第一次高潮，一片片密集的里弄和一幢幢花园别墅相继建成。1919～1931年，公共租界建造各类商品住宅6.5万幢。19世纪末到20世纪30年代建造的约2300万m^2、近万处的里弄住宅、公寓住宅、花园住宅成为上海最具特色的建筑类型。

该时期里弄住宅的建设量最大，在19世纪老式石库门里弄的基础上，又发展了新式石库门里弄、新式里弄、花园里弄和公寓里弄四种形式。新式石库门里弄住宅由旧式里弄演变而成，主要是改为一楼一底，居住房间减少，以适应大家庭解体和小家庭大量出现的需要。其后出现的新式里弄住宅，注重将使用功能进一步明确划分，有起居室、卧室、厨房、浴室、安装有卫生设备和煤气炉，宅前有小型庭院，建筑外观更趋近代西方式样，适于较富裕的市民阶层居住。最早出现的新式里弄住宅是1920年由中国营造公司建造的亚尔培坊（今陕西南路582弄）。大多新式里弄建于1925～1939年之间，多分布于公共租界及法租界的中心地区。大德里、大福里、信德里、合群坊、兴业里、树德坊等都在这一时期建造。新中国成立后，新式里弄大都保存，基本上维持原状。

1930年代以后，又出现了新的居住方式——多层集合住宅（公寓），以法租界最盛行，可以分为两类：一类是多层公寓住宅，4～5层；一类是高层公寓，高达十几层。这一时期也出现了一批高级花园住宅。花园住宅（包括花园里弄住宅）的发展与分布随着租界的扩张，沿南京路、延安路、淮海路自东向西分布。另外，还有一种类型是里弄花园，其主要特点是2层以上花园住宅连在一起形成里弄，占地面积和建筑面积较小。这种类型的住宅从1920年起至1949年均有建造。

第三阶段为从“孤岛繁荣”到居住状况的全面恶化时期（1937～1949年）。

1937年11月11日，日军占领了除租界外上海的全部地区。沦陷后的租界成为

"孤岛"，比战前更为繁华。这一时期面积较大的新式里弄、花园里弄住宅、独立住宅和多层集合住宅等高档住宅大量出现。1941年太平洋战争爆发后，租界的历史也到了尽头。日军的侵入造成上海城市的极大破坏。"一·二八"、"八·一三"两次事变，闸北、虹口、南市等区大量房屋被毁，难民纷纷涌入棚户区。上海解放前夕，200户以上的棚户区有322处。[①]

据1949年统计，全市居住房屋建筑面积2359.4万m^2（折合居住面积1610.8万m^2），全市人口414.1万人（未计入郊区人口），平均居住面积3.9m^2。其中，旧里弄和简棚1563万m^2，占全市居住房屋建筑面积的66.2%。全市共有棚户简屋197500间，建筑面积322.8万m^2，居住人口有115万。居住情况两极分化，一般市民住房十分困难，60%的居住条件较差。经过几十年的发展，至新中国成立时上海居住空间呈现组团拼贴格局，居住空间分异显现[②]。旧式里弄住宅大部分位于城市核心区的原公共租界内，小部分位于虹口区和杨浦区的黄浦江沿岸。花园住宅集中在环境较好的西南地区，即徐汇、长宁、卢湾、静安区的法租界内，该区域内还有房屋质量较好、建筑标准较高的公寓及新式里弄住宅。棚户和简屋一部分集中在原南市区的老城厢内，一部分在浦东的黄浦江沿岸、闸北区的火车站，以及市区边缘的工厂、仓库、车站、码头附近。沿淮海路、南京路、四川北路等的里弄住宅组团内还夹杂分布着大量的商住混合区。

6.1.3 新中国成立后至改革开放前

新中国成立后至改革开放前的上海住宅发展划分为以下两个阶段。

第一阶段为工人新村的兴起阶段（20世纪50年代）。

20世纪50年代开始的工业化进程，使上海成为全国第一大工业城市。上海市城区的居住开发以北向扩张为主，进而顺应工业发展形成"南北轴为主、东西向为辅"的城市空间格局。此阶段的住宅建设主要是兴建公有住宅区。随着工业的发展，开始有计划、成规模地在近郊修建工人新村。1950年代初期规划和建设了沪西、沪东工业密集区的控江、长白、凤城、鞍山、甘泉、天山、日晖、长航、曹杨等9个住宅新村。这批住宅新村的用地面积为127.83hm^2，住宅单元21830个，建筑面积60.04万m^2，居住面积37.85万m^2（可计算出毛容积率为0.47），每个新村规模2万~3万人。至1958年年底，环绕市区边缘建造的新村共计201个。至1960

① 上海房地产志[M].

② Anderson(a)J.The Changing Structure of a City :Temporal Changes in Cubic Spline Urban Density Patterns[J]. Journal of Regional Science,1985,25.

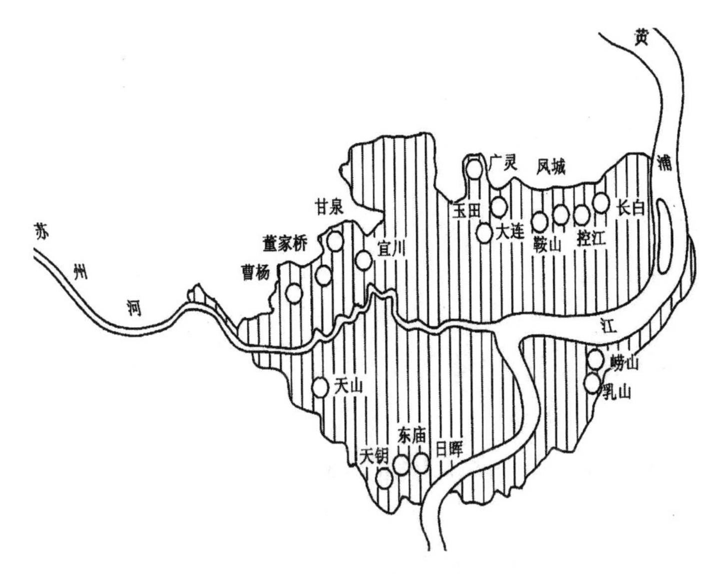

图6–1　1950 ~ 1958年上海新建工人新村分布

（资料来源：于一凡．城市居住形态学[M]．南京：东南大学出版社，2010．）

年，共建造工人新村500万m^2。图6–1所示为1950 ~ 1958年上海新建的工人新村的分布图。

1950 ~ 1960年平均每年新建住宅56万m^2，但是由于工业化的发展导致城市人口的增加，住房建设跟不上人口的发展，人均居住面积从1949年的3.9m^2下滑到1957年的3.1m^2，在1959年回升到3.7m^2。住宅紧缺的矛盾突出。

第二阶段为“文化大革命”，发展大停滞时期（20世纪60、70年代）。

20世纪60、70年代是我国政治和经济发展极其困难的时期，上海的住宅建设在这样的大环境下缓慢发展。1960年代平均每年住宅竣工面积为46万m^2，低于1950年代的绝对值；1970年代得到回升，平均每年98万m^2。该时期住宅建设包括兴建公有住宅区和老城区局部改造，此时城市建成区的放射状空间形态特征已十分突出，居住空间的扩展主要集中在原有建成区内部。为配合市区范围的逐步扩大和近郊工业区的开辟，陆续建成了彭浦新村、田林新村、沪东新村等十几个新村。比起1950年代的新村，标准有所提高，层数增加至4 ~ 6层。在卫星城的建设上，配合大型国营企业的建设，完成了金山卫、嘉定等7个卫星城镇的住宅区建设。高层住宅试点开始。同时，出现了一些新的住宅类型，如独门独户小面积成套住宅等。

1949 ~ 1979年的30年间，尽管城市的GDP增长了6.7倍，但是城市住宅建设发展却比较缓慢。至1979年，条件很差的简棚总建筑面积为540万m^2，占所有住宅建筑面积的10.7%；条件较差的旧里弄和非居住建筑改为居住建筑的住宅建筑面积为

1875万m^2，占44.5%；新建的住宅建筑面积为1229万m^2，不到30%。根据1982年的一个住房调查，上海当时有47.6%的家庭有各种住房问题，如房屋结构破旧、缺少基本设施、几代同堂、居住拥挤等。据统计，1980年全市居住水平人均2m^2以下的有7万户；25.1%的城市家庭必须与父母和亲戚合住，造成事实上的无房户，导致城市简屋棚户大量出现。有限的住房条件使得人们只能接受拥挤的现实，有的街道的密度达到29万人/km^2。

6.1.4 改革开放后

改革开放后的上海住宅发展划分为以下两个阶段。

第一阶段为改革开放的开始（20世纪80年代）。

1984年起，国有土地的使用权允许在一定期限内有偿转让和流通。住宅发展进入了转轨时期，公有福利房体制改革开始，住房建设从单一的计划体制转向计划和市场相结合，出现了较大规模的单位建房和面向单位和市民的住房市场。上海住宅建设迎来了又一个高潮。1979～1989年间，建成住宅4368万m^2，占1949年以来全部新建住宅的71%。此时期建造的住宅小区大多采用高层和多层住宅相结合。这一时期高层住宅增长迅速，新建高层住宅约500余幢，总建筑面积约600万m^2。1985年左右起，又开始了塔式高层住宅的建设，层数由12～15层增至15～33层，户均面积相应增大。

该时期的住宅建设包括在远郊兴建公有、集体和私有住宅区，以及城内推光式改造。1980年年初，上海市实行单一中心战略，居住空间的开发多围绕内环线以内布局和向近郊发展。住宅新村沿内环线外侧以组团模式呈不连续环状分布，并与工业用地相间。1980～1990年在中心城区发展了74个居住区和居住小区，住宅建筑面积3913万m^2。由政府牵头的大型居住区建设规模扩大，如曲阳新村、康健新村、长白新村等，居住规模从5万、6万到十多万不等，建筑面积在100万m^2左右；并开始了如古北新区的外销商品住宅区。

旧区改造在20世纪80年代全面展开，编制了1984～1990年的7年中心区旧住房改造计划，共涉及23个地区，占地面积41.1万m^2。1980年代拆迁住宅建筑面积共331万m^2，动迁居民13.8万户。老市区由于大规模的市政建设和人口动迁，常住居民逐渐减少。老城区的棚户区和里弄住宅区被工业和市政商服用地侵蚀，城市内环线以内区域由大量居住用地转变为其他类型用地。此阶段上海市居住空间格局形成外围圈层扩展与内部破碎混杂的格局。

1980～1990年间，卫星城新建居住区主要分布在金山卫、吴淞、嘉定等地，共规划建设了32个新村，用地1171.93hm^2，建成住宅面积923.66万m^2，可容纳64.4万人。

第二阶段为浦东开发和房地产市场的开放时期（20世纪90年代至今）。

1990年浦东的对外开放确立了上海经济、金融、贸易中心的地位。福利住房于1999年停止建设后，商品住宅成为住宅建设的主旋律。表6-1列举了上海住房开发的商品化过程。上海商品住宅的发展大致划分为五个阶段：起步阶段（1993年以前）、推进阶段（1994～1998年）、全面实施阶段（1999～2003年）、快速发展阶段（2003～2007年）和被动调整阶段（开始于2008年）。[①]这一时期的商品住宅主要有高层住宅、小高层住宅、多层住宅、联排住宅、独户住宅五种形式，并出现了如世茂滨江花园高达60层的超高层住宅。

上海住房开发的商品化过程 **表6-1**

年度	商品房占住房建设总面积的比例（%）	年度	商品房占住房建设总面积的比例（%）
1990	17.5	1994	36.6
1991	20.3	1995	41.8
1992	20.9	1996	65.7
1993	32.1	1997	69.8

资料来源：朱介鸣．市场经济下的中国城市规划[M]．北京：中国建筑工业出版社，2009.

1990年代是继1950年代以后上海中心城区居住用地扩展的又一个高峰期。居住用地的扩展遍布于城市建成区的每一个方向，扩展规模迅速增大。居住建筑面积逐年增加，1993～1997年累计增加4842万m^2，增幅达42%。2001年以后，在住宅需求急剧高涨的情况下，住宅的建设量达到了空前的规模。至2004年，住宅竣工面积高达3270万m^2，市区人均居住面积跃升到14.8m^2。2003～2007年，上海房地产投资占当年GDP的比例超过10%，其中，住宅投资的占比超过65%，这在一定程度上反映了房地产行业已经成为上海经济发展的支柱产业。

1992年上海市提出“365”工程，到20世纪末，要完成365万m^{2}的棚户、简屋改造，住宅成套率达70%。中心城区商品住宅用地和市政商服用地对老城区的工业用地、棚户区和部分里弄住宅区置换，原有环绕老城区的若干棚户组团缩减为零星地块。1991～1998年拆除旧住宅达2330万m^2，共54万户。通过土地批租、旧区改造、联建、退二进三、污染企业搬迁等方式，中心城区住宅建设发展迅猛。中心城市的新建住宅以高层为主，新建的高层住宅与原有里弄住宅毗邻，城市住

① 孙冰．上海住宅市场发展回顾[J]．上海经济研究，2009（4）.

宅空间呈现马赛克化的趋势。1992年以后，近郊（特别是浦东新区和闵行区）住宅发展迅速。内外环间大规模的商品住宅区开发形成若干居住片区，除在工业区之间进一步呈指状延伸外，相互连接成片，形成外围居住区的圈层式填充。1990年代浦东新区商品住宅大量开发，使居住空间由集中于浦西发展转变为四向扩展。随着城市规模的扩大，居住区格局由单中心圈层结构演化为复杂的扇形、圈层和组团综合模式，并有向多中心结构发展的趋势。[①]住宅用地的布局随着中心城功能的调整和城市交通的发展，向外环线周边发展。2004年，上海市政府批准印发了《关于切实推进“三个集中”、加快上海郊区发展的规划纲要》，提出“新城—新市镇—中心城”的三级体系。城镇和居住体系的规划建设对上海郊区的居住空间发展起到了巨大的推动作用。

6.2 人口密度

6.2.1 人口

上海在近代是全国人口增长最迅猛的城市，近百年来除个别年份有所回落和陡增以外，大部分年份都是稳步增长。1852年上海县的人口为54万，1865年为69万，1880年为100万，1910年为129万，1937年时为385万，1940年达400万。近百年间人口增长约达10倍。1945年抗日战争胜利后，将全市重新划分为30个区，市区人口318.2万人，占83.2%，郊区人口64.3万人。1949年新中国成立时，上海市人口为502万。1958年以前上海是典型的大城市、小郊区。经过1958年上海行政区划调整后，至1959年年底，全市总人口1028.39万，其中郊区人口441.11万。1968～1977年，由于市区大批知识青年上山下乡，城乡人口发生了较大的变动，市区人口减少，郊区人口增加。1978年改革开放以来，尤其是以1990年浦东开发开放为标志，上海经济发展进入快车道，人口规模持续扩大，大量外来人口流入。1978～2008年间，常住人口年均增长2.37%，大大超过改革开放前的人口增长速度。1992年邓小平南方谈话后，进入人口的高速增长时期，年均增长34万人。2000年以后进入人口较快增长时期，年均增长27万人。预测上海常住人口2020年为2200万人。[②]图6-2显示了1980～2008年上海市辖区年末总人口和建成区面积的变化情况，1990年代以后，由于流动人口的增长，常住人口和户籍人口的数值

---

① Anderson(a)J.The Changing Structure of a City :Temporal Changes in Cubic Spline Urban Density Patterns[J]. Journal of Regional Science,1985,25.

② 宁越敏等. 上海人口发展趋势及对策研究[J]. 上海城市规划，2011（1）.

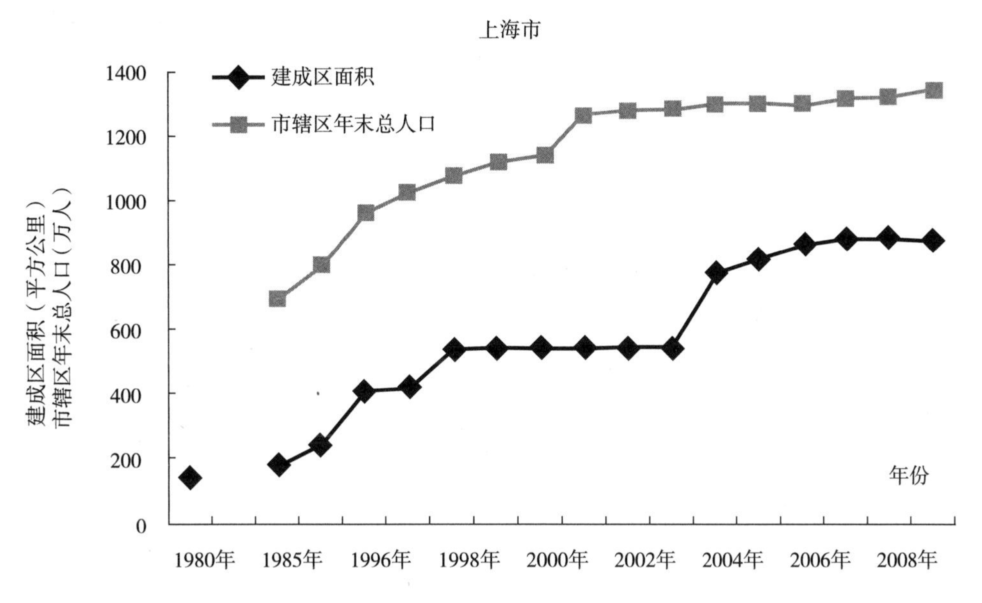

图6-2 上海市辖区年末总人口和建成区面积的变化情况

相差较大。1990年以前上海市人口机械增长率起落较大，1979年大量知识青年返乡，人口机械增长率达到23‰，而1984年只有3‰。1990年以后上海市人口的机械增长趋于和经济发展保持一致，自1993年起始终在8‰以上。

王浣尘①认为到2050年以上海市常住人口为对象的合理人口规模控制基准点是1610万人。曾明星、张善余②认为上海最大常住人口规模可达2600万人，届时人口密度为4100人/km²。2004年，上海市政府批准并印发了《关于切实推进“三个集中”，加快上海郊区发展的规划纲要》（简称纲要），根据纲要，2004年，上海中心城人口已近1000万，占全市总人口的近60%，到2020年规划郊区常住人口1050万左右，约占全市总人口的一半。上海市在新的城市规划中提出了人口疏散战略，即在2020年，上海市中心区的人口控制在800万，中心城区外人口控制在1200万。中心区人口需要进一步疏散，纲要提出“新城—新市镇—中心村”的三级体系。③

第六次全国人口普查资料显示，2010年上海家庭户数为825.33万户，比2000年

① 王浣尘. 上海市合理人口规模研究[J]. 管理科学学报，2003，6（2）.

② 曾明星，张善余. 基于比较研究的上海人口规模再思考[J]. 人口学刊，2004（5）.

③ 新城为30万以上的中等规模的城市：松江、嘉定—安亭、临港等具有发展优势的新城，规划人口规模达到80万～100万。新市镇涵盖了原中心镇和一般镇，建设60个左右，其人口规模一般在3万以上，发展较好的人口规模可以达到10万～15万，形成3000个不同类型的中心村，人口规模在300～1000左右。

增加了295.42万户，年均增长4.5%，而同期人口年均增长为3.4%。2010年上海家庭户均人数为2.5人，比2000年减少0.3人。新中国成立以来，上海家庭户的户规模不断缩小，由1949年的户均4.9人缩减到2010年的2.5人。1人户、2人户、3人户占家庭总数的79.5%，成为家庭户的主要类型，其中以2人户及3人户居多，占家庭总数的62.3%。

6.2.2 面积

上海市行政区划一直处于变动之中。清嘉庆十五年时上海县面积557.8km^2。开埠后，英、法、美先后在县城外设立了租界，后经拓展合并，最终形成公共租界和法租界两大部分。租界内先是外侨居住，1855年后开始华洋杂居。1927年上海特别市的面积为527.5km^2，其中公共租界面积22.6km^2，法租界的面积10.2km^2，上海华界17个区的面积494.7km^2。日本占领上海时期，行政区划除市中心外还包括郊区的上海、青浦、嘉定、宝山、南汇、奉贤、崇明等，面积扩大到618km^2。1949年新中国成立后，基本按原有的行政区划进行接管，当时市区有20个区，郊区有10个区，行政区划大体在高桥、洋泾、杨思、龙华、梅陇、北新泾、真如、大场、江湾、五角场一线范围内。面积为636.2km^2，其中市区面积82.4km^2，郊区面积553.8km^2。

图6-3显示了1842～1949年上海市区的发展过程。新中国成立后上海行政区

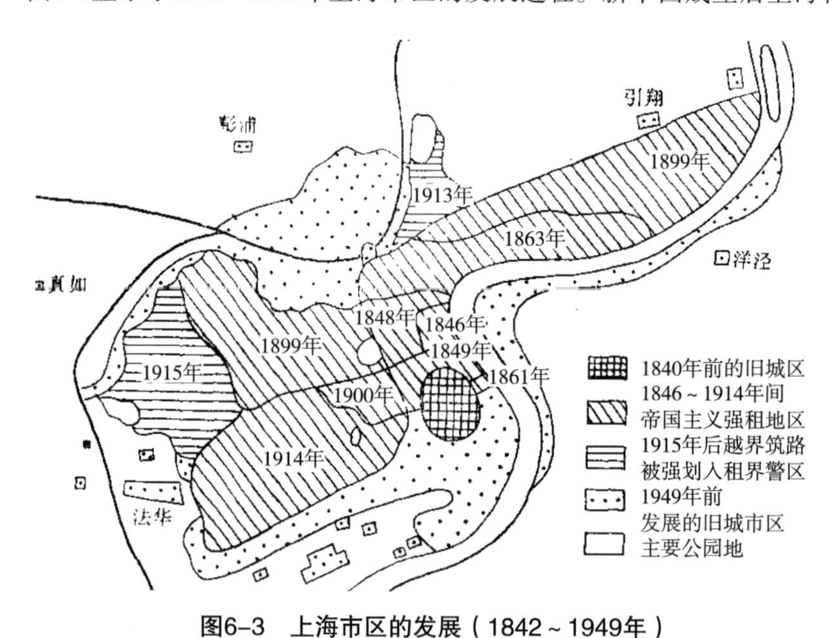

图6-3　上海市区的发展（1842～1949年）

（资料来源：褚绍唐. 上海历史地理[M]. 上海：华东师范大学出版社，1996.）

划调整最大的有两次。一次是1958年，另一次是1980年代以后。①1959年，中央政府将江苏省的部分县划归上海管辖，该年年底，上海全市一共设立13个区，11个县，全市面积达5940km^2。此次行政区划调整以后，上海市辖区面积陡然扩大，由于包括了大量郊区的面积，根据相关统计数据计算出的密度数值陡然变小。因此，在比较研究中需要加以辨别。至1965年，上海全市共设10个区、10个县，这种行政体制一直延续到1980年。1980年代以来城市大规模的开发建设使得城市范围不断扩张，上海行政区划因此进行了多次调整，分期分批实施区县合并或撤县建区。据上海市统计局公布，至2003年，全市共有18个区、1个县。

上海的建成区在1845～1990年的145年间一直呈指数增长。图6-4表示了1860～1990年上海建成区面积的扩展情况。1990年上海的建成区面积为248km^2，2009年的建成区面积为886km^2，年平均增长率为13.39%。表6-2所示为上海居住密度的相关指标，表中列举了1980年以来上海市市辖区建成区面积的增长情况。

上海市土地利用的变化以农业用地向非农业用地的转变为主，土地利用变化主要发生在市辖区周边地区，城市扩张主要发生在浦东新区、宝山区和闵行区。各时期建成区的扩展强度一直保持较高水平，并呈持续增加的趋势。较早形成的

图6-4　上海市区（建成区）用地扩展

（资料来源：于一凡．城市居住形态学[M]．南京：东南大学出版社，2010．）

① 施镇平．解放以来的上海行政区划调整及城乡关系变动[J]．上海行政学院学报，2005，6（3）．

表6-2

上海市居住密度相关指标

年份	市辖区建成区面积（km^2）	市辖区年末总人口（万人）	市辖区建成区人口密度（万人/km^2）	年末总人口（万人）	居住用地人口密度（万人/km^2）	居住用地面积（km^2）	年末实有住宅建筑面积（万m^2）	年末实有房屋建筑面积（万m^2）	住宅建筑毛密度	人均住宅建筑面积（m^2/人）
1980年	140	—	—	1152	—	—	4402	9133	—	—
1981年	—	—	—	1168	15.78	74.00	—	—	—	—
1985年	184	689	3.75	1233	12.14	101.60	6446	12478	0.63	—
1990年	248	783	3.16	1334	11.34	117.60	8901	17255	0.76	—
1996年	412	961	2.33	1451	3.87	375.20	13135	23593	0.35	—
1997年	421	1019	2.42	1489	3.89	383.00	15116	26148	0.39	—
1998年	550	1071	1.95	1527	2.99	511.29	17416	29211	0.34	—
1999年	550	1127	2.05	1567	3.07	510.73	19310	31802	0.38	—
2000年	550	1137	2.07	1609	2.7	596.49	20864	34205	0.35	—
2001年	550	1262	2.3	1668	2.26	736.64	23474	38324	0.32	26.00
2002年	550	1270	2.31	1713	2.31	741.61	26644	42951	0.36	28.00
2003年	550	1278	2.33	1766	2.38	741.61	30560	51375	0.41	29.35
2004年	781	1289	1.65	1835	2.47	741.61	35211	59314	0.47	32.10
2005年	820	1290	1.57	1890	—	—	37997	64198	—	33.07
2006年	860	1298	1.51	1964	—	—	40855	70282	—	33.07
2007年	886	1309	1.48	2064	—	—	43283	70282	—	33.07
2008年	886	1322	1.49	2141	—	—	47191	—	—	34.83
2009年	886	1332	1.5	2210	—	—	50206	—	—	—

扩展圈分布较为集中，较晚形成的则显得较为松散，且分布幅度也较广。李晓文[①]等对上海地区城市扩展规模、强度和空间分异特征进行了研究，结果表明：①上海市区各时期城市用地扩展相对集中于宝山—闵行、嘉定—浦东等方向，不同时期各轴向城市用地扩展性质和强度有明显差异；②城市扩展模式由单核扩展转变为包括中心城区、卫星城、郊区城镇以及交通干道等周边区域的“多核扩展”和“点—轴扩展”模式。

从土地利用规划可以分析上海市土地资源的条件和利用状况。据《上海市土地利用总体规划（1996—2010年）》，1996年上海市建设用地面积为2294.6km^2，其中城镇及工矿用地1057.05km^2，城镇常住人口1054万，人均用地100m^2。其中，市辖14区城镇及工矿用地736km^2，常住人口904万，人均用地81m^2；郊县城镇及工矿用地321km^2，常住人口150万，人均用地214m^2。具体的土地资源利用情况见表6-3。按照《全国土地利用总体规划纲要（2006—2020年）》，城镇及工矿用地总量以及人均用地都将继续增长。2010年，上海城镇工矿用地规模为1830km^2，人均城镇工矿用地为106m^2；2020年，上海城镇工矿用地规模为2200km^2，人均城镇工矿用地为110m^2。在城市经济高速发展的影响下，陆域土地资源已几乎全部利用。上海全市建设用地规模为2981km^2，与上海已建成用地面积相比，用地净增长空间只有100多km^2。土地资源总量有限，后备资源不多，供求矛盾日趋尖锐。

1996年上海市土地利用现状平衡表（km^2）　　表6-3

地类		面积		占总面积
		km^2	万亩	比例（%）
总面积		7945.6	1191.84	100
农用地	总计	5166.1	774.91	65.02
	耕地	3150.8	472.62	39.65
	园地	92.66	13.9	1.17
	林地	37.36	5.6	0.47
	牧草地	0	0	0
	水面	1885.3	282.79	23.73

① 李晓文，方精云，朴世龙. 上海城市用地扩展强度、模式及其空间分异特征[J]. 自然资源学报，2003，18（4）.

续表

地类			面积		占总面积
			km^2	万亩	比例（%）
建设用地	总计		2294.6	344.2	28.88
	居民点及工矿用地	小计	1930.8	289.62	24.3
		城镇及工矿用地	1057.05	158.56	13.3
		特殊用地	26.17	3.93	0.33
		农民居民点	517.96	77.69	6.52
		农副业用地	329.59	49.44	4.15
	交通用地		192.44	28.87	2.42
	水利设施用地		171.43	25.71	2.16
未利用土地			484.86	72.73	6.1

注：据1994年航片资料分析，农村居民点用地为712.55km^2，占建设用地的31.05%。其中，农民宅基地为517.96km^2，占建设用地的22.57%。

由表6–4可见，1995年上海市住宅用地为733.11km^2（其中，农民住宅用地585.98km^2），占上海市土地总面积的11.49%，占城镇及工矿用地的69%。人均住宅用地56.33m^2。其中，中心城区人均9.41m^2，最低的黄浦区为5.03m^2；近郊区人均89.3m^2；郊县人均112.38m^2，最高的崇明县为196.7m^2。赵晶①等对上海市建成区居住用地扩展模式、强度和空间分异特征进行了研究。结果表明：城市居住用地的空间扩展并不是持续增长的，总体上表现为先降后升的变化趋势。以1979年前后为界，上海居住用地扩展强度从逐渐降低过渡到逐渐升高。1947～1964年，居住用地以原有建成区为核心渐进式向外扩展，由建成区中心向外扩展强度逐渐增大，形成连续的扩展带。居住用地的扩展模式发生变化，建成区高强度扩展类型与逆向扩展、无扩展类型相互交错散落分布，体现出随机跳跃的发展模式，其中1964～1979年大部分居住扩展集中在浦西地区，1979～1988年浦东方向的扩展速度加快。1988～2002年，建成区内出现大规模连续的居住用地扩展，既有渐进式扩展的圈带状特征，也有跳跃式扩展的交错分布特点。

① 赵晶等. 20 世纪下半叶上海市居住用地扩展模式、强度及空间分异特征[J]. 自然资源学报，2005，20（3）.

1995年年末上海各类用地面积统计表（km^2）　表6-4

用地类型	代码	全市面积	比重（%）	中心城区	比重（%）	近郊区	郊县
商业服务用地	100	19.33	0.31	7.79	3.12	4.47	7.36
工业仓储用地	200	304.37	4.77	52.89	21.24	143.24	108.25
公共设施及绿化用地	300	32.35	0.51	8.06	3.23	11.52	12.76
公共建筑用地	400	64.34	1.01	26.61	10.68	12.82	24.91
住宅用地	500	733.11	11.49	59.88	24.04	285.85	387.37
交通用地	600	254.39	3.99	43.02	17.27	65.46	145.90
特种用地	700	31.35	0.49	3.23	1.29	18.87	9.26
水域	800	886.63	13.90	12.92	5.18	163.48	710.23
农业用地	900	3959.63	62.08	18.81	7.55	1044.69	2896.34
其他用地	000	92.14	1.44	16.02	6.43	41.45	34.67
总计	—	6377.94	100	249.04	100	1791.86	4337.05

注：代码为国家土地局土地分类代码。
资料来源：《上海城市规划志》。

上海中心城区居住用地的扩展经历了20世纪50年代和90年代两个高峰期。表6-5列举了1947～2000年上海市中心城区居住用地扩展的情况。由表可见，1990年代以后，上海市中心城区居住用地的年平均增长率在5%以上。1995年，上海中心城区59.88%为居住用地；2000年，上海中心城区54.92%为居住用地。以黄浦区福州路地区为例，该地区范围东起黄浦江、西至西藏中路、南临广东路、北到汉口路，在这块30多hm^2的土地中，住宅用地占70%，公建用地占8.84%，绿化用地占0.28%，道路用地占15.6%，居住人口为4.5万，人口毛密度为1600人/hm^2。①表6-6列举了上海市中心城区与美国纽约市土地利用结构的比较。由表可以看出，与纽约市相比，上海市中心城区的住宅以及工业仓储用地比重较高，商业服务用地以及道路和绿化用地偏低，因此带来了中心区交通拥挤，环境污染，居民住宅、工厂和第三产业发展之间的用地矛盾突出。上海中心城区用地布局中住宅用地的比重过高，中心区的疏解主要是疏解居住功能。1995年，近郊区住宅用地占总用地面积的15.9%，远郊区占8.93%。

① 余建源. 上海旧城中心的疏解方向何在[J]. 城市规划汇刊，1988（2）.

上海市中心城区居住用地扩展情况（不包括农村居民地） 表6-5

年份	1947年	1958年	1964年	1979年	1984年	1988年	1993年	1996年	2000年
总量（km^2）	37.14	56.68	57.82	57.81	65.51	72.83	95.97	112.76	139.51
年平均增长（%）	—	3.92	0.25	0.00	2.53	2.68	5.67	5.52	5.47

资料来源：廖邦固等．1947～2000年上海中心城区居住空间结构演变[J]．地理学报，2008，63（2）．

上海市中心城区与美国纽约市土地利用结构的比较 表6-6

纽约市，1995年	km^2	%	上海外环线内，2000年	km^2	%
一家和两家住宅	181.5	22.9	居住用地	297.9	45.6
多家住宅	83.8	10.6	商业金融用地	3.6	0.6
商业建筑	29	3.7	工业用地	86.5	15.1
工业建筑	55.6	7	文化娱乐体育用地	14.2	2.2
公共用地	48.1	6.1	卫生教育科研用地	9.5	1.5
开放空间和户外活动场所	127.8	16.1	道路交通广场用地	109.7	16.8
空地	77.4	9.8	耕地	109	16.7
街道	177.8	22.4	绿地	9.3	1.4
其他	11.7	1.5	其他	21	3.2
合计	792.6	100	合计	654	100

资料来源：曾明星，张善余．基于比较研究的上海人口规模再思考[J]．人口学刊，2004（5）．

《上海市城市总体规划说明（1999—2010年）》将上海中心城区定义为外环线（A20公路）以内的区域，涉及14个区，2000年上海外环线内总面积650km^2（不含浦东的土地面积为289.4km^2）。在本书的研究中，为了具体分析上海市居住密度的分布情况，按照中心城核心区、中心城边缘区、近郊区和远郊区进行数据的统计和比较。中心城核心区和中心城边缘区一起构成中心城区，近郊区和远郊区一起构成郊区。中心城核心区，包括黄浦、卢湾、静安、虹口4个区，各区全部或大部分位于上海市内环线以内的地区，多为新中国成立前建的老城区，现为中心商务区和中心商业区，总面积51.64km^2，占全市的0.81%。中心城边缘区，包括徐汇、长宁、普陀、闸北和杨浦5个区。各区全部或大部分位于内环线与外环线之间的地区，多为新中国成立后建设的新城区，总面积236.81km^2，占全市的3.73%。近郊区包括闵行、宝山、嘉定和浦东新区4个区，总面积1624.22km^2。远郊区包括松江、金山、青浦、南汇、奉贤5区和崇明县（包括长兴岛和横沙岛），总面积4427.77km^2。图6–5表示了上海市各区县和环线之间的关系。

6.2.3　人口密度

表6–7列举了1949～2010年上海市主要年份人口密度数据。由表可见，1949年以来，上海城市人口密度（以行政区划土地面积计算的人口密度值）处于上升的趋势。表6–8比较了世界各大城市城市化地区的人口密度数值。由表可见，上海建成区人口密度较高，仅低于我国香港，远高于伦敦、纽约和巴黎。

图6–5　上海市区县分布图

上海市主要年份人口密度指标统计　表6–7

	1949年	1958年	1979年	1988年	1996年	2000年	2010年
年末常住人口（万人）	502.92	750.80	1132.14	1262.42	—	1608.6	2302.7
全市面积（km^2）	636.20	654.46	6186.07	6341.70	6341.78	6340.57	5339.92
全市人口密度（人/km^2）	7905	11472	1838	2031	2288	2537	3632

资料来源：作者根据上海统计年鉴绘制。

城市化地区（Urbanized Area）人口密度对比（人/km^2）　表6–8

	1960年	1970年	1980年	1990年	2000年
北京	—	—	13624	13179	14479
香港	—	33045	29174	28427	—
伦敦	—	—	—	—	2952
纽约	2880	2580	2144	2088	2050
巴黎	5062	4537	3920	3679	3545
上海	—	—	37793	20704	16391
东京—横滨	8573	7482	7180	7105	—

资料来源：International Urbanized Area Data：Population，Area & Density：Historical（20021019），http://www.demographia.com.

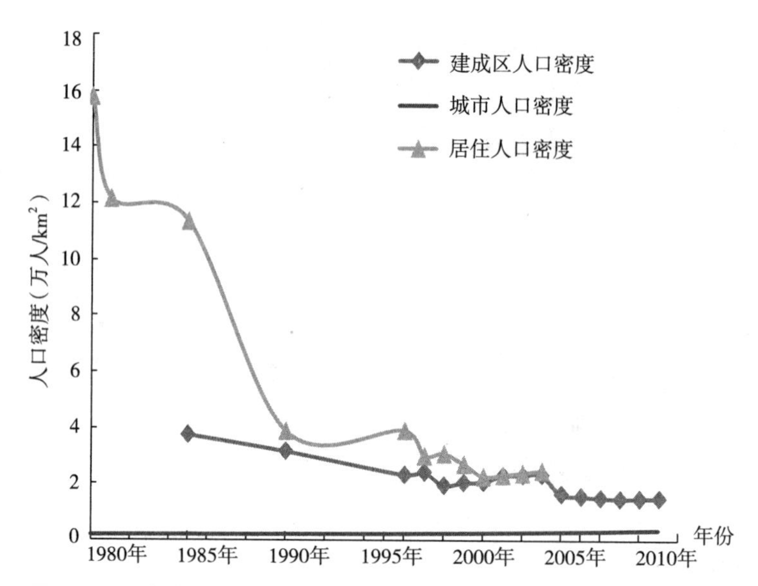

图6-6　上海市人口密度及区人口密度变化曲线（1949～2002年）

图6-6显示了上海市1980年以来各种人口密度指标的变化情况。由图可见，建成区人口密度大体呈下降的趋势，个别年份也有增加的趋势。1985年，上海市市辖区建成区人口密度为3.75万人/km^2；2009年，市辖区建成区人口密度下降到1.5万人/km^2。上海市居住人口密度在1980～1990年间下降很快。1980年，上海市居住人口密度为15.78万人/km^2；1998年下降到3.07万人/km^2。之后居住人口密度的降幅减小，2004年居住人口密度为2.47万人/km^2。据1980～1990年上海市居住区汇总统计，生活居住区用地总计5823hm^2，居住人口425万，可知居住区平均人口毛密度为730人/hm^2。

图6-7比较了1990年代初大都市各区的人口密度数值分布。由图可见，与伦敦、巴黎和纽约相比，上海市各区密度相差很大。其密度最高值远高于其他各城市，密度最低值也低于其他城市。上海市人口密度分布的格局是在近代形成的，由于特殊的历史原因，租界长期容纳上海近半数的人口。1942年租界的居住人口超过250万，占该年上海总人口的62%。人口密度最高的是原法租界对应的区域，每平方公里8.36万人。[①]

表6-9列举了1946年上海市人口密度的分布情况。人口密度最大的老闸、新成、邑庙地区，人口密度在每平方公里10万以上，其中人口密度最大的老城区，每平方公里14.2万人。

① 褚绍唐. 上海历史地理[M]. 上海：华东师范大学出版社，2011.

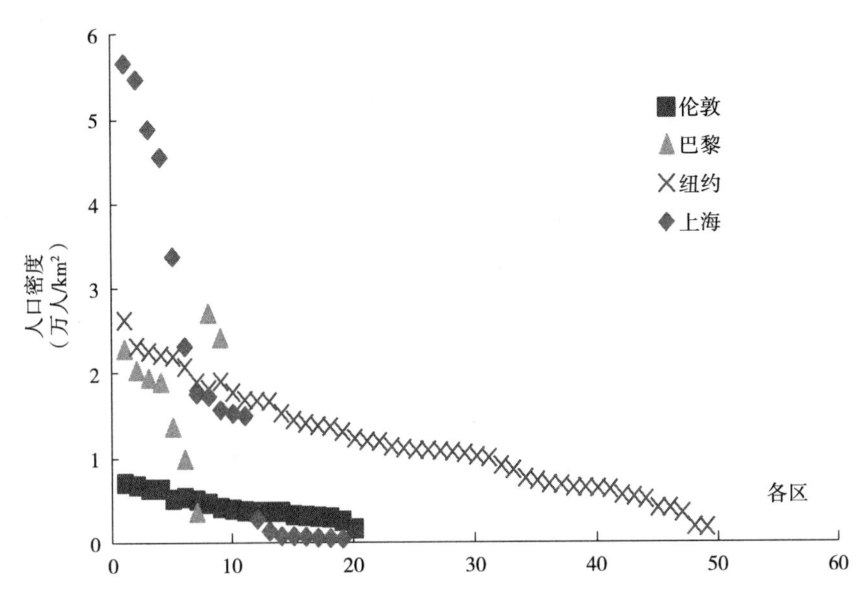

图6-7　上海与其他城市各区人口密度分布的比较

1946年上海市人口密度分布　　表6-9

级别	密度（人/km²）	区名	特征
1	10万以上	老闸、新成、邑庙	商业、住宅区
2	5万～10万	虹口、嵩山、黄浦、北站、江宁、普陀	商业、工业、住宅区
3	1万～5万	静安寺、提篮桥、蓬莱、卢家湾、榆林、长宁、闸北、常熟、徐家汇、北四川	商业、住宅区
4	0.1万～1万	杨树浦、洋汀、新市街、杨思、新泾、吴淞、真如	工业、住宅、农业区
5	0.1万以下	龙华、高桥、大场、江湾	农业区

资料来源：褚绍唐．上海历史地理[M]．上海：华东师范大学出版社，1996.

新中国成立前，城市人口高度集中在城市中心区。新中国成立后直到1970年代末，人口分布的总体趋势变化不大。1982年被专家认为是上海地区人口分布与城市化发展的一个转折点。自1982年后，中心城核心区人口绝对数大幅减少，人口增长最快的是中心城边缘区，1982～1990年间中心城边缘区的人口增长约占全市人口增长的2/3。近郊区的人口增长仅次于边缘区，远郊区人口增长缓慢。

1990年代以来，近郊区和远郊区由于流动人口增多，人口密度逐步上升。随着中心城区实施“双增双减”和郊区推行“三个集中”，制造业大量外迁，就业岗位也随之向外转移。浦东、闵行、宝山、嘉定、松江、青浦等近郊区成为吸引大量务工人员的集中地；远郊区吸引的外来人口也在迅速上升。中心城核心区的人口密度继续减少，由于基数大，人口密度数值依然较高。1990年，中心城在离市中心（以上海市政府所在地——黄浦区人民广场街道为全市中心点）2.5km范围内，人口密度高达8万人/km^2，由此向外2.5km距离带的人口密度依次为4.5万人/km^2、1.7万人/km^2、1.1万人/km^{2}和不到0.4万人/km^2。[①]1997年，中心城在离市中心2.5km范围内，人口密度下降到6.3万人/km^2，而离开市中心10km外的人口密度上升到0.8万人/km^2。

进入21世纪以后，上海市产业结构调整加快，郊区社会经济发展对人口的吸引力继续增强，核心区和边缘区人口明显减少，近郊区和远郊区人口高速增长。[②]"十一五"（2006～2011年）期间，上海人口分布基本形成由内向外、由密向疏的扩散态势。内环以内区域的常住人口密度下降到30084人/km^2，五年下降了5535人/km^2，下降幅度16%；外环以外区域人口导入强劲，五年来增加常住人口250.38万人，人口密度增长到1868人/km^2，五年中增加了440人/km^2，增幅31%。中心城区人口进一步向郊区疏解。[③]

表6-10列举了上海市1993～2010年上海市各区县人口密度变化情况，除中心城核心区人口密度下降以外，其他各区域人口密度上升，近郊区人口密度上升最多，远郊区次之。2001～2008年，近郊区人口密度上升了116%，远郊区人口密度上升了28.3%。

吴文钰、马西亚[④]以两次人口普查数据为基础，利用单核心和多核心人口分布模拟了上海1990年代的人口分布模型，发现多核心模型能更好地描述上海人口密度分布。在1990年有2个人口分布次中心，2000年有6个人口分布次中心，分布在中心区和近郊区（图6-8）。

人口密度函数对规划城市人口分布及动态特征是非常有效的。经SPGIS的分析，上海市人口密度随距城市中心的距离呈负指数正态分布形式，并有逐步向正态分布形式转换的趋势。高向东[⑤]对2000年上海市人口结构空间分布进行了模型分析，发现2000年上海市人口结构空间分布的最优函数模型是Cubic函数，而非负指数函数（图6-9）。

上海市人口密度分布的变化，是上海作为一个发达的特大城市地区城市化推进和发展的必然结果。人口密度分布的变化说明上海市已由单纯以人口集中为主的传

① 李振宇．中国住宅七问：豪迈与踌躇[J]．城市，环境，设计，2011（1）．

② 杨守国．上海市人口分布变动和城市功能区研究[D]．北京：首都经济贸易大学硕士论文，2007．

③ 解放日报，2010-07-07．

④ 吴文钰，马西亚．1990 年代上海人口密度模型及演变[J]．市场与人口分析，2007，13（2）．

⑤ 高向东等．上海市人口结构空间分布的模型分析[J]．中国人口科学，2006（3）．

表6–10

上海市各区县人口密度变化

地区		人口密度（人/km^2）										人口密度变化	增长率（%）
		1993年	2001年	2002年	2003年	2004年	2005年	2006年	2007年	2008年	2009年	2010年	2001~2008年	2001~2008年
中心城核心区	黄浦区	70308	52313	50943	49854	49251	40999	41459	42055	43425	42869	34625	–8888	–17
	卢湾区	52217	43019	41466	40793	40248	33702	33590	33292	34099	33466	30889	–8920	–21
	静安区	57303	45827	43622	42084	41522	33661	33793	33084	33832	32598	32737	–11995	–26
	虹口区	35682	34063	33952	33741	33599	33330	33352	33292	33267	32828	36299	–796	–2
	小计	—	41592	40644	39953	39575	35283	35406	35370	35925	35310	34525	–5667	–14
中心城边缘区	徐汇区	14008	15984	16152	16181	16242	18004	17571	17639	17936	17580	19817	1952	12
	长宁区	15707	15846	15950	16113	16232	17540	17073	16977	17449	16815	18031	1603	10
	普陀区	14752	15340	15386	15417	15541	20171	20447	20682	19827	20717	23505	4487	29
	闸北区	23659	24197	24183	24192	24173	25909	25666	25424	25461	25984	28379	1264	5
	杨浦区	17487	17766	17721	17812	17841	19812	19480	19350	19674	19862	21620	1908	11
	小计	—	17279	17331	17396	17463	19863	19637	19628	19663	19796	21893	2384	14
近郊区	宝山区	1519	1998	2028	2057	2089	4817	4897	4916	4868	4894	6558	2870	144
	闵行区	1383	1821	1927	2021	2115	4594	4992	5113	5189	5039	7032	3368	185
	嘉定区	—	1085	1101	1115	1133	2055	2111	2152	2228	2381	3171	1143	105
	浦东新区	2749	3225	3306	3380	3461	5341	5355	5732	5738	3462	4170	2513	78
	小计	—	2087	2144	2196	2252	4208	4330	4482	4508	3849	5073	2421	116
远郊区	金山区	—	903	902	899	897	1010	1083	1139	1102	1179	1250	199	22
	松江区	—	823	832	838	851	1465	1558	1632	1774	1965	2614	951	116
	青浦区	—	676	680	678	675	1092	1111	1160	1179	1217	1614	503	74
	南汇区	—	1004	1008	1017	1029	1288	1373	1428	1567	—	—	563	56
	奉贤区	—	735	737	740	743	1068	1085	1089	1176	1191	1577	441	60
	崇明县	—	622	615	610	—	554	566	554	567	584	593	–55	–9
	小计	—	777	778	779	634	1030	1076	1108	1165	964	1192	389	50
总计		—	2631	2702	2785	2894	2981	3098	3255	3376	3486	3632	745	28.3

注：2005年之后按常住人口计算。

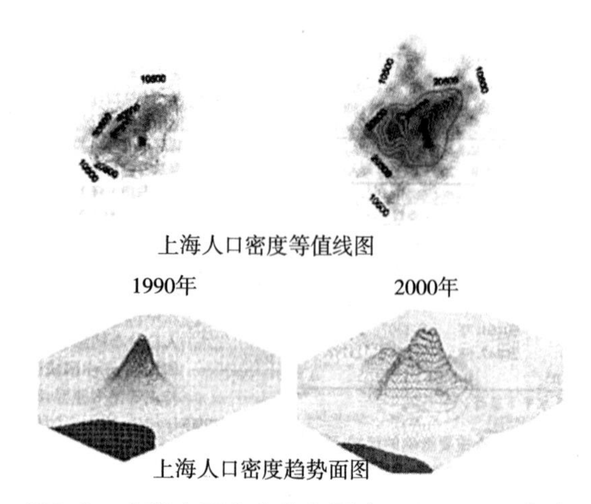

图6-8 上海人口密度分布图（1990、2000年）
（资料来源：吴文钰，马西亚. 1990年代上海人口密度模型及演变[J]. 市场与人口分析，2007，13（2）.）

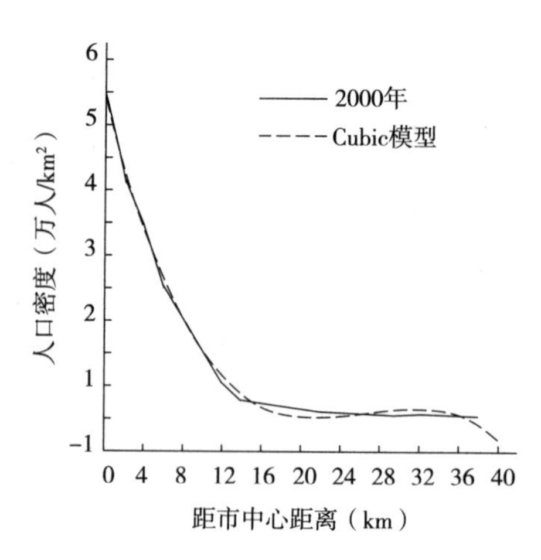

图6-9 上海市人口密度模拟（2000年）
（资料来源：高向东等. 上海市人口结构空间分布的模型分析[J]. 中国人口科学，2006（3）.）

统城市化阶段向整体以人口集中为主、但内部市中心已明显出现人口扩散、减少的传统城市化与现代城市化并行推进的发展阶段。在《上海市城市总体规划（1999—2020年）》中，提出控制中心城人口和用地规模，有序引导中心城的人口和产业向郊区疏散。中心城常住人口2010年控制在850万人以内，2020年控制在800万人以内。吴雪明①经过模拟分析，根据世界城市在工作条件和生活品质的空间指标方面的共性要求，认为在现有的6340km²城市空间里，上海要建成世界城市，就必须考虑居住人口和就业人口的总量控制。根据世界城市服务能级的要求，上海的CBD居住人口需要导出；而就业人口还有进一步集聚余地。就业人口对比居住人口的理想倍率为3～8倍。上海目前的城区与郊区空间结构基本合理，但居住人口还应进一步导出，理想比例为55：45。上海的发展空间需要进一步拓展，特别是周边腹地。

6.3 建筑密度

6.3.1 住宅建设

图6-10显示了上海市住宅建筑面积及人均居住面积的增长情况。由图可见，新中国成立后至1980年代，上海市住宅建筑面积和人均居住面积增长比较缓慢。

① 吴雪明. 世界城市的空间形态和人口分布——伦敦、巴黎、纽约、东京的比较及对上海的模拟[J]. 世界经济研究，2003（7）.

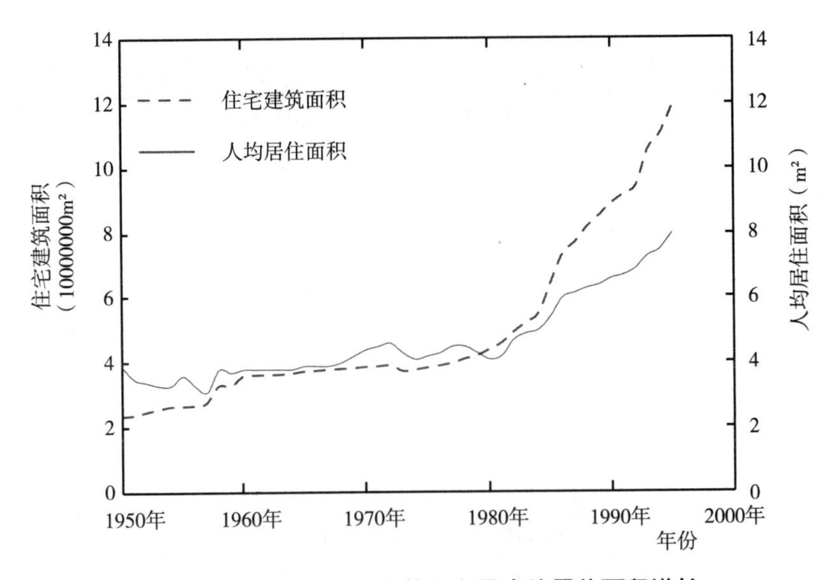

图6-10　上海市住宅建筑面积及人均居住面积增长

《上海统计年鉴》资料表明，1950年时上海住宅建筑面积为2360.5万m^2，人均居住面积为3.9m^2；1979年时上海住宅建筑面积达到4216.4万m^2，人均居住面积为4.3m^2。1980年以后，上海住宅建筑面积进入快速增长时期。"六五"期间，上海每年住宅竣工量平均在400万m^2左右；"七五"期间，则在450万m^2左右；"八五"期间，上海新建住宅竣工量每年平均在1000万m^2左右；"九五"期间，上海新建住宅竣工量每年平均在1500万m^2左右；"十五"期间，上海新建住宅竣工量每年平均在2400万m^2左右。2010年，上海住宅建筑面积达到了43283万m^2，是1979年的10.2倍。人均居住面积为17.5m^2，是1979年的4倍。2011年年末，上海城镇居民人均住宅建筑面积34.6m^2。规划到2020年上海市人均住房居住面积为15m^2以上，基本实现住宅成套化的目标。

表6-11列举了1985～2010年上海市房屋（包括住宅）施工面积和竣工面积的情况。表6-12列举了1949～2003年上海市房屋拆迁的面积情况。结合两表所提供的数据，可以了解上海市住宅生产以及更替的情况。由表可见，上海市住宅施工面积大体上是逐渐增长的。2005年达到最大值8267万m^2。住宅竣工面积相比而言数值比较稳定，各年有增有减。除2005年数值较大以外，其余各年相差不大。上海市居住房屋的拆迁面积基本上是增长的，2002年达到最大，为644.53万m^2。根据2000年住宅竣工和拆迁面积，可以计算出2000年上海住宅面积净增长为1358.25万m^2。

上海市房屋施工面积、竣工面积（万m^2） 表6-11

年份	施工面积	其中，住宅施工面积	竣工面积	其中，住宅竣工面积
1985年	4162.15	2651.52	2909.58	2112.04
1990年	3801.46	2269.06	2138.44	1339.02
1995年	10566.42	6195.12	3093.93	1746.82
2000年	8636.31	4804.12	3266.52	1724.02
2005年	14477.85	8267.24	4873.82	2819.35
2010年	15020.76	7344.07	2776.21	1415.44

注：数据包括城镇和农村私人建房面积。

资料来源：《上海统计年鉴》.

上海市房屋拆迁情况（万m^2） 表6-12

年份	合计	居住房屋	简棚屋
1949～1971年	193.7	126	51.8
1972年	27.7	10.8	4.4
1979年	51.90	27.90	11.90
1990年	118.90	79.00	3.00

年份	拆迁户数（户）	其中，居民住宅	拆迁面积	其中	
				居民住宅	“365”危棚简屋
1995年	75777	73695	322.77	253.90	—
1996年	89132	86481	342.95	258.86	—
1997年	79857	77388	479.67	363.16	239.89
1998年	78205	75157	452.22	343.94	48.99
1999年	75185	73709	342.5	248.17	50.33
2000年	70606	68293	365.77	288.35	—
2001年	73728	71909	515.65	386.66	—
2002年	101097	98714	644.53	485.00	—
2003年	80858	79077	584.93	475.47	—

资料来源：作者根据《上海住宅（1949～1900）》、《上海统计年鉴》整理.

6.3.2 建筑密度

新中国成立初上海建筑规划规定住宅区建蔽率为30%～60%，商业区为50%～60%，工业区为60%～70%，码头仓库区为70%～80%。一般建筑不超过5层，由此推算，当时的建筑面积密度最大为3万～4万m^2/hm^2。①

① 黄富厢．编拟上海市建设项目规划管理规定的一些意见[J]．城市规划汇刊，1985（11）.

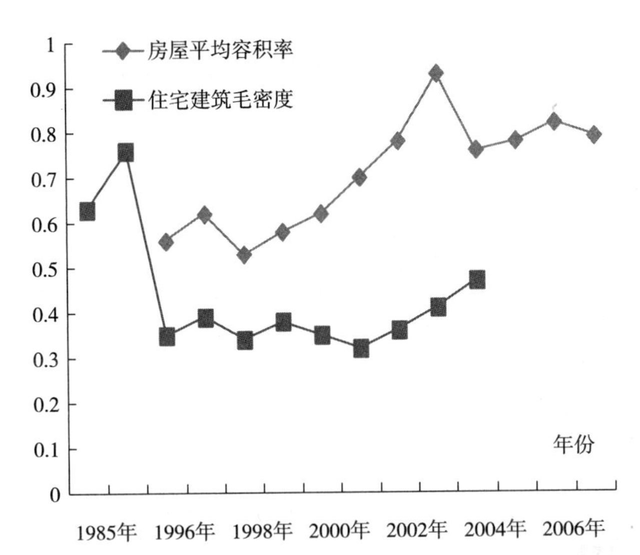

图6-11　上海市房屋平均容积率和住宅建筑毛密度变化情况

将上海市年末实有房屋面积除以建成区面积得出上海市房屋平均容积率，将上海市年末实有住宅建筑面积除以居住用地面积得出上海住宅建筑毛密度。图6-11显示了1985～2006年上海市房屋平均容积率和住宅建筑毛密度的变化情况。由图可见，上海市房屋平均容积率要高于住宅建筑毛密度，说明住宅建筑的开发强度要低于各类建筑开发强度的平均值。房屋平均容积率大体呈上升的趋势，说明相同建成区面积上房屋建筑的建筑面积增加，空间的利用强度加大。而住宅建筑毛密度相对来说增长趋势不明显。1996年，上海市房屋平均容积率为0.62，2003年增加到最大值0.93，2007年回落到0.79。上海市住宅建筑毛密度1996年时为0.35，2004年增加到0.47。

以市区为统计对象计算的平均值不能反映城市各区域的建筑密度的对比情况。表6-13比较了上海市几个典型地区的容积率1970～1990年代的变化情况。由表可见，各典型地区的容积率都增长较快。其中，中原和长桥地区增长最多，增长率分别为103.4%和104.5%。徐家汇地区增长由于基数大，增长最少，增长率为30.8%。1990年代，陆家嘴地区成为建筑容积率最高的地区。

表6-14列举了上海市中心城区1993～2000年居住建筑平均容积率的变化情况。由表可见，上海市中心城区居住建筑的平均容积率是增加的。2010年，上海市中心城现有住宅约1.46亿m^2，现有居住用地145.66km^2，可计算得出上海市中心城居住建筑平均容积率为1.00。国务院批准的《上海城市发展总体规划（1999—2020年）》根据中心城住宅需求预测，规划至2020年新建住宅1.1亿m^2，新增居住用地85km^2，可计算得出届时上海市中心城居住建筑的平均容积率将达到1.11。

典型地区的容积率 表6-13

地区	用地面积（hm^2）	1970年代	1980年代	1990年代
陆家嘴	736.92	0.82	0.96	1.53
徐家汇	698.48	1.07	1.20	1.40
中原	687.73	0.58	0.81	1.18
长桥	688.57	0.44	0.62	0.90

注：陆家嘴：西、北以黄浦江为界，东至源深路，南至浦建路，北起虹桥路、淮海西路;徐家汇：南至中山南路，西起凯旋路，东至岳阳路、枫林路、小木桥路;中原：北起殷行路，南至控江路，西起双阳路、营口路、中原路、世界路，东至军工路;长桥：北起张塘港，南至淀浦河，西起梅陇港，东至龙吴路。
资料来源：严学新，龚士良，曾正强．上海城区建筑密度与地面沉降关系分析[J]．水文地质工程地质，2002（6）．

上海市中心城区居住建筑平均容积率 表6-14

年份	居住建筑面积（万m^2）	居住用地（km^2）	居住建筑平均容积率
1993年	9183	16912	0.957
1997年	12581	20725	1.115
2000年	15969	25356	1.144

资料来源：《上海统计年鉴》．

6.3.3 居住结构

上海中心城区土地利用结构存在明显的圈层结构。从空间分布看，各时期建成区扩展部分成圈层状分布在老城区外缘。第一层为以南京路商业区为中心，东到临平路，北到宝山路—天目路，西到新闸路—乌鲁木齐路，南到复兴路，还包括浦东小陆家嘴地区，区域范围约35km^2。这一区域即是通常所说的集商业和商务功能于一身的CBD。承接历史上的传统，顺应上海建设国际金融中心这一目标，该区域已经发展成为上海的金融业核心区，土地利用以办公楼和商业用地为主。第二层为内环线与CBD边界之间的大约100km^2的环形区域。本环区是中心城区工业布局最集中的地区，工业布局类型，主要是相对集中的工业街坊和众多分散的工业点。工业点之间是一些住宅区，住宅用地在该区也占有一定比重。第三层为内外环线之间的区域，约620km^2，包括浦东新区、闵行区的一部分和宝山区的大部分。主要分布有城市边缘的 9 个工业区、若干大型住宅区及各类批发市场、储运中心等。第四层为第三层以外的地区，在本圈层内，除金山、宝山、安亭几个大工业基地外，在地域上，主要包括“改县建区”前的郊区县及嘉定大部分，以近郊工业和农村用地为主。由于市区内的可建用地逐渐稀缺，而城市基础设施的进步使得郊区的可及性大大提高，致使郊区成了承载居住功能的有力载体。数据显示，郊区住宅的开发和成交量已经超过了总量的半壁江山，并且比重还在增加。

刘君德[①]研究了上海城市社区的发展，借鉴其研究成果，将上海中心城区居住空间分布划分为三个层次：中心区、外围区和边缘区。

中心区为高密度商业居住混杂区，保留了大量年代久远的旧社区，住房以里弄为主，多以街坊形式布局。基础设施落后，居住拥挤，人口老化严重，生活质量很差。旧住区的住宅建筑主要有两类，一类以原南市区城隍庙为中心，多商住结合，2～3层居多，另一类是分布在中央商务区外围的石库门式居住区。自1960年代起这一地区就是人口迁出的地区，自1990年代大规模的城市改造以来，新建的住宅区大多是高容积率、低建筑密度的高层住宅区。旧城开发过程中原住户迁离中心城区，中高收入阶层迁入，居住分异现象显著。这一区域的人口密度呈不断下降的趋势。

外围区大体以中山环路和苏州河为轴带，1980年以前是主要的工业集中地带，改革开放以来是产业结构调整、土地利用空间置换、城市形态变化最大的地区。此区域是集居住、商业、工业、贸易等于一体的综合功能区，有最大量的人口聚居的环带。社区空间规模较大，人口密度较低；由于中心城区人口导入和大量外来人口的进入，人口异质化程度较高。1950年代规划建设的住宅新村当时位于外围区，现在多沿城市内环线内侧或外侧分布，形成连片半环状空间。[②]1960年开辟的一些近郊工业区和居住区，现多位于内环线和外环线之间。1980年建设的大批新村，大多利用原近郊工业区新村扩展而成，也基本位于该区域。主要有单位公房社区和中低收入商品房社区两种居住类型；基本上处于中档水平，成平均化态势。

边缘区大体在外环线以内。随着中心区可开发用地日趋紧张，动迁难度持续加大，土地价格非理性增长，开发项目只能向城市外围区域寻求空间。1990年以来，由于低成本的土地和优良的环境以及便捷的交通条件，边缘区吸引了众多房地产商的进入，成为新兴的居住集中区域。住宅类型主要有经济居住型和环境消费型两类。社区规模大，设施配套齐全，居住条件好。

表6-15列举了2001～2008年上海市各区县居住房屋变化情况。由表可见，远郊区居住房屋面积的增长最快，增长率达到301%，其次为城市边缘区，增长率为134%，再次为近郊区，为125%，城市核心区居住房屋面积增长最慢，增长率为

① 刘君德．上海城市社区的发展与社区规划[C]．中国城市规划学会2001年年会论文集．

② 王颖．上海城市社区实证研究——社区类型、区位结构及变化趋势[J]．城市规划汇刊，2002（6）．

上海市各区居住房屋面积变化情况（万m^2）

表6–15

		2000年	2001年	2002年	2003年	2004年	2005年	2006年	2007年	2008年	2009年	2010年	增长率，2001～2008年
中心城核心区	黄浦区	755	750	766	773	812	821	830	839	845	839	838	13
	卢湾区	588	604	658	688	708	716	744	745	750	748	759	24
	静安区	617	642	670	700	763	808	820	822	821	842	836	28
	虹口区	1361	1430	1588	1648	1737	1779	1826	1854	1895	1931	1937	33
	小计	3321	3426	3682	3809	4021	4124	4220	4260	4311	4361	4370	26
中心城边缘区	徐汇区	2465	2557	2619	2689	2846	2902	2960	3025	3049	3124	3670	19
	长宁区	1231	1366	1476	1610	1723	1828	1893	1940	1957	2038	2086	43
	普陀区	1895	2026	2232	2427	2748	2887	3069	3128	3234	3294	3341	60
	闸北区	1036	1111	1211	1291	1401	1445	1475	1526	1554	1587	1608	40
	杨浦区	2135	2218	2325	2477	2530	2611	2693	2807	2842	2982	3072	28
	小计	8762	9278	9863	10494	11247	11672	12090	12426	12637	13025	13778	36
近郊区	闵行区	988	2301	2303	2420	2688	3055	3418	3759	5388	6285	6535	134
	宝山区	1857	2038	2745	3137	4043	4426	4832	5174	5602	4333	4581	175
	嘉定区	757	821	834	1126	1389	1654	1911	216	2198	2380	2858	168
	浦东新区	3886	4203	4749	5352	6001	6431	6890	7148	7836	11527	11709	86
	小计	7488	9363	10631	12035	14121	15566	17051	16297	21023	24525	25682	125
远郊区	金山区	503	526	547	603	677	826	922	141	1097	1237	1328	109
	松江区	426	505	630	1815	2356	2611	2476	2842	3072	3396	3613	508
	青浦区	365	377	400	520	645	708	1294	1408	1475	1540	1638	291
	小计	1294	1408	1577	2938	3678	4145	4692	4391	5644	6173	6579	301
总计		20865	23475	26906	30560	35212	37997	40857	43283	47195	50211	52640	101

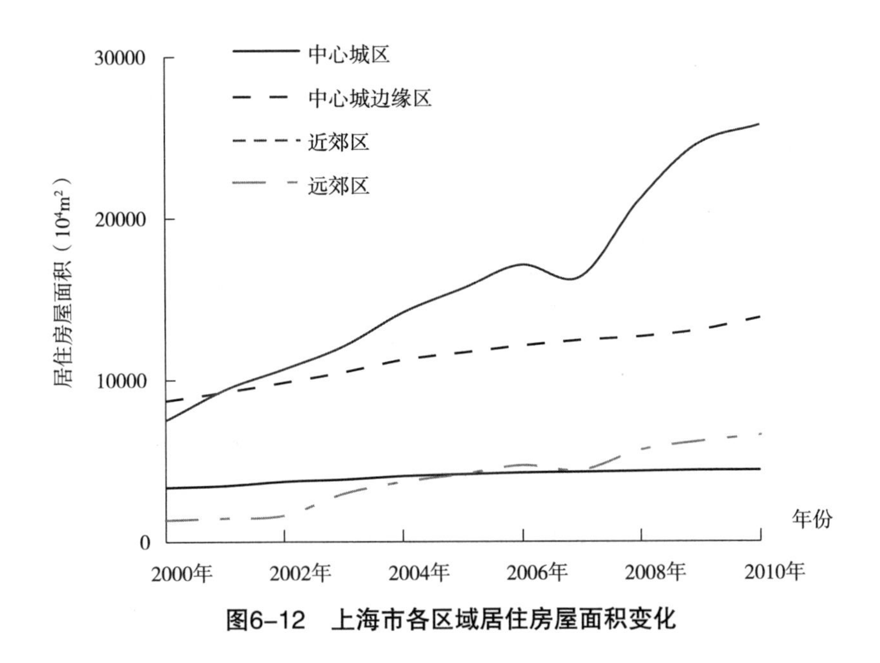

图6–12　上海市各区域居住房屋面积变化

26%。2010年，近郊区的居住房屋比重最大，达到48.8%。这说明有近一半的居住房屋分布在近郊区。其次为中心城边缘区，占居住房屋面积的26.2%。近郊区：中心城边缘区：远郊区：中心城核心区为：5.88：3.16：2.01：1。

从全市居住房屋建筑面积的分布来看，1993年上海中心城核心区、中心城边缘区、近郊区和远郊区的居住建筑面积百分比之比为：23.4：43.0：22.3：11.3；1997年之比为：17.5：43.3：25.8：13.3；[①]2010年之比为：8.7：27.3：50.9：13.1。图6–12显示了上海市各区域居住房屋面积的变化情况。

上海统计年鉴将居住房屋分为花园住宅、公寓、职工住宅、新式里弄、旧式里弄、简屋及其他几个类别。本书以此分类为依据分析各类居住房屋的变化情况和分布情况。花园住宅分为老式花园住宅和新建花园住宅，老式花园住宅又称老式花园洋房，是新中国成立前建成的带有各式建筑风格的花园住宅。职工住宅是指1949年以后由国家或企业单位统一建造的专供职工居住的住宅，也称为新工房。一类职工住宅是新中国成立后建造的8层及以上的成套住宅；二类职工住宅是新中国成立后建造的7层及以下的住宅；三类职工住宅是新中国成立后建造的7层及以下的住宅，标准较二类低。旧式里弄是由传统民居四合院演变而来的住宅，上海解放时，境内旧式里弄建筑面积多达268万m^2，是居民住宅中为数最多的一种住宅类型。新中国成立后，尤其是1980年代以来，旧式里弄大多已拆除或得到改

① 张翔．上海市人口迁居与住宅布局发展的探讨[J]．城市规划汇刊，2000（5）．

造。新式里弄住宅是在旧式石库门住宅的基础上改良发展而来，新中国成立后，新式里弄大都保存，基本上维持原状。1990年代以后，上海住房开发商品化过程加快。商品房主要在内外环之间交通便捷的成片居住区和内外环之间部分旧区改造地区，高档商品房主要分布在旧区改造地区和新城。可将20世纪90年代的上海商品房住宅大致分为高层住宅、小高层住宅、多层住宅、联排式住宅、独户住宅五种形式。中心城区是高层住宅的热点，以24～33层为主；近郊的新建商品住宅区以多层（6层）和中高层（10～18层）为主；远郊的新建商品房住宅以低层（3层）和多层（5～6层）为主。①

表6–16所示为上海市各类居住房屋1949～2010年的变化情况。1952年，旧式里弄占上海市居住房屋的比重最大，为51.83%，新式里弄和简屋次之，花园住宅的比重也不小，为8.99%，此时职工住宅所占比重很小。至1978年，职工住宅的比重增长最大，1952～1978年的26年间增长了12.8倍，职工住宅在居住房屋中的比重达到最大，为27.69%。旧式里弄和简屋也有所增长，新式里弄、花园住宅和公寓有所减少。1990～2000年，2000～2010年两个十年间居住房屋的总量持续增长。其中，职工住宅的增长率最大。至2010年，职工住宅占上海市居住房屋的比重达到91.09%。其中，二类职工住宅占55.35%，一类职工住宅占34.12%。这说明多高层职工住宅是上海市居住房屋的主要形式。花园住宅和公寓所占比重虽然不是很大，2010年分别占比为3.92%和0.93%，其增长率却很大。新式里弄在1990～2000年呈减少的趋势，2000～2010年开始增长。旧式里弄和简屋持续减少，所占比重越来越小。表6–17反映了各类居住房屋在各区县的分布情况。花园住宅主要分布在近郊区和远郊区；公寓主要分布在中心城核心区；职工住宅在近郊区分布比重最大，其次为边缘区。新式里弄在中心城核心区、中心城边缘区和近郊区均有分布；旧式里弄在各区域均有分布，且比例相当；简屋主要分布在中心城边缘区，在近郊区和远郊区也有分布。

不同地点、不同类别的住宅街区具有不同的人口密度特征。表6–18列举了上海市各街区的人口密度估算值。可以发现，由于简屋的居住条件差，居住最为拥挤，居住人口密度最大。里弄类住宅的人口密度多于多层类住宅的人口密度。农宅类人口密度远远低于其他各类。

① 南京楼市进入价格缓涨期[N]. 新华日报，2005–01–10.

上海市各类居住房屋变化情况（万m²）　表6–16

年份	总计	花园住宅	公寓	一类职工住宅	二类职工住宅	三类职工住宅	新式里弄	旧式里弄	简屋	其他
1949年	2359	224	101				469	1243	323	—
1952年	2488.8	223.7	101.4		82.2		469	1289.9	322.6	—
占比（1952年）	—	8.99%	4.07%		3.30%		18.84%	51.83%	12.96%	—
1962年	3641	223.8	101.4		543.8		478.8	1795.6	497.6	—
1970年	3871.4	225.3	101.4		741.4		491.6	1852.8	458.9	—
1978年	4117	128	90		1140		433	1777	464	85
占比（1978年）	—	3.11%	2.19%		27.69%		10.52%	43.16%	11.27%	2.06%
增长率（1952～1978年）	65.42%	–42.78%	–11.24%		1286.86%		–7.68%	37.76%	43.83%	—
1990年	8901.1	158	118		4884		474	3067	123	77
占比（1990年）	—	1.78%	1.33%		54.87%		5.33%	34.46%	1.38%	0.87%
增长率（1978～1990年）	116.20%	23.44%	31.11%		328.42%		9.47%	72.59%	–73.49%	–9.41%
2000年	20865	250	206	3919	13523	497	428	1896	84	62
占比（2000年）	—	1.20%	0.99%	18.78%	64.81%	2.38%	2.05%	9.09%	0.40%	0.30%
增长率（1990～2000年）	134.41%	58.23%	74.58%		267.30%		–9.70%	–38.18%	–31.71%	–19.48%
2010年	52638	2064	492	17961	29135	855	527	1237	29	338
占比（2010年）	—	3.92%	0.93%	34.12%	55.35%	1.62%	1.00%	2.35%	0.06%	0.64%
增长率（2000～2010年）	152.28%	725.60%	138.83%	358.31%	115.45%	72.03%	23.13%	–34.76%	–65.48%	445.16%

注：占比是指某类居住房屋面积占该年居住房屋总面积的比例。

资料来源：根据《上海住宅（1949～1900）》、《上海统计年鉴》整理.

表6-17

上海市各区县各类居住房屋分布情况（2010年）（万m^2）

地区		总计	花园住宅	公寓	一类职工住宅	二类职工住宅	三类职工住宅	新式里弄	旧式里弄	简屋	其他
中心城核心区	黄浦区	838	1.3	2.6	536.5	125.1	5.4	29.2	102.4	0.4	35.4
	卢湾区	759	15.6	297.3	155.9	138.2	7.0	70.8	71.8	0.3	2.4
	静安区	836	20.9	35.8	519.3	129.6	3.4	86.9	35.2	—	4.9
	虹口区	1937	9.6	15.6	933.0	760.6	15.5	63.7	128.7	3.2	7.0
	小计	4370	47.4	351.3	2144.7	1153.5	31.3	250.6	338.1	3.9	49.7
	占比（%）	8.3	2.3	71.4	11.9	4.0	3.7	47.5	27.3	13.6	14.7
中心城边缘区	徐汇区	3670	85.3	77.8	1666.8	1692.7	9.0	72.3	46.1	2.5	17.9
	长宁区	2086	56.4	17.6	936.2	1030.9	7.5	21.5	13.9	0.5	1.8
	普陀区	3341	32.8	17.5	1543.1	1648.1	22.0	5.0	64.5	2.1	6.2
	闸北区	1608	0.5	0.2	746.9	704.7	27.3	0.7	124.3	2.2	0.8
	杨浦区	3072	3.7	0.9	1068.3	1833.4	13.5	7.2	136.2	8.3	1.0
	小计	13778	178.7	114.0	5961.3	6909.8	79.3	106.7	385.0	15.6	27.7
	占比（%）	26.2	8.7	23.2	33.2	23.7	9.3	20.2	31.1	54.4	8.2
近郊区	闵行区	6535	298.2	3.2	2823.3	2813.9	435.2	2.0	89.2	—	70.3
	宝山区	4581	29.5	—	990.2	3548.3	—	—	12.6	—	—
	嘉定区	2858	82.7	—	144.9	2571.2	29.1	0.7	28.9	0.1	0.1
	浦东新区	11709	450.1	—	4220.2	6490.7	89.8	165.9	142.2	8.3	141.6
	小计	25682	860.5	3.2	8178.6	15424.1	554.1	168.6	272.9	8.4	212.0
	占比（%）	48.8	41.7	0.7	45.5	52.9	64.8	31.9	22.1	29.3	62.6

续表

地区		总计	花园住宅	公寓	一类职工住宅	二类职工住宅	三类职工住宅	新式里弄	旧式里弄	简屋	其他
远郊区	金山区	1328	6.6	2.1	265.7	899.7	68.4	—	36.2	0.0	49.0
	松江区	3616	641.0	—	1024.8	1793.8	30.1	—	123.2	—	—
	青浦区	1638	278.5	21.4	203.4	1004.2	83.6	1.5	44.6	0.7	0.2
	奉贤区	1083	51.5	—	158.6	866.6	2.1	0.3	4.5	—	—
	崇明县	1146	—	—	24.1	1083.3	6.3	—	32.6	0.1	—
	小计	8811	977.6	23.5	1676.6	5647.6	190.5	1.8	241.1	0.8	49.2
	占比（%）	16.7	47.4	4.8	9.3	19.4	22.3	0.3	19.5	2.8	14.5
总计		52640	2064.0	492.0	17961.0	29135.0	855.3	527.8	1236.9	28.7	338.6
占比（%）		—	3.9	0.9	34.1	55.3	1.6	—	2.3	—	—

注：占比是指某区域的某类居住房屋面积占该类居住房屋总面积的比例。

资料来源：根据《上海统计年鉴》整理.

上海市各街区人口密度估算（人/km^2）　表6-18

街道	里弄类	多层类	简房类	农宅类
普陀路	202725	105039	132852	0
胶州路	185611	96172	121637	0
沙洪浜	111105	101818	131329	0
长风新村	94935	87000	112216	7505
曹阳新村	0	97363	125583	0
曹安路	0	106183	136959	9160
东新村	102163	93624	120760	8077
朱家湾	94305	51326	111472	0
中山北路	0	100390	129487	0
宜川新村	0	107984	139283	0
石泉新村	0	89070	114878	7684
甘泉新村	0	86196	0	7436
真如镇	0	110289	142255	9515

注：由于高层占比重较小，高层按照2.28倍的多层计入。

资料来源：徐建刚，梅安新，韩雪培．城市居住人口密度估算模型的研究[J]．环境遥感，1994，9（3）．

余琪总结了上海市各地域不同类型居住区的人口密度特征（表6-19）。由表可见，内环线以内的居住区人口密度高于内环线外。旧区改造的居住区人口密度较高，新村建设和位于内环线内的高档国际社区人口密度值也较高。保障住房一般位于外环线内外，人口密度值较低。混合社区的人口密度值居中。

不同类型居住区的人口密度（人/hm^2）特征　表6-19

<table>
<tr><th></th><th>新村建设</th><th>旧城改造</th><th>新区建设</th><th>高档国际社区</th><th>政府保障住房</th><th>街区式混合社区</th></tr>
<tr><td>内环线内</td><td>1000</td><td rowspan="2">1000～1500</td><td>500</td><td>1000</td><td rowspan="2">外环线内，500
外环线外，300</td><td rowspan="2">700～800</td></tr>
<tr><td>内环线外</td><td>600</td><td>300</td><td>外环线内，500
外环线外，100</td></tr>
<tr><td>高度</td><td>多层、高层</td><td>高层</td><td>低层、多层、高层</td><td>低层、高层、超高层</td><td>多层、高层</td><td>多层、高层</td></tr>
</table>

资料来源：余琪．转型期上海居住空间生产模式与布局形态演进[D]．上海：同济大学博士论文，2010．

6.4　驱动因素

居住密度的变化过程受到多种因素的驱动，不同的驱动因素对居住密度变化的影响不尽相同，因此有必要对各驱动因素进行定量分析。本书第4章定性地研究了影响居住密度的各个相关因素，本节定量分析各影响因素与居住密度的相关性大小以及影响程度，然后以居住密度为因变量，相关的各影响因素为自变量，进行多元回归分析。

选取住宅房地产开发投资情况、交通运输投资、二三产业人口、耕地面积、人均生产总值、居民消费水平、城市居民消费结构、年末常住人口、城市年末实有住宅建筑面积九个因素指标为驱动力指标。值得注意的是，自然和政策因素也是居住密度变化的重要驱动因素。但是，这两个因素的指标很难用具体的数值量化。因此，驱动力指标选取主要考虑的是社会经济因素。居住密度的指标选取了上海市人口密度指标和人均居住面积指标。由于建成区面积的数据难以获取，这里的人口密度是以城市行政边界统计的人口密度，相当于前文的城市人口密度的概念。表6–20所示为上海市1985 ~ 2010年居住密度及相关因素的统计数据。

主成分分析是设法将原来众多具有一定相关性的指标，重新组合成一组新的互不相关的综合指标来代替原来的指标。主成分分析法利用降维的思想，把多个指标或数据简化为少量的综合指标，同时又使这少量指标尽可能地包含原指标群中的信息资料。这些综合指标能够更合理地反映样本之间的差别，而且在统计意义上是相互独立的。

本书以上海市1985 ~ 2010年时段的相关数据建立原始数据矩阵。由于各个指标的量纲不同，因此不具有直接可比性。在进行分析时要将指标消除量纲的差别，转化为可以统一进行比较的数值。将原始数据标准化后导入SPSS统计分析软件进行相关分析处理。计算相关系数矩阵的特征值、累计贡献率并提取公共因子，本文提取的累计贡献率达到95%以上（表6–21）。表6–22为相关系数矩阵。表6–23为成分矩阵。由表6–23可见，第一主因子（Q_1）的方差累计贡献率达到71%，第二因子（Q_2）的方差累计贡献率达到85%，第三因子（Q_3）的方差累计贡献率达到95%。故选择Q_1、Q_2、Q_3为第一、第二和第三主成分。由表可见，第一主成分在住宅房地产开发投资、交通运输投资以及年末常住人口、年末实有住宅建筑面积上载荷较大，这些因子反映了经济状况和人口对居住密度变化的影响，可以归纳这一主成分为经济人口指标。第二主成分在二、三产业人口上载荷较大，可以归纳这一主成分为城市就业结构指标。第三主成分在耕地面积上荷载较大，可以归纳这一主成分为耕地指标。

表6-20

上海市居住密度及相关因素指标

年份	住宅房地产开发投资情况（亿元）	交通运输投资额（亿元）	二三产业人口（万人）	耕地面积（km^2）	人均生产总值（元）	居民消费水平（元/人）	城市居民居住消费结构（%）	年末常住人口（万人）	年末实有住宅建筑面积（万m^2）	人口密度（人/km^2）	人均居住面积（m^2）
1985年	25.18	5.52	648.75	33995.73	3855	1031	3	1233	6444.3	1967	5.4
1986年	28.03	6.56	671.51	3330.33	4008	1190	3.2	1249	7342.5	1944	6
1987年	35.79	10.02	685.61	3308.67	4396	1298	3.6	1265	7709	1971	6.15
1988年	44.73	8.8	698.96	3271.93	5161	1680	4	1288	8182	1991	6.3
1989年	34.67	6.16	696.25	3240.13	5489	1927	4.2	1311	8535	2013	6.4
1990年	42.94	7.17	700.47	3231.93	5910	2225	4.6	1334	8910	2024	6.6
1991年	48.92	14.49	715.54	3209.53	6955	2420	5	1350	9183	2030	6.7
1992年	61.23	15.01	729.51	3178.29	8652	2842	6	1365	9446	2034	6.9
1993年	77.14	31.75	754.53	3019.8	11700	3923	6.5	1381	10564	2042	7.3
1994年	300.65	36.83	751.83	2938.44	15204	5081	7.1	1398	11043	2048	7.5
1995年	433.76	25.94	753.59	2899.59	18943	6310	6.8	1414	11906	2052	8
1996年	466.99	69.66	748.69	3005.8	22275	7228	6.2	1451	12581	2057	9
1997年	458.22	85.06	739.58	2980.45	25750	8289	8.9	1489	15000	2059	10
1998年	404.96	108.79	732.16	2938.14	28240	8896	9.8	1527	18585	2061	11
1999年	378.82	102.24	719.4	2908.62	30805	9683	10.2	1567	19644	2071	12.54
2000年	443.99	48.83	739.12	2859	30047	10922	8.4	1608.6	20865	2537	12.97
2001年	466.71	60.72	372.91	2806	31799	11807	7.8	1668.33	23475	2631	14.07
2002年	584.51	63.01	707.8	2704	33958	13137	11.4	1712.97	26906	2702	15.71
2003年	694.3	273.77	278.2	2573	38486	14247	11.6	1765.84	30560	2785	17.31
2004年	922.61	316.96	263.45	2457	44839	16470	10.5	1834.98	35207	2894	19.19

续表

年份	住宅房地产开发投资情况（亿元）	交通运输投资额（亿元）	二三产业人口（万人）	耕地面积（km^2）	人均生产总值（元）	居民消费水平（元/人）	城市居民居住消费结构（%）	年末常住人口（万人）	年末实有住宅建筑面积（万m^2）	人口密度（人/km^2）	人均居住面积（m^2）
2005年	920.84	385.58	418.73	2373	49649	18741	10.2	1890.26	37997	2981	20.1
2006年	835.63	589.52	830.18	2080	54858	21475	9.7	1964.11	40855	3098	20.8
2007年	837.53	840.46	855.37	2060	62041	25099	8.2	2063.58	43283	3255	20.97
2008年	843.63	838.91	1003.86	2050	66932	28242	8.5	2140.65	47191	3376	22.05
2009年	918.66	978.24	1015.89	2023	69164	30358	9.1	2210.28	50206	3486	22.71
2010年	1229.83	754.66	1053.67	2010	76074	32271	9.3	2302.66	52638	3632	22.86

资料来源：《上海统计年鉴》.

解释的总方差　表6–21

成分	初始特征值			提取平方和载入		
	合计	方差的百分比（%）	累积百分比（%）	合计	方差的百分比（%）	累积百分比（%）
Q_1	6.470	71.885	71.885	6.470	71.885	71.885
Q_2	1.235	13.726	85.611	1.235	13.726	85.611
Q_3	0.895	9.940	95.552	0.895	9.940	95.552
Q_4	0.297	3.297	98.849	0.297	3.297	98.849
Q_5	0.068	0.757	99.605	0.068	0.757	99.605
Q_6	0.027	0.298	99.904	0.027	0.298	99.904
Q_7	0.006	0.066	99.969	0.006	0.066	99.969
Q_8	0.002	0.024	99.993	0.002	0.024	99.993
Q_9	0.001	0.007	100.000	0.001	0.007	100.000

表6-22

相关矩阵

	住宅房地产开发投资	交通运输投资	二、三产业人口	耕地面积	人均生产总值	居民消费水平	城市居民居住占消费结构的比重	年末常住人口	年末实有住宅建筑面积
住宅房地产开发投资	0.959	−0.153	0.107	0.021	−0.196	0.074	0.017	0.004	0.001
交通运输投资	0.918	0.296	0.049	−0.196	0.135	0.102	0.002	0.005	0.001
二、三产业人口	0.284	0.847	−0.358	0.269	−0.023	0.000	0.008	−0.001	0.001
耕地面积	−0.354	0.349	0.857	0.133	0.006	−0.001	0.001	0.001	0.000
人均生产总值	0.996	0.019	0.060	0.006	−0.023	−0.011	−0.054	−0.023	0.007
居民消费水平	0.992	0.094	0.053	−0.040	−0.013	−0.042	−0.020	0.012	−0.019
城市居民居住占消费结构的比重	0.748	−0.524	0.004	0.396	0.097	0.022	0.004	0.002	−0.001
年末常住人口	0.994	0.028	0.051	−0.048	0.006	−0.074	0.005	0.028	0.013
年末实有住宅建筑面积	0.989	0.011	0.092	−0.085	0.029	−0.056	0.047	−0.026	−0.002

表6-23

成分矩阵

	成分								
	Q_1	Q_2	Q_3	Q_4	Q_5	Q_6	Q_7	Q_8	Q_9
住宅房地产开发投资	0.959	−0.153	0.107	0.021	−0.196	0.074	0.017	0.004	0.001
交通运输投资	0.918	0.296	0.049	−0.196	0.135	0.102	0.002	0.005	0.001
二、三产业人口	0.284	0.847	−0.358	0.269	−0.023	0.000	0.008	−0.001	0.001
耕地面积	−0.354	0.349	0.857	0.133	0.006	−0.001	0.001	0.001	0.000
人均生产总值	0.996	0.019	0.060	0.006	−0.023	−0.011	−0.054	−0.023	0.007
居民消费水平	0.992	0.094	0.053	−0.040	−0.013	−0.042	−0.020	0.012	−0.019
城市居民居住占消费结构的比重	0.748	−0.524	0.004	0.396	0.097	0.022	0.004	0.002	−0.001
年末常住人口	0.994	0.028	0.051	−0.048	0.006	−0.074	0.005	0.028	0.013
年末实有住宅建筑面积	0.989	0.011	0.092	−0.085	0.029	−0.056	0.047	−0.026	−0.002

回归分析也称为相关分析，是统计学中的一项基本分析技术，分析两个变量之间可能存在的相互影响、相互制约关系的数量形式。自然界与社会中的大量变量之间存在互相制约的数量关系，但是我们往往不能掌握它们之间的因果关系，或者说不能清楚而准确地说出它们因果联系的数量规律，而只是从统计、抽样中积累它们的数量表现。回归分析就是通过假说、估计参数、检验验证这一过程来探索变量之间的关系的。

根据因子荷载矩阵，将各因子表达为变量表达式。把居住密度的各影响因素标准化数据代入各因子表达式，计算出居住密度综合影响因子得分的数据矩阵。以各综合影响因子（Q_1、Q_2、Q_3）为自变量，以表征居住密度的人口密度和人均居住面积为因变量（Y_1、Y_2）进行多元线性回归分析，得到居住密度指标与各综合影响因子的多元回归模型。

应用多元回归分析方法对人均居住面积与各综合影响因子进行分析，得到方程：

$$Y_1=0.151Q_1-0.087Q_2+0.124Q_3\ (R^2=0.983) \quad (6\text{–}1)$$

从回归方程的确定系数（R^2）等于0.983可知，三个因子解释了98.3%的人均居住面积变化信息。表明上海市人均居住面积受到三个因子的较大影响。从回归方程各影响因子的系数大小来看，Q_1对人均居住面积的影响作用较大，每提高一个单位，人均居住面积提高0.151个单位。其次为Q_3，Q_2对人均居住面积的影响最小。三个因子对人均居住面积的影响作用方向不同。其中，Q_1和Q_3正相关，这两个因子的增长有利于人均居住面积的提高，Q_2与人均居住面积的变化负相关。

应用多元回归分析方法对人口密度与各综合影响因子进行分析，得到方程：

$$Y_2=0.148Q_1+0.037Q_2+0.132Q_3\ (R^2=0.934) \quad (6\text{–}2)$$

从回归方程的确定系数（R^2）等于0.934可知，三个因子解释了93.4%的人口密度变化信息。表明上海市人口密度受到三个因子的较大影响。从回归方程各影响因子的系数大小来看，Q_1对人口密度的影响作用较大，每提高一个单位，人均居住面积提高0.148个单位。其次为Q_3，Q_2对人口密度的影响最小。Q_1、Q_2和Q_3与Y_2正相关，这三个因子的增长有利于人口密度的提高。

可以得出结论，经济人口影响因素对上海市居住密度的作用最大，其次，耕地资源也是一个重要因子。这两个综合影响因子与居住密度均表现为正相关。二、三产业人口对居住密度也产生影响，且二、三产业人口带来人均居住面积的减少，却促进人口密度的增加。

居住密度变化动力机制研究的另一个途径是对某一区域的动力因子建立相关模型，在定量分析的基础上，通过历史及现实的居住密度的变化与各种社会、经济、技术及自然环境等影响因子之间的相互作用及其变化的关系来探索居住密度演变的基本规律，进而对未来居住密度的变化进行预测。其具体的步骤包括：

①确定影响因素、②因素的变量化、③明确变量的数学关系、④建立数学模型、⑤收集基本数据、⑥确定权重、⑦运算求解并解释、⑧加入未来规划量、⑨得出规划落实后新解并解释、⑩比较新解并解释、⑪确定方案、⑫方案决策。

6.5 规划控制

与居住密度相关的规划控制主要体现在对居住标准和城市不同区域用地的建筑容积率和建筑密度的控制上。

新中国成立初期，上海市的居住设计定额是人均居住面积4.5m^2。“一五”期间，上海的住宅建设开始应用住宅标准定型设计图纸，住宅不强调独立成套，厨房、卫生间全部合用；设计中尽量提高有效居室面积，压缩辅助空间的面积。1954年后，在“合理设计，不合理使用”的原则下，出现了面积宽裕、功能空间相对完备的公寓户型。1960年代初，大量不合理使用的住宅引起生活不便成为突出问题。1970年代，住宅设计开始尝试独门独户小面积住宅的实践。1980年代初上海的住宅设计以“住得下、分得开、住得稳”为原则。以“面积不增加，功能要改善，节约土地，节约能源，一户一套”为发展方向，客厅作为独立的功能空间出现，“大厅小卧”逐渐成为趋势。此时政府对住宅的控制主要体现在面积标准的控制上，住宅标准每五年修订一次。“六五”期间，建筑面积标准从平均每户42m^{2}提高到45m^2，“七五”期间，又提高到50m^2。

1991年，上海市颁布了住房制度改革的实施方案，提出了引导社会住宅达到小康居住水平的目标，即人均居住面积达到8m^2，住房成套率达到60%以上。1994年，上海市首次以技术标准的形式发布了《住宅建筑设计标准》。2001年的《住宅设计标准》取消了对户型建筑面积的限制，从国家面积定额的狭小住宅中走出来，住宅户型面积迅速增长。表6–24列举了1991～2008年上海地方性住宅设计标准中对户均建筑面积的规定。

1980年代中前期的住宅规划，人均住宅用地和住宅建筑面积标准较低，只有10m^{2}左右。这个情况1980年代后期有所改变，居住详细规划有很大发展，无论规划内容和控制指标都有较多变化。居住区规模分居住地区、居住区和居住小区3个层次。居住地区由3～5个组团组成，居住用地150～300hm^2，人口10万～20万人；居住区由3～5个居住小区组成，居住用地40～60hm^2，住宅建筑面积40万～60万m^2，人口3万～4万人；居住小区由4～5个住宅组团组成，居住用地15～20hm^2，住宅建筑面积15万～20万m^2，人口1万～1.5万人。居住区用地中，住宅用地占50%～55%。建筑面积净密度，高层住宅每公顷3.0万～3.5万m²，多层住宅每公顷1.6万～1.7万m²；毛密度每公顷住宅建筑面积1万m²。人均住宅建筑面积14～16m²，居住用地14～16m²。[①]

1991～2008年上海地方性住宅设计标准　　表6-24

	施行日期	适用范围	户均建筑面积标准
《"八五"期间城镇职工建筑设计标准》DBJ 08—20—90	1991年1月1日	上海市城镇职工住宅	小套26～34m²；中套42～47m²；大套58～65m²
《住宅建筑设计标准》DBJ 08—20—94	1994年10月1日	1. 按房改政策出售给职工的成本价房；2. 城市建设动迁房；3. 出租给职工的住宅	小套33m²；中套40m²；大套52m²
《住宅建筑设计标准（局部修订）》DBJ 08—20—98	1993年3月1日	除外销房外所有新建城镇住宅	小套38m²；中套49m²；大套59m²
《住宅设计标准》DBJ 08—20—2001	2001年8月1日	高度在100m以下的新建城镇住宅；租赁式公寓、改建、扩建住宅等可以参照使用	小套2个可分居住空间；中套3个可分居住空间；大套4～5个可分居住空间
《住宅设计标准》DBJ 08—20—2007	2007年6月1日	高度在100m以下的城镇新建商品住宅；改建、扩建住宅以及高度在100m以上的住宅可参照使用	小套2个可分居住空间；中套3个可分居住空间；大套4～5个可分居住空间（建筑面积在90m²以下的套型，无论居住空间数多少，均作为中小套）

资料来源：余琪. 转型期上海市居住空间的生产及形态演进（1978～2008）[D]. 上海：同济大学博士论文，2010.

1994年颁布的《上海市城市规划管理技术规定》对上海市中心城区和中心城区外的建筑容积率和建筑密度作出了规定（表6-25）。2003年11月，通过了新的《上海市城市规划管理条例》，明确了城市空间增加绿化与公共空间，减少容积率和建筑容量的原则（简称"双增双减"）；市政府出台的《城市规划管理技术规定》，规定上海内环线以内住宅净容积率不得超过2.5，办公楼容积率不得超过4.0；这和以往的住宅和办公楼容积率（4和8）相比大为降低。

① 上海住宅（1949~1990）[M]. 上海：上海科学普及出版社，1993.

上海市住宅建筑密度和容积率相关规定　　表6-25

		中心城（外环线以内地区）				中心城外（外环线以外地区）					
		内环线以内地区		内外环线之间地区		新城		中心镇		一般镇和其他地区	
		D	*FAR*	*D*	*FAR*	*D*	*FAR*	*D*	*FAR*	*D*	*FAR*
低层独立式住宅		20%	0.4	18%	0.35	18%	0.3	18%	0.3	18%	0.3
其他低层居住建筑		30%	0.9	27%	0.8	25%	0.7	25%	0.7	25%	0.7
居住建筑	多层	33%	1.8	30%	1.6	30%	1.4	30%	1.0	30%	1.0
	高层	25%	2.5	25%	2.0	25%	1.8				

注：①*D*—建筑密度，*FAR*—建筑容积率；

②居住建筑含酒店式公寓。

资料来源：《上海市城市规划管理技术规定》.

6.6 小结

开埠后，上海城市人口随着经济的繁荣迅速增长。20世纪20、30年代是上海近代住宅建设的第一次高潮，19世纪末到20世纪30年代建造的约2300万m^2，近万处的里弄住宅、公寓住宅、花园住宅成为上海最具特色的建筑类型。新中国成立后开始有计划、成规模地在近郊修建工人新村。至改革开放前，城市住宅建设发展比较缓慢。改革开放后的上海住宅建设迎来了高潮，商品住宅成为住宅建设的主旋律。

上海建成区人口密度较高，仅低于香港，远高于伦敦、纽约和巴黎。1980年代以来，建成区人口密度大体呈下降的趋势。2009年，市辖区建成区人口密度为1.5万人/km^2。上海市居住人口密度在1980~1990年间下降很快，之后居住人口密度的降幅减小，2004年居住人口密度为247人/hm^2。上海市各区密度相差很大。这种人口密度分布的格局是在近代形成的。新中国成立前，城市人口高度集中在城市中心区。自1982年后，中心城核心区人口绝对数大幅减少，人口增长最快的是中心城边缘区。1990年代以来，近郊区和远郊区由于流动人口增多，人口密度逐步上升。进入21世纪以后，上海市产业结构调整加快，郊区社会经济发展对人口的吸引力继续增强，核心区和边缘区人口明显减少，近郊区和远郊区人口高速增长。

新中国成立后至1980年代，上海市住宅建筑面积和人均居住面积增长比较缓慢。1980年以后，上海住宅建筑面积进入快速增长的时期。2010年，上海住宅建筑面积达到了43283万m^2，人均居住面积为17.5m^2。而住宅建筑毛密度相对来说增长趋势不明显。2010年，上海市中心城居住建筑平均容积率为1.00。中心城区土地利用结构存在明显的圈层结构。中心区为高密度商业居住混杂区，保留了大量年代久远的旧社区，住房以里弄为主，多以街坊形式布局。外围区是改革开放以来产业结构调整、土地利用空间置换、城市形态变化最大的地区。边缘区是新兴的居住集中区域。1952年，在各类居住房屋中旧式里弄占上海市居住房屋的比重最大，为51.83%；新式里弄和简屋次之；花园住宅的比重也不小，为8.99%；此时职工住宅所占比重很小。随着住宅建设的发展，职工住宅的比重增长最大，2010年，职工住宅占上海市居住房屋的比重达到91.09%。

居住密度的变化过程受到多种因素的驱动，不同的驱动因素对居住密度变化的影响不尽相同，因此有必要对各驱动因素进行定量分析。本章以上海市为例，采用主成分分析法定量分析各影响因素与居住密度的相关性大小以及影响程度，然后以居住密度为因变量，相关的各影响因素为自变量，进行多元回归分析。可以得出结论，经济人口影响因素对上海市居住密度的作用最大，其次，耕地资源也是一个重要因子。这两个综合影响因子与居住密度均表现为正相关。二、三产业人口对居住密度也产生影响，且二、三产业人口带来人均居住面积的减少，却促进人口密度的增加。

第 7 章　结论与展望

7.1　结论

本书结论如下：

（1）聚落的人口密度是人类居住适应环境的结果。对历史上人类聚落的研究表明，在特定的环境资源、经济技术以及社会文化的背景下，聚居的密度具有较稳定的特征。聚居往往在最具吸引力而限制因素最少的地方生长，不同类型空间通过区位竞争围绕生长点，以一种连续和蛙跳相结合的方式不断发展。其结果是每一块可以利用的土地都会最大限度地被开发。从这个意义上可以说，聚居密度是当时当地条件下的最大密度。

（2）我国建成区人口密度增长率和居住人口密度增长率各年数值比较稳定，且多为负值。说明建成区人口密度和居住人口密度以较稳定的速度减少。2008年，我国城市建成区人口密度为9221人/km^2。居住人口密度下降速度快于建成区人口密度；2009年我国城市居住人口密度为38271人/km^2。

我国城市人均住宅面积呈增长趋势，居住人口密度呈下降趋势，人均居住面积的上升快于居住人口密度的下降，故城市住宅建筑毛密度呈上升的趋势。我国城市住宅建筑毛密度从1998年的0.59增加到2008年的1.10，说明我国城市居住用地上住宅开发强度一直增加。

（3）我国城市建成区内的人口密度数值差异显著，城市人口密度分布具有城市中心区人口过分集中及郊区过分分散的状况。对我国城市住宅容积率分布的研究发现，多个城市住宅容积率的分布表现出随着离城市中心的距离的增大而递减的趋势，项目用地面积从核心区到边缘区呈递增趋势。

我国历史上形成的城市中心区具有高密度的特征，在城市住宅建设较缓慢的时期，高密度不仅没有得到疏解，反而更为拥挤。改革开放以来，土地市场和房地产市场得到发展，城市中心区的居住密度开始下降。但与其他国家相比，密度仍然很高。同时，旧城空间绅士化与新贫困化在空间上影响了城市人口密度，旧城区域内出现了明显的居住密度不平衡。

我国的城市建设中存在着开发强度过低导致城镇土地扩展速度过快，城市用地的增长大大快于城市人口的增长，城市建成区人口密度下降，影响土地利用效率。我国2006年城市人均建设用地达130m^2，超过了国家规定标准，大大超过世界人均用地面积，且高于发达国家。我国郊区居住密度过低，用地规模过大，整体效率不高，具有城市蔓延的特征。住宅郊区化的低密度发展方式是城市蔓延现象的主要原因之一。

（4）我国计划经济时期对住宅套均面积的控制使得城市住宅套均面积偏小，房地产市场发展以后，为迎合市场需求，套均面积偏大的现象又十分突出。我国住宅户均面积的增长较快，从1985年的53.09m^{2}增长到2010年的91.01m^2。2009年我国房地产开发住宅套均面积达到107.5m^2。套均面积的增大使得我国城市居住用地开发强度增大的情况下套密度增长不大。1998年，我国城市住宅套密度为100套/hm^2，2008年为123套/hm^2。

（5）我国城市建设用地中，居住用地的比重偏低，生产用地比例过高。随着经济的发展和人们生活水平的提高，城市空间逐步从生产性向生活性转变。人们生活水平的改善和人均居住面积的提高将直接反映在住宅建筑面积总量和其占城市建筑存量的比例上，并以居住用地比例提高的形式体现出来。

（6）土地有偿使用和房地产开发在我国城市用地结构中的作用越来越明显，从而对城市密度的调整与分布起到主导作用。在有土地市场的国家里，城市密度的分布特征遵循市场经济的规律。在市场经济条件下，土地及其区位是稀缺资源，区位条件越是优越，土地价格就越高，相应的开发强度就越大。在城市中心区因为地价高，只能采用高容积率才能降低楼板地价。这使得城市中心区的密度高居不下。这种发展逻辑不能正确反映社会的需要和长远目标，商业利益主导的居住密度存在诸多的隐患。土地市场导致了密度梯度，规划引导应该突出环境质量与整体效益，化解密度梯度。

（7）我国城市规划体制中对居住密度的控制存在着计划性、单线条、随意性、强制性等问题。容积率是个橡皮筋，成为开发商与政府谈判的杠杆。居住密度控制的科学性和灵活性亟待提高。在规划引导中，需要掌握好人均城市建设用地、每户住宅面积和容积率这几个关键性的指标。降低人均城市建设用地，转变“以人定地”为“以地定规划”的规划思路，控制城市增长边界。严控户均住宅面积，抑制房地产开发中套均面积过大的趋势。探索容积率控制方法，借鉴国外利用市场经济规律及其机制来有效地管理土地开发利用和引导城市建设的容积率制度。同时，充分利用我国土地公有的优势，在具体的规划管理中，突出公共利益和长远利益，以减少市场导向的房地产开发带来的负面影响。在实施规划引导过程中，可以借鉴土地管理、基础设施建设和税收等管理手段，引入生态理念，强调公共交通导向，调整用地结构，打破各自为政，引导城市设计，实现功能混合。

（8）从城市设计的层面来实现宜居密度体现在两个方面：一是促进公共交通导向的居住密度开发；二是促进城市用地的功能混合。以公共交通为导向，促进各种功能用地的混合，实现城市土地的立体开发，降低城市土地成本，并为今后的持续发展保留足够的弹性。

（9）居住密度的变化过程受到多种因素的驱动，包括环境资源、经济技术、规划控制、社会文化、住区形态等因素。不同的驱动因素对居住密度变化的影响程度不尽相同。对上海市居住密度及各影响因素采用主成分分析法得出结论，经济人口影响因素对上海市居住密度的作用最大，其次，耕地资源也是一个重要因子。这两个综合影响因子与居住密度均表现为正相关。二、三产业人口对居住密度也产生影响，且二、三产业人口带来人均居住面积的减少，却促进人口密度的增加。

（10）过高的居住密度损害身心健康。居住拥挤带来的公共卫生问题最突出地表现在工业革命早期的城市中。居住密度过高对健康的危害表现在人口密度增加带来的有害微生物的增多；婴儿死亡率、结核病死亡率、精神病都与过密的居住环境有关。高密度的环境对人的情绪产生消极影响甚至产生行为异变。

（11）城市发展的目标是在变化的，宜居密度因此也是动态变化的标准。虽然宜居密度不存在绝对的标准值，但存在一个界限；过高或过低的居住密度都不是宜居的。宜居密度的标准建立在身心健康、促进交往、社会公平、生活质量、资源环境和经济高效六个方面。各种目标相互协调，紧密结合，才能实现宜居密度。

（12）从人类聚落发展的历史和现状来看，高密度与拥挤和低密度与蔓延几乎同时并存，只是程度差异而已。这不仅表现在居住建筑中，也表现在公共建筑中。密度差异是财富和权益差异的表现；更平均的密度是更平均的财富分配的表现。

7.2　展望

本书对居住密度这一复杂的问题作了较为全面的分析。但受条件的限制，对有关问题没有作深入的研究。宜居密度是一个动态和系统的命题，借助于科学的研究方法和广泛的数据支持，这一课题的研究必会展现更强大的生命力。

参考文献

[1] 刘君德．上海行政区划的特征与问题分析[J]．上海城市规划，2000（2）．

[2] 简·雅各布斯．The Death and Life of Great American Cities[M]．南京：译林出版社，1992.

[3] 黄一如，贺永．以套密度为基点的住宅省地策略[J]．建筑学报，2009（11）．

[4] 金君，印洁，李成名，林宗坚．人口密度推求的技术方法研究[J]．测绘通报，2002（5）．

[5] 徐建刚，梅安新，韩雪培．城市居住人口密度估算模型的研究[J]．环境遥感，1994，9（3）．

[6] 张翔．上海市人口迁居与住宅布局发展[J]．城市规划汇刊，2000（5）．

[7] 尼古拉斯·福克·营造21 世纪的家园——可持续的城市邻里社区[M]．北京：中国建筑工业出版社，2004.

[8] Anderson（a）J. The Changing Structure of a City：Temporal Changes in Cubic Spline Urban Density Patterns[J]. Journal of Regional Science，1985，25.

[9] （美）刘易斯·芒福德．城市发展史——起源、演变和前景[M]．北京：中国建筑工业出版社，1989.

[10] 中国人口地理[M]．北京：商务印书馆，2011.

[11] 毛泽东选集（1卷本）[M]．北京：人民出版社，1964.

[12] 郑长德，钟海燕．现代西方城市经济理论[M]．北京：经济日报出版社，2007.

[13] 李立．乡村聚落：形态、类型与演变[M]．南京：东南大学出版社，2007.

[14] 赵文林，谢淑君．中国人口史[M]．北京：人民出版社，1988.

[15] 史记·货殖列传

[16] （意）奇波拉．欧洲经济史（第一卷）．商务印书馆，1988

[17] （德）阿尔弗雷德·申茨．幻方——中国古代的城市[M]．北京：中国建筑工业出版社，2009.

[18] 马正林．中国城市历史地理[M]．济南：山东教育出版社，1998.

[19] 董鉴泓．中国城市建设史[M]．北京：中国建筑工业出版社，2004.

[20] 蔡镇钰．中国民居的生态精神[J]．建筑学报，1999（7）．

[21] 黄志宏．城市居住区空间结构模式的演变[D]．北京：中国社会科学院研究生院．博士论文，2005.

[22] 任式楠．中国史前城址考察[J]．考古，1998（1）．
[23] 战国策・赵策[M].
[24] 梁江，孙晖．唐长安城市布局与坊里形态的新解[J]．城市规划，2003（1）．
[25] 伊永文．行走在宋代的城市：宋代城市风情图记[M]．北京：中华书局，2005.
[26] 杨宽．中国古代都城制度史研究[M]．上海：上海人民出版社，2003.
[27] 耐得翁．都城纪胜[M].
[28] 顾孟潮，米详友．城市住宅类型今昔谈[J]．住宅科技，1989（9）．
[29] （意）L・贝纳沃罗．世界城市史[M]．北京：科学出版社，2000.
[30] 沈玉麟编．外国城市建设史[M]．北京：中国建筑工业出版社，1989.
[31] 赵婧．城市居住街区密度与模式研究[D]．南京：东南大学硕士论文，2008.
[32] 世界生活习俗史[M].
[33] （美）拉尔夫等．世界文明史（下卷）[M]．北京：商务印书馆，1999.
[34] Asia Development Bank.The Asia Development Bank on Asia's Megasities[J].Population and Development Review，1997，23（2）．
[35] 王秀兰．土地利用/土地覆盖变化中的人口因素分析[J]．资源科学．2000（5）．
[36] 何春阳等．北京地区土地利用/覆盖变化研究[J]．地理研究，2001（12）．
[37] 赵荣等．人文地理学[M]．北京：高等教育出版社，2006.
[38] 刘纪远等．中国人口密度数字模拟[J]．地理学报，2003（1）．
[39] 王茜．近30 年中国城市扩展特征及驱动因素研究[D]．北京：中国科学院博士论文，2007.
[40] 贾艳慧，王俊松．对经济转型背景下城市化与中国城市土地空间扩张[J]．兰州学刊，2008（9）．
[41] 孟锴．建国以来我国城市土地利用状况及其演变趋势[J]．青岛科技大学学报，2007（9）．
[42] 宋启林．21世纪我国城市土地利用总体框架思考[J]．城市研究，1997（6）．
[43] 2007联合国世界人口发展报告[R].
[44] 吕俊华等主编．中国现代城市住宅1840-2000[M]．北京：清华大学出版社，2003.
[45] 赵琳．基于可持续发展观的住宅户型设计趋势分析[J]. 开发与建设，2005（43）．
[46] 陈莹．当前不宜将人均用地控制标准提高[N/OL]. http://www.mlr.gov.cn/zt/2007tudiri-luntan/chenying.htm.
[47] 城市用地标准不应一刀切[N]. 中国经济导报，2006-03-18.
[48] http://news.xinhuanet.com/house/2011-03/26/c_121234712.htm.
[49] 朱介鸣．市场经济下的中国城市规划[M]．北京：中国建筑工业出版社，2009.
[50] 李振宇．中国住宅七问：豪迈与踌躇．城市[J]．环境，设计，2011（1）．
[51] 吴兰波等．中国城市建成区面积二十年的时空演变[J]．广西师范学院学报，2010（12）．
[52] Alain Bertaud，Stephen Malpezzit. The Spatial Distribution of Population in 48 World Cities：Implications for Economies in Transition[Z]，2003.
[53] 李倢，中村良平．城市空间人口密度模型研究综述[J]．国外城市规划，2006，1（28）．
[54] 吴文钰，高向东．中国城市人口密度分布模型研究进展及展望[J]．地理科学进展，2010（8）．

[55] 石忆邵，陆春．城市研究中若干基本术语辨析[J]．规划师，2006，22（12）.

[56] 丁成日．中国城市的人口密度高吗[J]? 城市人口，2004（8）.

[57] 刘霄泉，孙铁山，李国平．北京市就业密度分布的空间特征[J]．地理研究，2011，30（7）.

[58] 朱婷．大城市就业岗位规模与分布研究（二）——就业岗位区位分布的测度与评价[J]．城市规划汇刊，1990（9）.

[59] 陶松龄，陈蔚镇．上海城市形态的演化与文化魄力的探究[J]．城市规划，2001（25）.

[60] 程俊．杭州典型密集型居住形式研究[D]．杭州：浙江大学硕士论文，2010.

[61] 杨钢桥．城市住宅密度的空间分异[J]．华中农业大学学报，2003（3）.

[62] 王欣．从容积率角度探讨广州居住用地的集约利用[D]．广州：广东工业大学硕士论文，2008.

[63] 闫永涛．北京市城市土地利用强度空间结构研究[J]．中国土地科学，2009（3）.

[64] 赵婧．城市居住街区密度与模式研究[D]．南京：东南大学硕士论文，2008.

[65] 陈易．上海里弄住宅与生态学理论[J]．重庆建筑大学学报，2001，2（2）.

[66] 鲁迅．南腔北调集[M]，1933.

[67] 蔡镇钰．上海曲阳新村居住区的规划设计[J]．住宅科技，1986（1）.

[68] 王兴中等．中国城市生活空间结构研究[M]．北京：科学出版社，2004.

[69] 封志明等．基于GIS 的中国人居环境指数模型的建立与应用[J]．地理学报，2008（12）.

[70] 熊国平．90 年代以来中国城市形态演变研究[D]．南京：南京大学．博士论文，2005.

[71] 张有全等．北京市1990 年~2000 年土地利用变化机制分析[J]．资源科学，2007（5）.

[72] Wheaton W C. Urban Residential Growth under Perfect Foresight[J]. Journal of Urban Economics，1982.

[73] Wei-Bin Zhang. Interregional Economic Growth with Transportation and Residential Distribution[J]. Ann Reg Sci，2011（46）.

[74] 翟国强．关于确定居住用地容积率的几点思考[J]．规划师，2006，22（12）.

[75] Clark D.City Development in Advanced Industrial Socities[M]. London：Sage Publications，1982.

[76] Qian Zhang，Yifang Ban，Jiyuan Liu，Yunfeng Hu.Simulation and Analysis of Urban Growth Scenarios for the Greater Shanghai Area，China[J]. Computers，Environment and Urban Systems，2011（35）.

[77] 张善余，高向东．特大城市人口分布特点及变动趋势研究——以东京为例[J]. 世界地理研究，2002，11（3）.

[78] 张庭伟．1990 年代中国城市空间结构的变化及其动力机制[J]．城市规划，2001，25（7）.

[79] 梁鹤年．简明土地利用规划[M]．北京：地质出版社，2003.

[80] http://renzhiqianghy.blog.hexun.com/61318313_d.html.

[81] 顾翠红等．香港土地开发强度规划控制的方法及其借鉴[J]．中国土地科学，2006（4）.

[82] 刘洪涛，周振福．城市土地使用控制方法研究[J]．规划师，2003（19）.

[83] 唐子来，付磊．城市密度分区研究——以深圳经济特区为例[J]．城市规划汇刊，2003（4）.

[84] 陈珊，黄一如．欧洲社会住宅面积标准演变过程浅析[J]．城市建筑，2010（1）．
[85] 张杰，裯文浩，邵磊．现代西方城市居住标准研究[J]．世界建筑，2008（2）．
[86] 张庆仲．中国60年住宅面积标准的演变与思考[M]//刘燕辉主编．中国住房60 年往事回眸（1949~2009）．北京：中国建筑工业出版社，2009.
[87] 白德懋．居住区规划与环境设计[M]．北京：中国建筑工业出版社，1993.
[88] 刘亚波，王安氡，王彤．设计理想城市[M]．南昌：江西科学技术出版社，2008.
[89] 张勇强．城市空间发展自组织与城市规划[M]．南京：东南大学出版社，2006.
[90] 王兴中等．中国城市生活空间结构研究[M]．北京：科学出版社，2004.
[91] 殷东明．常规知识范畴中的容积率指标谱系解读[J]．北京规划建设，2005（5）．
[92] 戴颂华．中西居住形态比较——源流·交融·演[M]．上海：同济大学出版社，2008.
[93] 丁俊清．中国居住文化[M]．上海：同济大学出版社，1997.
[94] Doe.Household Growth：Where Shall We Live[M]?London：DoE，1996.
[95] 日本住宅开发项目（HJ）课题组．21世纪型住宅模式[M]．陈滨，范悦译．北京：机械工业出版社，2006.
[96] 聂兰生，邹颖，舒平．21 世纪中国大城市居住形态解析[M]．天津：天津大学出版社，2004.
[97] 张开济．多层和高层之争——有关高密度住宅建设的争论[J]．建筑学报，1990（11）．
[98] 张宇星．城市形态生长的要素与过程[J]．新建筑，1995（1）．
[99] 何兴刚．城市开发区的理论与实践[M]．西安：陕西人民出版社，1995.
[100] 高峰．城市演化与居民分布的复杂问题研究[D]．吉林：吉林大学博士论文，2006.
[101] 陈顺清．城市增长与土地增值[M]．北京：科学出版社，2000.
[102] C.A.Doxiadis. Athropopolis，City for Human Development[M]. Athens Publishing Center.
[103] 姚士谋，帅江平．城市用地与城市增长——以东南沿海城市为例[M]．合肥：中国科学技术出版社，1995.
[104] 薛东前．城市土地扩展与约束机制——以西安市为例[J]．自然资源学报，2002（11）．
[105] 张婕，赵民．新城运动的演进及西安市意义——重读Peter Hall 的《新城——英国的经验》[J]．国外城市规划，2002，17（5）．
[106] 梁鹤年．经济·土地·城市研究思路与方法[M]．北京：商务印书馆，2008.
[107] 连长贵．人口密集的致病作用[J]．外国心理学，1983.
[108] 李滨泉，李桂文．在可持续发展的紧缩城市中对建筑密度的追寻——阅读MVRDV[J]．华中建筑，2005（5）．
[109]（意）让·欧仁·阿韦尔．居住与住房[M]．北京：商务印书馆，1996.
[110] Cullingworth J.B. Town and Country Planning in England and Wales：The Changing Scene [M]. London：George Allen&Unwin Ltd.，1969.
[111] P.G.Flachsbart.Residential Site Planning and Perceived Densities[J]. Journal of the Urban Planning and Development Division，1979（11）.
[112] Habib Chaudhury，Atiya Mahmood，Yvonne L. Michael ，Michael Campo，Kara Hay. The Influence of Neighborhood Residential Density，Physical and Social Environments on Older Adults' Physical Activity：An Exploratory Study in Two Metropolitan Areas[J]. Journal of Aging Studies，2012（26）.
[113]（英）尼格尔·泰勒．1945 年后西方城市规划理论的流变[M]．李白玉，陈负译．北京：中国建筑工业出版社，2006.

[114] 张翔．上海市人口迁居与住宅布局发展[J]．城市规划汇刊，2000（5）．
[115] 黄绳．永续和谐：快速城镇化背景下的住宅与人居环境建设[C]．第六届中国城市住宅研讨会论文集．
[116] 陈淮．顶层设计：住有所居，适得其所[J]．财经国家周刊，2012（5）．
[117] 王伟武．杭州城市生活质量的定量评价[J]．地理学报，2005（1）．
[118] 蒋竞，丁沃沃．从居住密度的角度研究城市的居住质量[J]．现代城市研究，2004（7）．
[119] Jonathan Norman，Heather L.Maclean，M.ASCE，Christopher A.Kennedy.Comparing High and Low Residential Density：Life-Cycle Analysis of Energy Use and Greenhouse Gas Emission[J]. Journal of Urban Planning and Development，2006.
[120] Jamie Tratalos，Richard A.Fuller，Philip H.Warren，Richard G.Davies，Kevin J.Gaston. Urban Form，Biodiversity Potential and Ecosystem Services[J]. Landscape and Urban Planning，2007.
[121] 曹曙，吴世伟．控制性详细规划中经济要素作用的探讨[C]．和谐城市规划——2007中国城市规划年会论文集．
[122] 任英．控制性详细规划中容积率指标确定的探讨[J]．科技情报开发与经济，2009，19（24）．
[123] 陈昌勇．广州居住密度现状及其应对策略[C]．第五届中国城市住宅研讨会论文集．中国香港，2005.
[124] 赵艳．高容积率之下的城市住区规划与设计研究[D]．西安：长安大学硕士学位论文，2009.
[125] 袁重芳等．重庆居住小区建筑容积率研究分析及改善措施[J]．重庆建筑大学学报，2008（2）．
[126] 李江云．居住人口密度和规划控制思考[C]．规划50 年——2006 中国城市规划年会论文集：详细规划与住区建设．
[127] 韩华．加强控制性详细规划指标体系的科学性研究[J]．规划师，2006，9（22）．
[128] 段进．控制性详细规划：问题和应对[J]．城市规划，2008（12）．
[129] 城镇规划框架[Z]．第四次国际现代建筑大会．
[130] 曾锐，唐国安．拥挤空间中的居住行为分析——以深圳城中村为例[J]．中外建筑，2011（6）．
[131] 经济参考报，2006-03-14.
[132] 丁成日．土地政策和城市住房发展[J]．城市发展研究，2002，9（2）．
[133] 黎兴强．住房建设规划——编制理论与技术体系研究[M]．北京：光明日报出版社，2010.
[134] http://finance.people.com.cn/GB/1037/4846375.html.
[135] 谢岳来．我国郊区低密度住宅开发建设策略探讨[J]．城市开发，2004（1）．
[136] 江苏商报，2006-12-01.
[137] 郑州楼市调查报告[N]．经济视点报，2006-07-13.
[138] 南京楼市进入价格缓涨期[N]．新华日报．2005-01-10.
[139] 简艳．上海市大型居住区社区规划设计有关指标的探讨[J]．上海城市规划，2009（6）．
[140] 王鹏．控制性详细规划指标体系初探[J]．山东建筑工程学院学报，1991，6（2）．

[141] 施金亮，唐艳琳．上海住宅建设设计发展现状与对策[J]．上海房地，2006（3）．
[142] 杨冬辉．城市的空间扩展与土地自然演进[M]．南京：东南大学出版社，2006.
[143] 黄剑．我们城市的可持续未来——介绍理查德·罗杰斯的著作《一个小行星上的城市》[J]．世界建筑，2001（11）．
[144] 仇保兴．紧凑度和多样性——我国可持续发展的核心理念[J]．城市规划，2006（11）．
[145] 房地产业开发用地不存在“地荒[N]”．经济参考报．2006-06-14.
[146] 城市用地分类与规划建设用地标准（2011）[S].
[147] 李晓文等．上海城市用地扩展强度、模式及其空间分异特征[J]．自然资源学报，2003（7）．
[148] 蔡军等．居住与工业用地比例变化及其引发的问题思考[J]．现代城市研究，2011（1）．
[149] 边学芳等．城市化与中国城市土地利用结构的相关分析[J]．资源科学，2005（5）．
[150] 广西城镇建设，2008（5）
[151] http://hebei.hebnews.cn/2010-09/07/content_640543.htm.
[152] 沈清基．城市空间结构生态化基本原理研究[J]．中国人口·资源与环境，2004（6）．
[153] 中新天津生态城——中国新兴生态城市案例研究技术研究报告[R]，2009.
[154] Baum H.S.Smart Growth and School Reform：What If We Talked about Race and Took Community Seriously[J]. Journal of the American Planning Association，2004，70（1）.
[155] Lee S.，Leigh N.G.The Role of Inner Ring Suburbs in Metropolitan Smart Growth Strategies[J]. Journal of Planning Literature，2005，19（3）.
[156] EC.The Green Paper on the Urban Environment（EUR 12902 EN）. Brussels：Commission of the European Communities，1990.
[157] Burton E.Housing for an Urban Renaissance：Implication for Social Equity[J]. Housing Studies，2003，18（4）.
[158] Burgress R.The Compact City Debate：A Global Perspective [M]//Jenks M.，Burgress R.，eds.，Compact City：Sustainable Urban Forms for Deveioping Countries.London：Spon Press，2000.
[159] 冯纪忠．意境与空间——论规划与设计[M]．北京：东方出版社，2010.
[160] 周丽亚，邹兵．探讨多层次控制城市密度的技术方法——《深圳经济特区密度分区研究》的主要思路[J]．城市规划，2004（12）．
[161] 梁伟．控制性详细规划中建设环境宜居度控制研究——以北京中心城为例[J]．城市规划，2006（5）．
[162] 李锦业，张磊，吴炳方．基于高分辨率遥感影像的城市建筑密度和容积率提取方法研究[J]．遥感技术与应用，2007，22（3）．
[163] 李振宇．城市·住宅·城市——柏林与上海住宅建筑发展比较[M]．南京：东南大学出版社，2004.
[164] 上海房地产志[M].
[165] 孙冰．上海住宅市场发展回顾[J]．上海经济研究，2009（4）．
[166] 宁越敏等．上海人口发展趋势及对策研究[J]．上海城市规划，2011（1）．
[167] 王浣尘．上海市合理人口规模研究[J]．管理科学学报，2003，6（2）．
[168] 曾明星，张善余．基于比较研究的上海人口规模再思考[J]．人口学刊，2004（5）．
[169] 施镇平．解放以来的上海行政区划调整及城乡关系变动[J]．上海行政学院学报，

2005，6（3）.
[170] 李晓文，方精云，朴世龙．上海城市用地扩展强度、模式及其空间分异特征[J]．自然资源学报，2003，18（4）.
[171] 赵晶等．20 世纪下半叶上海市居住用地扩展模式、强度及空间分异特征[J]．自然资源学报，2005，20（3）.
[172] 余建源．上海旧城中心的疏解方向何在[J]．城市规划汇刊，1988（2）.
[173] 褚绍唐．上海历史地理[M]．上海：华东师范大学出版社，2011.
[174] 李振宇．中国住宅七问：豪迈与踌躇[J]．城市，环境，设计，2011（1）.
[175] 杨守国．上海市人口分布变动和城市功能区研究[D]．北京：首都经济贸易大学硕士论文，2007.
[176] 解放日报，2010-07-07.
[177] 吴文钰，马西亚．1990 年代上海人口密度模型及演变[J]．市场与人口分析，2007，13（2）.
[178] 高向东等．上海市人口结构空间分布的模型分析[J]．中国人口科学，2006（3）.
[179] 吴雪明．世界城市的空间形态和人口分布——伦敦、巴黎、纽约、东京的比较及对上海的模拟[J]．世界经济研究，2003（7）.
[180] 黄富厢．编拟上海市建设项目规划管理规定的一些意见[J]．城市规划汇刊，1985（11）.
[181] 刘君德．上海城市社区的发展与社区规划[C]．中国城市规划学会2001 年年会论文集.
[182] 王颖．上海城市社区实证研究——社区类型、区位结构及变化趋势[J]．城市规划汇刊，2002（6）.
[183] 张翔．上海市人口迁居与住宅布局发展的探讨[J]．城市规划汇刊，2000（5）.

后 记

此书付梓之际，我已经从一个博士研究生“进阶”成为一名建筑学专业的教师了。在本科生和研究生的教学过程中，我发现对于设计专业的学习，发现问题、独立思考和科学研究的能力十分重要，也是根本。回顾自己从前所接受的传统专业教育，只是在做博士论文研究的阶段，才开始系统化地涉及上述三个方面的能力锻炼，其实已经为时稍晚。所以本书的呈现可能不够精雕细琢，不过好在付出了相当多的汗水，希望她的出版给致力于建筑和城市密度问题探求的同仁们以参考，也希望得到读者朋友的建议和批评。

首先，感谢博士导师蔡镇钰先生的教导和肯定。与先生的交往中，深切地体会到他作为大师级人物的风范。先生敏锐深刻的洞察力、强调逻辑的思维方式、睿智不失锐气的行为处事以及对中国文化和生态理念的关注，逐渐浸染和影响了我。

感谢硕士导师赵秀恒教授。赵老师严谨治学的作风以及与时俱进的状态是我学习的榜样。

感谢梁鹤年先生。与梁先生几次交流，对本书有很多促进和帮助。梁先生无私奉献、热心平和，体现了一个学术人作为社会良心的形象。

感谢在硕士和博士就读期间，一起求学一起做项目的同门们。特别感谢刘丹师妹的帮助。感谢我的朋友们：孙晓非、孙亮、罗仙佳、周伟、邵宁、刘明、黄力、张平伟等，与你们的交流丰富了我的思考。

最后，感谢我的家人，你们的爱是我前进的动力！

胡晓青

2018年6月